三菱PLC应用案例解析

张　豪　编著

内 容 提 要

本书以工程实践中的案例为主体，通过由简单到复杂的三菱 FX 系列 PLC 程序案例讲解各软元件、基本指令、功能指令的功能及用法。

本书主要内容有 PLC 编程软件的使用；三菱 FX 系列 PLC 逻辑控制综合案例解析；人机界面案例解析；模拟量控制系统案例解析；步进伺服控制系统案例解析；PLC 控制系统通信案例解析；PLC 高级编程案例解析等。

本书可作为大专院校电气控制、机电工程、计算机控制及自动化类专业学生的参考用书，适合职业学校学生及工程技术人员培训及自学使用，适合三菱系统 PLC 工程师提高编程水平、整理编程思路时参考阅读。

图书在版编目（CIP）数据

三菱 PLC 应用案例解析/张豪编著．—北京：中国电力出版社，2012.10（2021.5 重印）

ISBN 978-7-5123-3135-8/01

Ⅰ.①三…　Ⅱ.①张…　Ⅲ.①可编程序控制器—案例　Ⅳ.①TM571.6

中国版本图书馆 CIP 数据核字（2012）第 117917 号

中国电力出版社出版、发行

（北京市东城区北京站西街 19 号　100005　http：//www.cepp.sgcc.com.cn）

三河市航远印刷有限公司印刷

各地新华书店经售

*

2012 年 10 月第一版　2021 年 5 月北京第八次印刷

787 毫米×1092 毫米　16 开本　12 印张　290 千字

定价 **38.00** 元

前 言

本书以工程实践中的案例为主体，通过由简单到复杂的三菱 FX 系列 PLC 程序案例讲解各软元件、基本指令、功能指令的功能及用法。针对工业控制现场的实际情况，以案例的形式介绍了逻辑控制，人机界面，模拟量控制，步进伺服的控制等内容，以三级架构的形式讲述了工业控制通信，最后还通过大型案例详细介绍实际工作中的编程方法和技巧。

本书共分八章，第一章为 PLC 编程软件的使用，介绍了三菱 PLC 软件编程的安装及使用；第二章为三菱 FX 系列 PLC 逻辑控制系统案例解析，介绍了三菱 FX 系列 PLC 程序软元件、基本指令、功能指令的功能及用法；第三章为三菱 FX 系列 PLC 逻辑控制综合案例解析，通过由简单到复杂的案例详细介绍了工业控制现场最常用的逻辑控制编程方法和技巧；第四章为人机界面案例解析，介绍了触摸屏的使用方法；第五章为模拟量控制系统案例解析，介绍了模拟量在工业控制中的应用；第六章为步进伺服控制系统案例解析，以精确定位控制案例详细讲述了 PLC 控制步进、伺服电机的用法；第七章为 PLC 控制系统通信案例解析，以三级架构的形式讲述了工业控制通信，同时也介绍了 CC-LINK 现场总线通信的用法，能够使读者了解其在实际的工业通信案例中的完整性；第八章为 PLC 高级编程案例解析，以大型案例详细介绍实际工作中的编程方法和技巧。

本书由英国皇家特许工程师张豪编著。

限于编者水平，书中或有错漏之处，敬请广大读者批评指正。

编 者

目 录

前 言

第一章 PLC 编程软件的使用 …… 1

第一节 三菱 PLC 编程软件 GX-developer 安装详细说明 …… 1

第二节 GPP 软件的使用 …… 3

第三节 GPP 软件功能要点 …… 7

第二章 三菱 FX 系列 PLC 逻辑控制系统案例解析 …… 11

第一节 软元件的功能与用法案例解析 …… 11

【案例 2-1】 …… 11

【案例 2-2】 …… 11

【案例 2-3】 …… 12

【案例 2-4】 …… 12

【案例 2-5】 …… 13

【案例 2-6】 …… 13

【案例 2-7】 …… 14

【案例 2-8】 …… 15

【案例 2-9】 …… 17

【案例 2-10】 …… 18

【案例 2-11】 …… 19

【案例 2-12】 …… 20

【案例 2-13】 …… 20

【案例 2-14】 …… 21

【案例 2-15】 …… 22

【案例 2-16】 …… 24

第二节 基本指令的用法案例解析 …… 25

【案例 2-17】 …… 25

【案例 2-18】 …… 26

【案例 2-19】 …… 27

【案例 2-20】 …… 28

【案例 2-21】 …… 29

【案例 2-22】 …… 30

【案例 2-23】 …… 32

【案例 2-24】 …… 32

【案例 2-25】 …… 33

【案例 2-26】 …… 34

【案例 2-27】…… 38
【案例 2-28】…… 39
第三节　功能指令应用案例解析 …… 43
【案例 2-29】…… 43
【案例 2-30】…… 44
【案例 2-31】…… 44
【案例 2-32】…… 45
【案例 2-33】…… 47
【案例 2-34】…… 49

第三章　三菱 FX 系列 PLC 逻辑控制综合案例解析 …… 51
第一节　继电器控制系统改造成 PLC 控制系统案例解析 …… 51
【案例 3-1】电动机制动控制 …… 51
【案例 3-2】两台电动机顺序起动控制 …… 54
【案例 3-3】电动机星形—三角形减压起动控制 …… 55
第二节　逻辑控制综合案例解析 …… 59
【案例 3-4】分拣系统 …… 59
【案例 3-5】水泵依次控制 …… 61
【案例 3-6】五层升降机构的控制系统 …… 63
【案例 3-7】三层升降机控制系统 …… 65
【案例 3-8】小车的来回动作控制 …… 70
【案例 3-9】组合气缸的来回动作 …… 73
【案例 3-10】液体混合装置控制系统 …… 76
【案例 3-11】组合机床动力头运动控制 …… 78
【案例 3-12】机械手及其控制 …… 80

第四章　人机界面案例解析 …… 87
第一节　人机界面简介 …… 87
第二节　人机界面软件包 …… 88
第三节　工程的传输 …… 98
【案例 4-1】FX_{2N} 系列 PLC 的通信 …… 100

第五章　模拟量控制系统案例解析 …… 105
【案例 5-1】通过变频器的模拟输出接口测出变频器频率 …… 105
【案例 5-2】通过温控器的模拟输出接口读取温度当前值 …… 106
【案例 5-3】通过模拟量模块测量管道内的压力值 …… 107
【案例 5-4】通过 4AD-PT 温度模块测设备的温度 …… 109
【案例 5-5】通过 4AD-TC 温度模块测设备的温度 …… 110
【案例 5-6】通过模拟量输出模块测控制变频器频率 …… 111
【案例 5-7】制冷中央空调温度控制 …… 112

第六章 步进伺服控制系统案例解析…… 114
【案例 6-1】步进电机的点动控制 …… 114
【案例 6-2】步进电机的来回控制 …… 115
【案例 6-3】自动打孔机控制系统 …… 116
【案例 6-4】基于 PLC 与步进电动机的位置检测控制 …… 118
【案例 6-5】伺服系统案例 …… 120

第七章 PLC 控制系统通信案例解析…… 125
【案例 7-1】并联链接 …… 125
【案例 7-2】N：N 网络连接 …… 129
【案例 7-3】CC-Link 通信 …… 133
【案例 7-4】三菱 PLC 与台达温控仪通信 …… 153
【案例 7-5】三菱 PLC 与计算机的通信 …… 157
【案例 7-6】三菱 PLC 与台达变频器通信控制 …… 158

第八章 PLC 高级编程案例解析…… 162
【案例 8-1】大型电梯 …… 162
【案例 8-2】冷库控制系统 …… 176

参考文献…… 185

第一章

PLC 编程软件的使用

第一节 三菱 PLC 编程软件 GX-developer 安装详细说明

（1）先安装通用环境，进入三菱 PLC 编程软件文件夹，单击“SETUP．EXE”。三菱大部分软件都要先安装“环境”，否则不能继续安装，如果不能安装，则系统会主动提示你需要安装环境。

（2）然后进入文件夹，“GX8C”，单击“SETUP．EXE”安装，如图 1-1 所示。

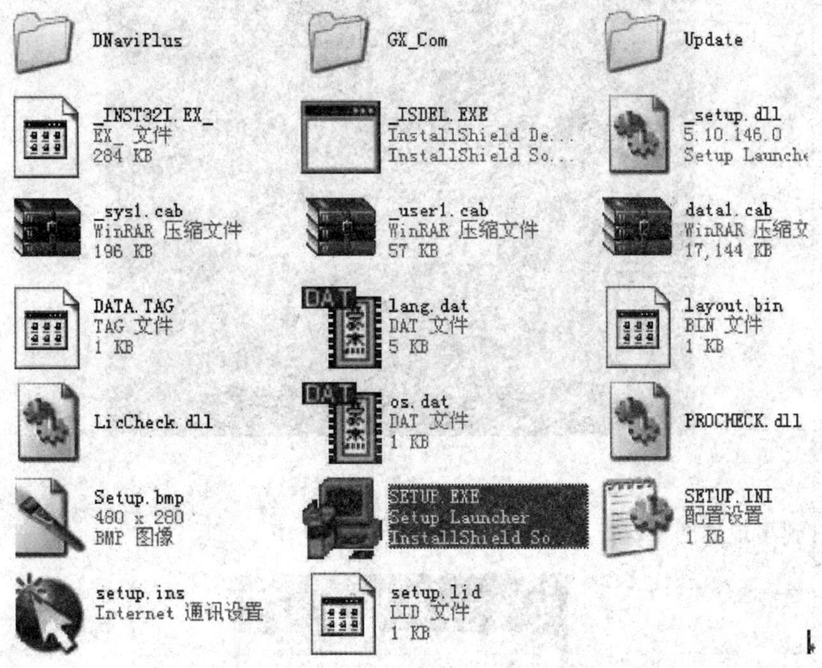

图 1-1 三菱 PLC 编程软件 GX-developer 文件夹

（3）在安装的时候，最好把其他应用程序关掉，包括杀毒软件、防火墙、浏览器、办公软件等。因为这些软件可能会调用系统的其他文件，影响安装的正常进行。安装提示框如图 1-2 所示。

图 1-2 安装提示框

（4）输入各种注册信息后，输入产品序列号，如图 1-3 所示，不同软件的序列号可能会不相同，序列号可以在下载后的压缩包里得到。

（5）单击“下一步”按钮后进入“选择部件”对话框，如图 1-4 所示。注意这里不能打勾，否则软件将只能监视，这个地方也是出现问题最多的地方。

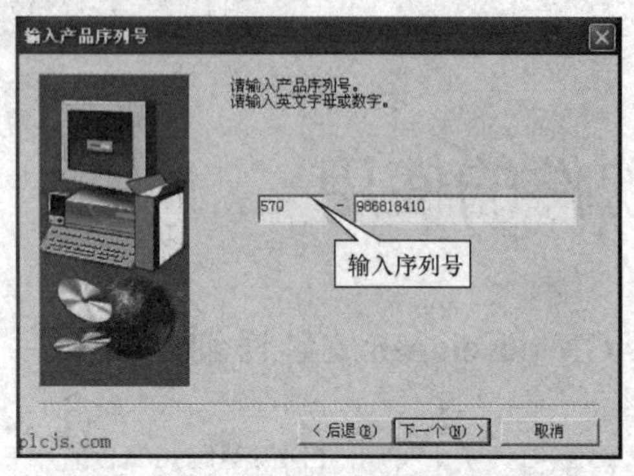

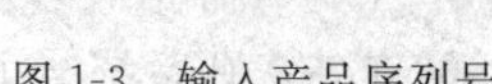

图 1-3　输入产品序列号

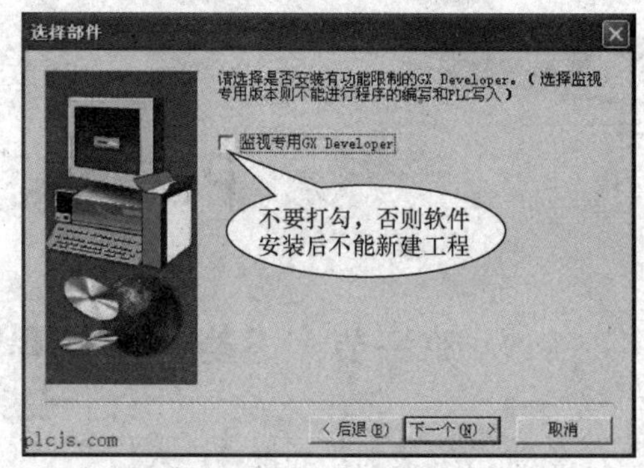

图 1-4　“选择部件”对话框

（6）然后进入等待安装过程，如图 1-5 所示。

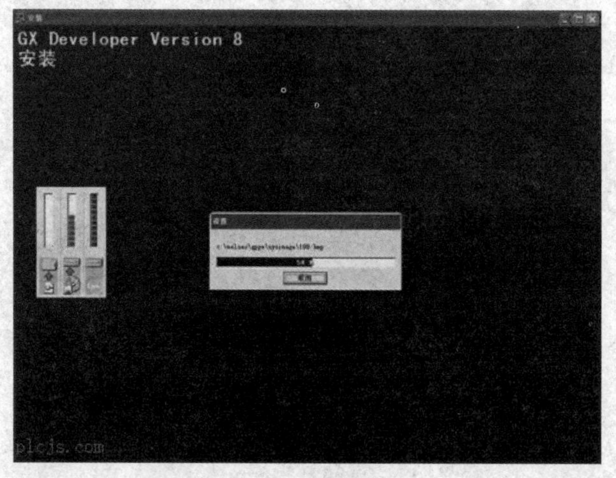

图 1-5　软件安装过程

（7）直到出现如图 1-6 所示的窗口，则软件安装完毕。

图 1-6　软件安装完毕提示信息

（8）单击“开始”/“程序”，可以找到安装好的文件，如图 1-7 所示。

（9）打开程序，测试程序是否正常，如果程序不正常，则可能是因为操作系统的 DLL 文件或者其他系统文件丢失，一般程序会提示是因为少了哪一个文件而造成的。

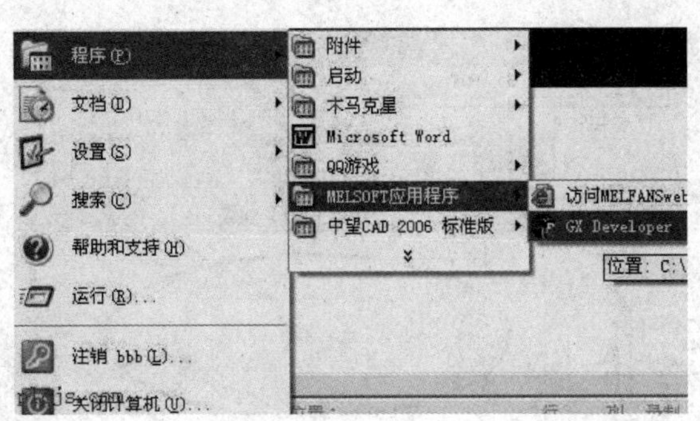

图 1-7　计算机“开始”/“程序”里的软件菜单

第二节　GPP 软件的使用

1. 创建新工程

打开软件后→新建项目→选择 PLC 类型→确定后，进入程序编辑界面。“创建新工程”对话框如图 1-8 所示。

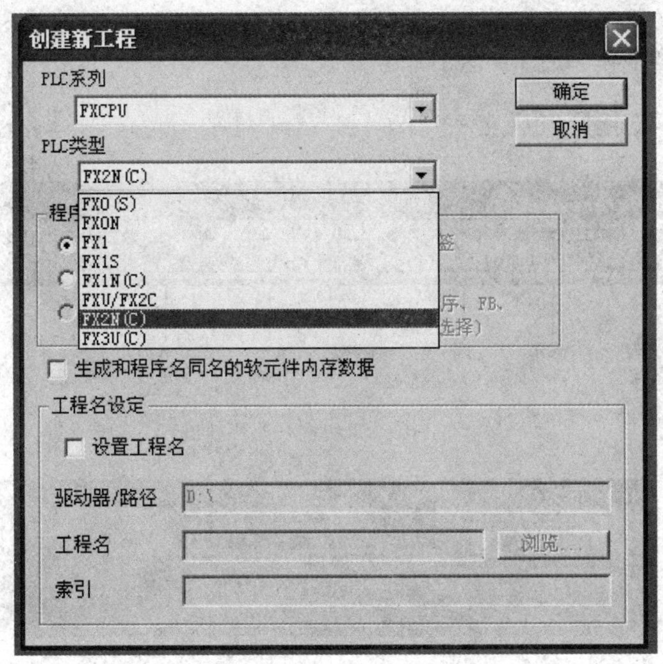

图 1-8　创建新工程

2. 创建梯形图

建完新工程后，会弹出梯形图编辑画面，如图 1-9 所示。

画面左边是参数区，主要设置 PLC 的各种参数，右边是编程区，程序都编在这一块。图的上部是菜单栏及快捷图标区，包括程序的上传，下载，监控，编译，诊断等都可在菜单里选择。

程序区的两端有两条竖线，是两条模拟的电源线，左边的称为左母线，右边的称为右母

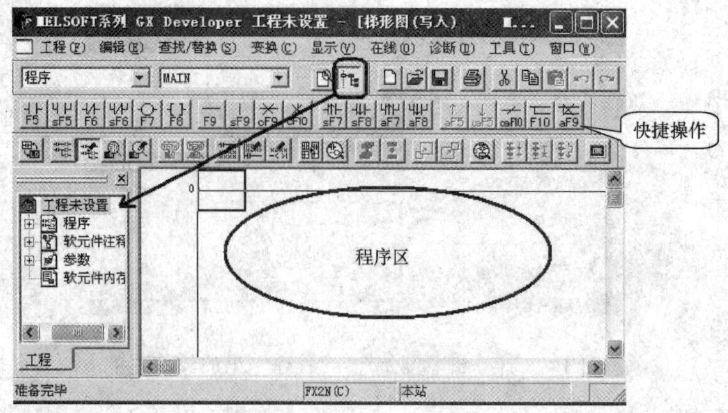

图 1-9　梯形图编辑画面

线。程序从左母线开始，到右母线结束。

图 1-10 所示为写程序时的常用符号及快捷键。

3．程序的变换、编译

在写完一段程序后，其颜色是灰色的状态，此时若不对其进行编译，则程序是无效的。通过编译，灰色的程序自动变白，说明程序编译成功。若程序格式有错误，则编译后会提示无法编译。程序的变换、编译如图 1-11 所示。

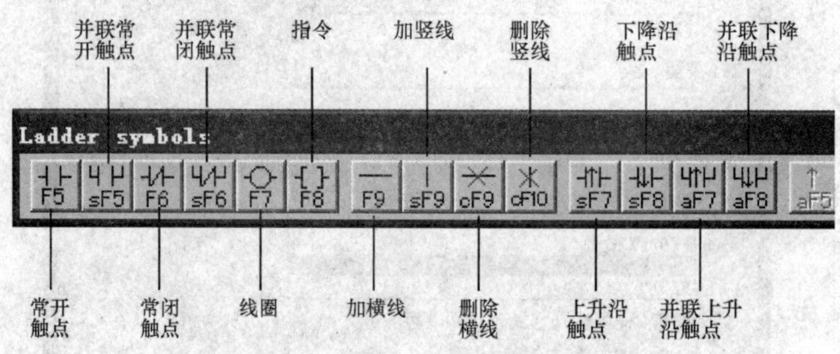

图 1-10　常用符号及快捷键

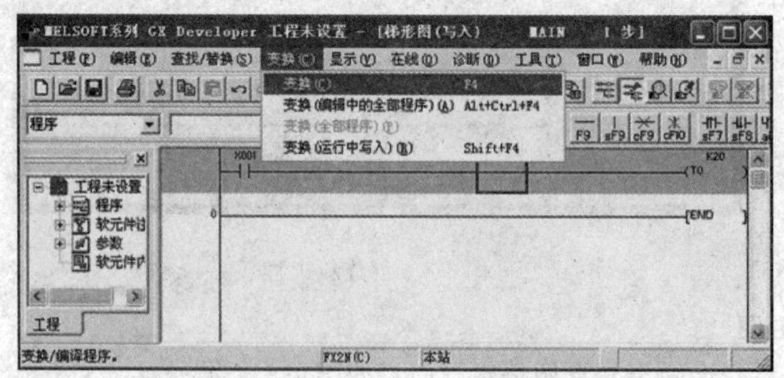

图 1-11　程序的变换、编译

4．程序的传输

程序的写入与读取：当写完程序并且编译过之后，要把所写的程序传输到 PLC 里面，或者要把 PLC 中原有的程序读出来。在“在线”菜单里的第一个选项“传输设置”中，可以设置串口类型及通信测试等。单击“传输设置”按钮，会打开“传输设置”对话框，如图 1-12 所示。

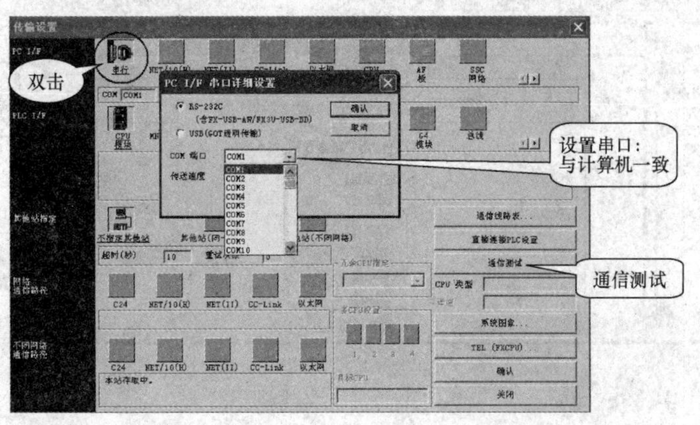

图 1-12 “传输设置”对话框

用一般的串口通信线连接电脑和 PLC 时，串口一般都是“COM1”，而 PLC 系统默认情况下也是“COM1”，所以不需要更改设置就可以直接与 PLC 通信。

当使用 USB 通信线连接计算机和 PLC 时，通常计算机侧的串口不是 COM1，此时右击“我的电脑”→“属性”→“设备管理器”中，如图 1-13 所示，查看所连接的 USB 串口，然后在图 1-12 所示的“COM 端口”中选择与计算机 USB 口一致，然后单击“确认”按钮。

设置完串口，单击“通信测试”，见图 1-12。若出现“与 FXPLC 连接成功”对话框，则说明可以与 PLC 进行通信。若出现“不能与 PLC 通信，可能原因……”对话框，则说明电脑和 PLC 不能建立通信，此时需要确认 PLC 电源有没有接通或编程电缆有没有正确连接等事项，直到单击“通信测试后”，显示连接成功。

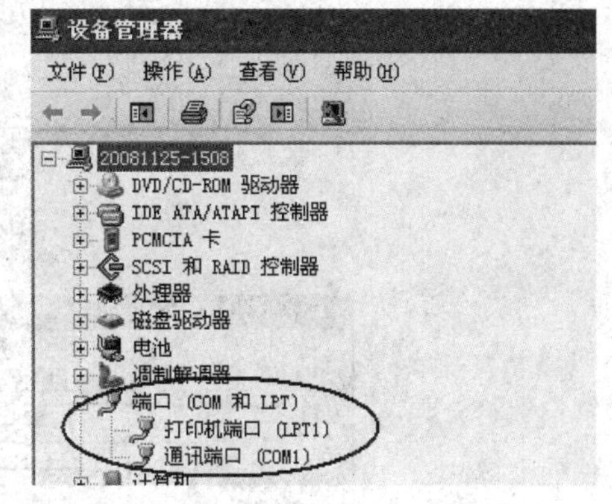

图 1-13 设备管理器

通信测试连接成功后，单击“确认”按钮，则会回到工程主画面。

在“在线”菜单里，可以选择“PLC 写入”或是“PLC 读取”，如图 1-14 所示。不管是“PLC 写入”还是“PLC 读取”，选择后都会出现如图 1-15 的画面。一般我们读取或写入的是程序及一些参数，选择“参数+程序”→单击“执行”按钮→单击“是”按钮即可。

5. 程序的监控

监控 PLC 程序的状态，一定要在通信成功后才能执行，若没有与 PLC 通信成功，则不能对 PLC 监控。连接好 PLC，则可以通过“监视”功能对程序中的信号及数据进行监控。单击“在线”菜单→选择“监视”→“监视模式”，如图 1-16 所示。监视后，程序中蓝色部分表示此信号能流通，没有变蓝的信号则不能流通。

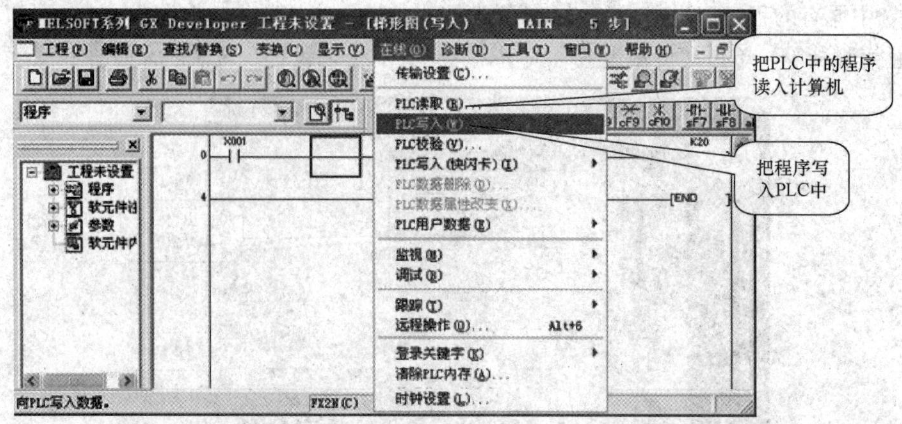

图 1-14　工程主画面

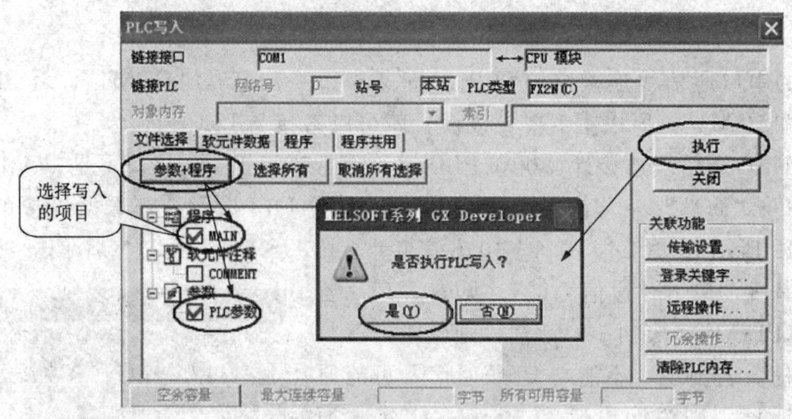

图 1-15　PLC 写入画面

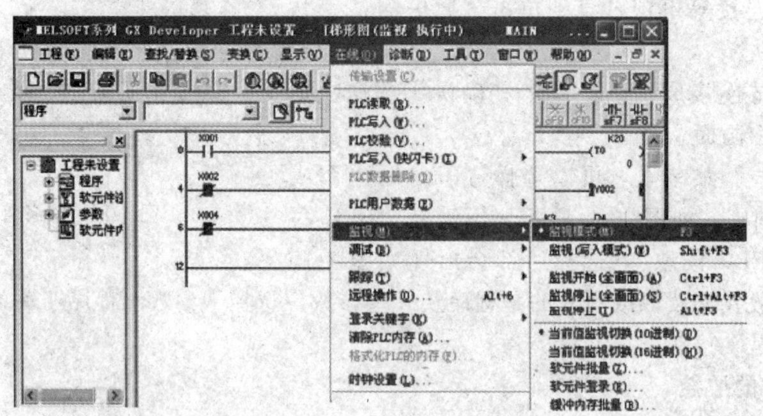

图 1-16　梯形图监视

6. 程序的在线修改（在线编辑）

在线编辑是指直接在 PLC 中修改程序，修改后无须再把程序写入 PLC。在图 1-16 所示界面中选择“监视”→“监视（写入模式）”即可进入在线编辑，其设置如图 1-17 所示。

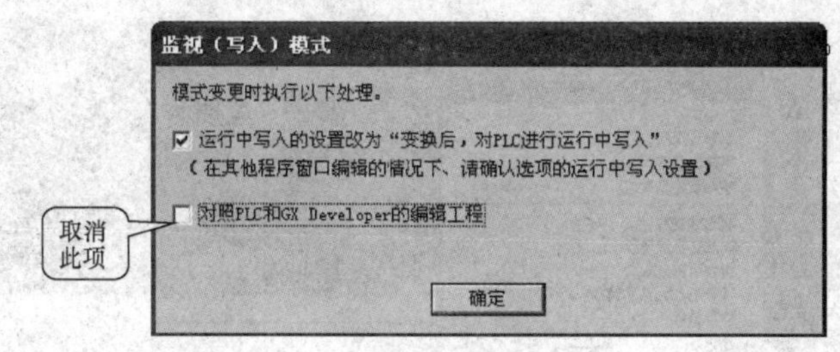

图 1-17　在线编辑

修改完成后，被修改的对象会显示灰色，此时同样要对程序进行编译，编译方法与前面所述的相同，编译完成后，即程序在线修改完成。

而普通的修改，则只是修改计算机软件中的程序，而 PLC 内部的程序并没有被修改，所以要使修改后的程序写入 PLC，还需进行 PLC 写入操作。

7. 输入注释

若要对一些信号做一些标签，以便看程序或写程序时知道每个信号的用途，则可对每个信号输入注释，输入注释的操作过程如下：在“工具”里面单击“选项”，然后在“选项”里面有一个“输入注释”在此项打勾即可，如图 1-18 所示。

在编辑里面有一个“文档生成”，单击“注释编辑”就可以显示编辑的注释，如图 1-19 所示。

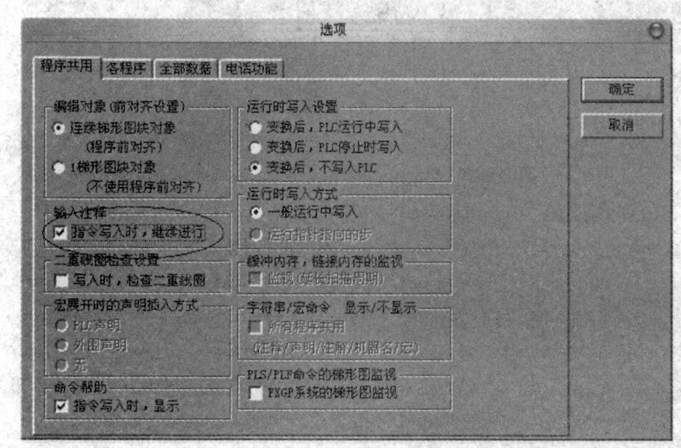

图 1-18　注释界面

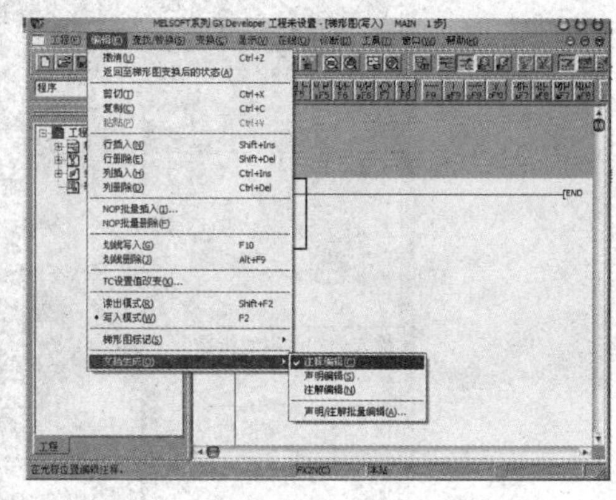

图 1-19　注释编辑

第三节　GPP 软件功能要点

1. 元件查找、替换

若要查找（替换）程序中的输入/输出及内部继电器，要注意在“编辑”菜单里有一个“写入模式”和“读出模式”，见图 1-19。

读出模式只能查找一些软元件并不能替换，写入模式既可以查找又可以替换。然后在“查找/替换”下拉菜单中有软元件查找、指令查找、步号查找等功能，如图 1-20 所示。

如果要替换程序中的软元件及指令，单击图 1-20 所示菜单中的软元件替换，指令替换等。在程序中有的指令及软元件输入不止用了一次，所以在替换时根据需要还有替换批量和替换单独一个地方的选项，具体下面会介绍。

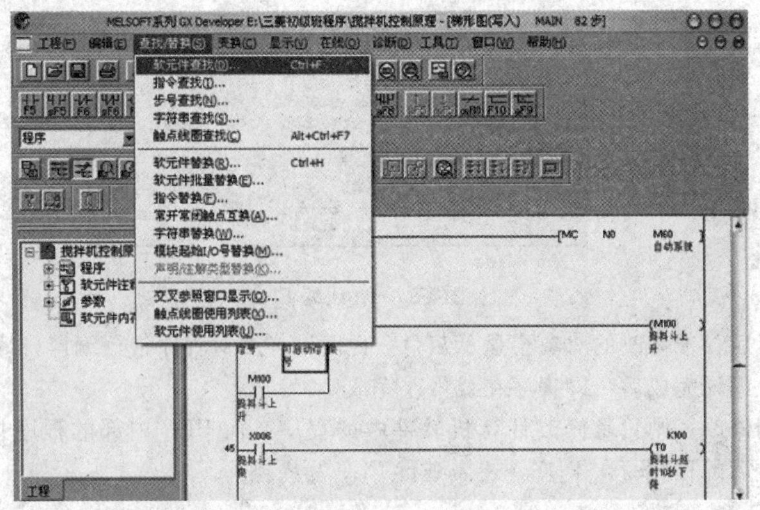

图 1-20 元件查找/替换

例如 PLC 输入/输出经常受外界的动作的平凡及有时短路 I/O 点会烧坏，这时只需要在 PLC 上面找一个空的点换一下，然后在程序中查找损坏的点，这时把它全部替换即可，如图1-21所示。

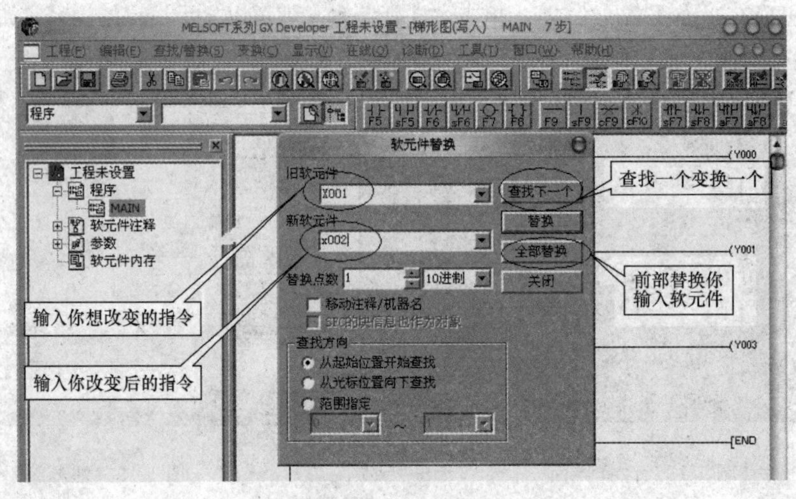

图 1-21 替换案例

2. 元件使用列表

在查找/替换菜单里面有一个元件使用列表，通过它可以快速查找软元件使用的次数，如图 1-22 所示。

3. 密码设置

写完一个程序后，在软件里可以为所写程序添加读保护和写保护，密码长度为 8 位，设置时需处在“与 PLC 通信中”的状态才能执行，在“在线”菜单中选择“登录关键字”→“新建登录”，改变，如图 1-23 所示。

4. PLC 诊断功能

当看到 PLC 上面有一个红灯闪烁时，此时表明 PLC 存在错误，可以通过软件与 PLC 通信来查找出错内容及进行排除，如图 1-24 所示。

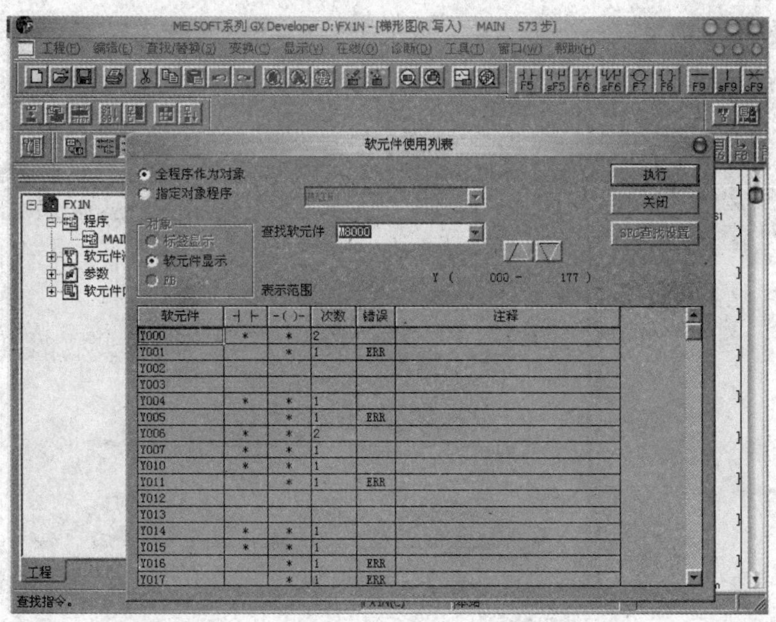

图 1-22　软元件使用列表

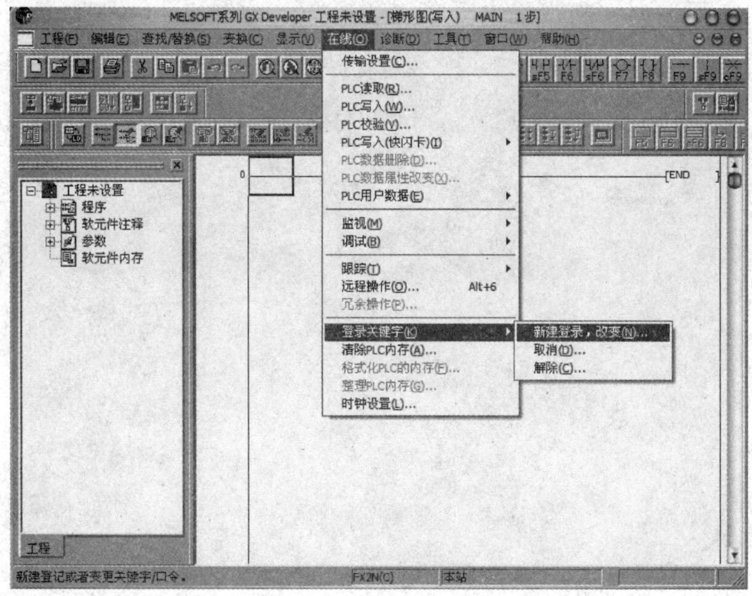

图 1-23　密码设置

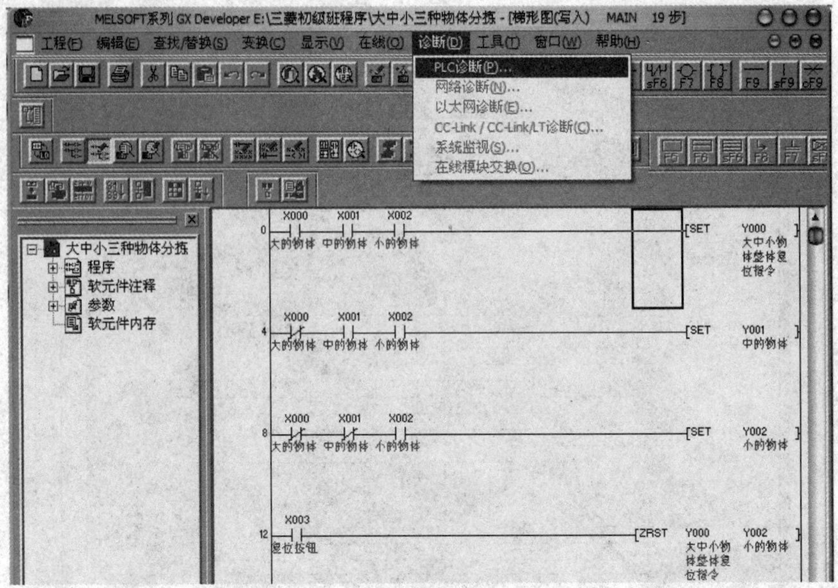
MELSOFT系列 GX Developer E:\三菱初級班程序\大中小三种物体分拣 - [梯形图(写入)　MAIN　19 步]
工程(F)　编辑(E)　查找/替换(S)　变换(C)　显示(V)　在线(O)　诊断(D)　工具(T)　窗口(W)　帮助(H)
PLC诊断(P)...
网络诊断(N)...
以太网诊断(E)...
CC-Link / CC-Link/LT诊断(C)...
系统监视(S)...
在线模块交换(O)...
大中小三种物体分拣
程序
软元件注释
参数
软元件内存
X000 X001 X002
大的物体 中的物体 小的物体
SET Y000 大中小物体整体复位指令
SET Y001 中的物体
SET Y002 小的物体
X003 复位按钮
ZRST Y000 Y002

图 1-24　PLC 诊断

第二章

三菱 FX 系列 PLC 逻辑控制系统案例解析

第一节　软元件的功能与用法案例解析

【案例 2-1】

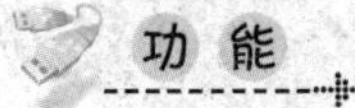

在三菱 PLC 控制系统中，按下启动按钮 X0，系统启动，Y0 输出。

为了防止操作员误动作，因此停止按钮做成 2 个，X1 及 X2，即同时按下 X1 及 X2，系统才能停止。

程 序

【案例 2-2】

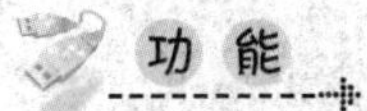

按下启动按钮 X0，指示灯 Y0 以 1s 的周期闪烁，按下停止按钮指示灯灭。

程 序

【案例 2-3】

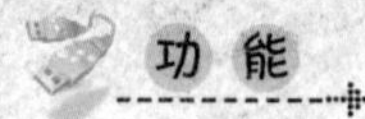

功 能

松开按钮 X0，启动水泵 Y0（即按下按钮 X0，水泵不启动，松开后才会启动）。松开按钮 X1，停止水泵 Y0（即按下按钮 X1，水泵不停止，松开后才会停止）。

程 序

1．启动水泵

2．停止水泵

【案例 2-4】

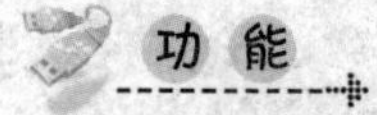

功 能

按下按钮 X0，电动机 Y0 延时 5s 启动，按下停止按钮 X1，电动机立即停止。

程 序

【案例 2-5】

功能

按下启动按钮 X0，指示灯以 2s 的频率闪烁，按下停止按钮 X1，指示灯灭。

程序

1. 方法 1

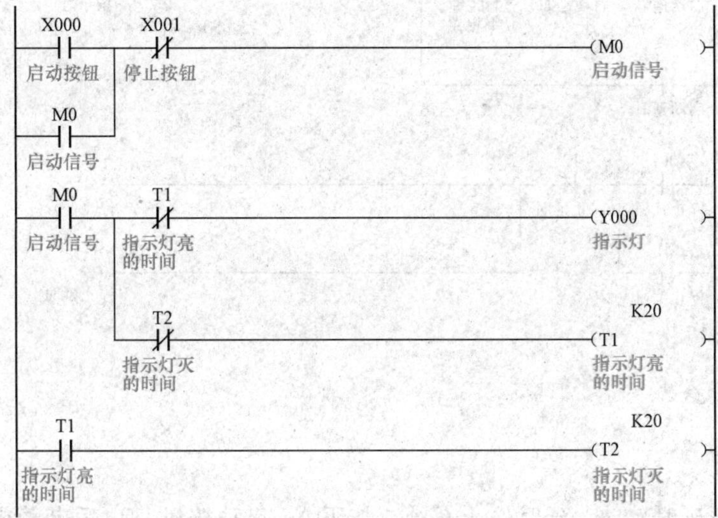

2. 方法 2

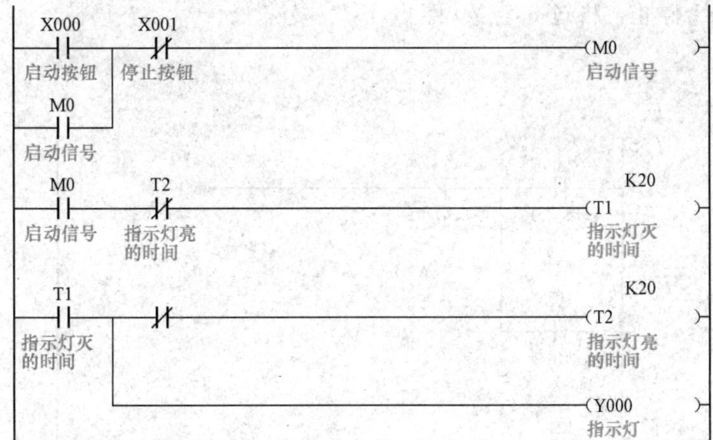

【案例 2-6】

功能

按下启动按钮 X0，启动指示灯 Y0 闪烁，放开按钮 5s 后，正式启动，启动指示灯 Y0 一直亮。按下停止按钮，5s 后，系统停止，启动指示灯 Y0 灭。

程 序

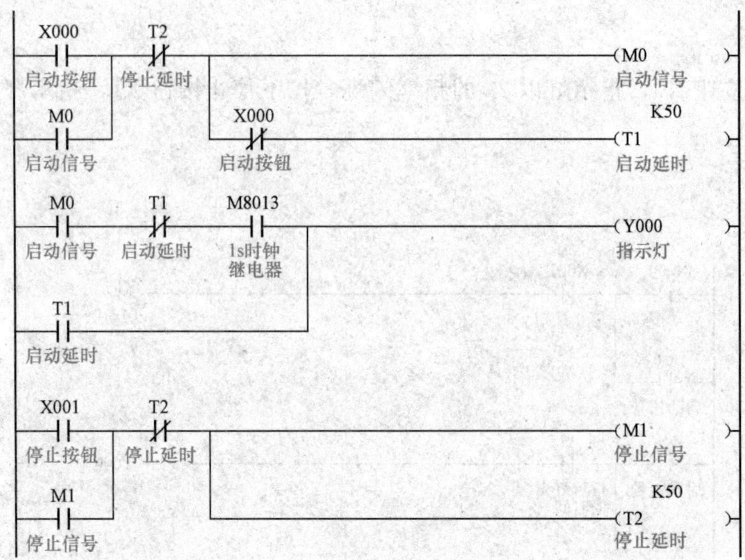

【案例 2-7】

功 能

三台电动机延时启动，延时停止系统。按下 X0 启动按钮，2s 后电动机 1（Y0）启动，再过 2s 后电动机 2（Y1），再过 2s 后电动机 3（Y2）启动。按下停止按钮 X1，3s 后 Y2 停止，再过 3s，Y1 停止，再过 3s，Y0 停止。

程 序

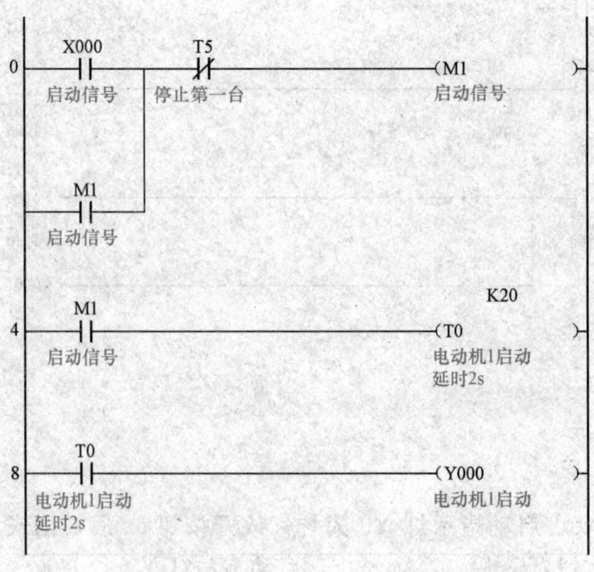

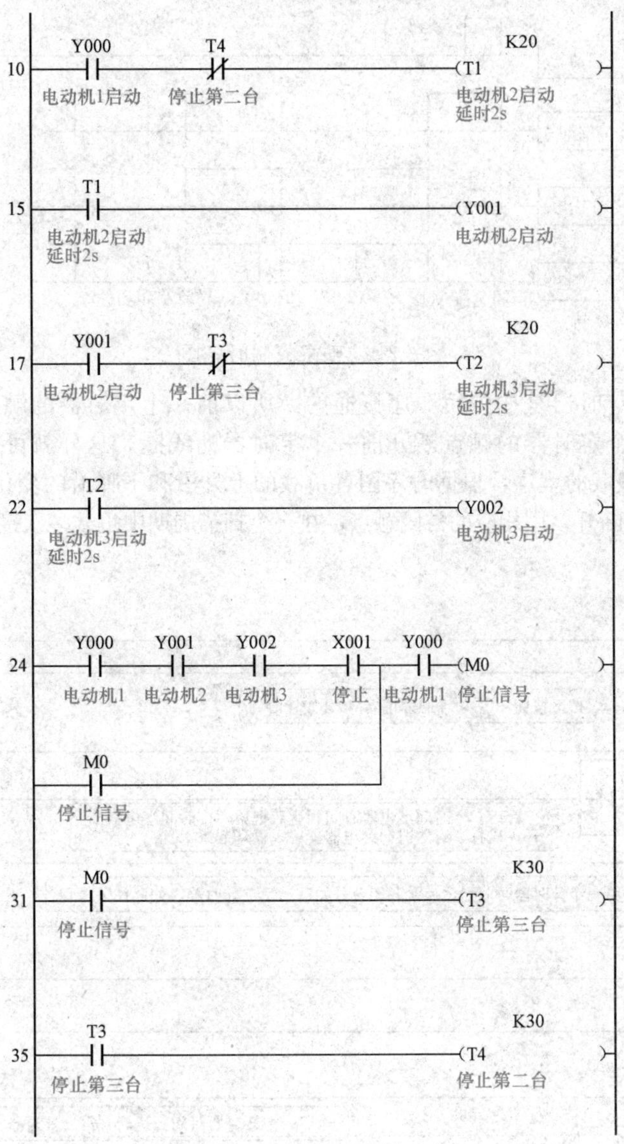

【案例 2-8】

功 能

喷泉控制要求如下：有 A，B，C 三组喷头，要求启动后 A 喷 5s，之后 B，C 同时喷，5s 后 B 停止，再过 5s 后 C 停止，而 A，B 同时喷，再过 2s，C 也喷，A ，B ，C，同时喷 5s 后全部停止，再过 3s 后重复前面的过程，当按下停止按钮后，马上停止。

分 析

这是一个关于时序循环的问题，这一类的问题编程有一定的规则，掌握这个规则，编程很简单。喷泉控制时序图如图 2-1 所示。

（1）根据各个负载发生的变化，确定所需要的定时器及定时时间。

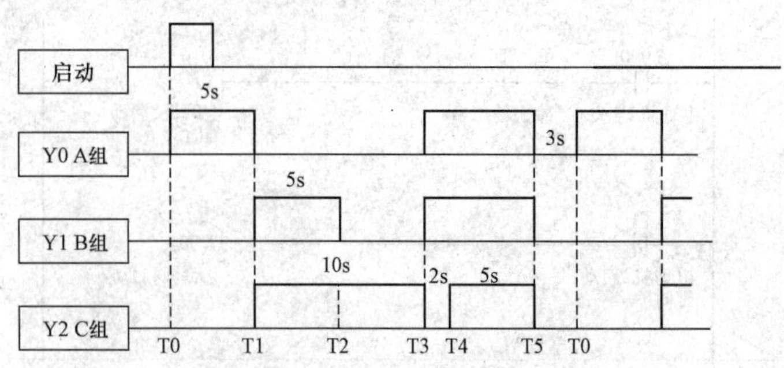

图 2-1 喷泉控制时序图

（2）由于各个定时器是按先后顺序接通的，所以前一个定时器的触点接通后一个定时器的线圈，再用后一个定时器的触点断开前一个定时器的线圈，这样就可以循环起来。

（3）编写驱动负载的程序，根据时序图各负载的上升沿和下降沿的变化，上升沿表示负载接通，下降沿表示负载断开，用相应的常闭触点，在一个扫描周期中负载多次接通可以用并联电路。

程序

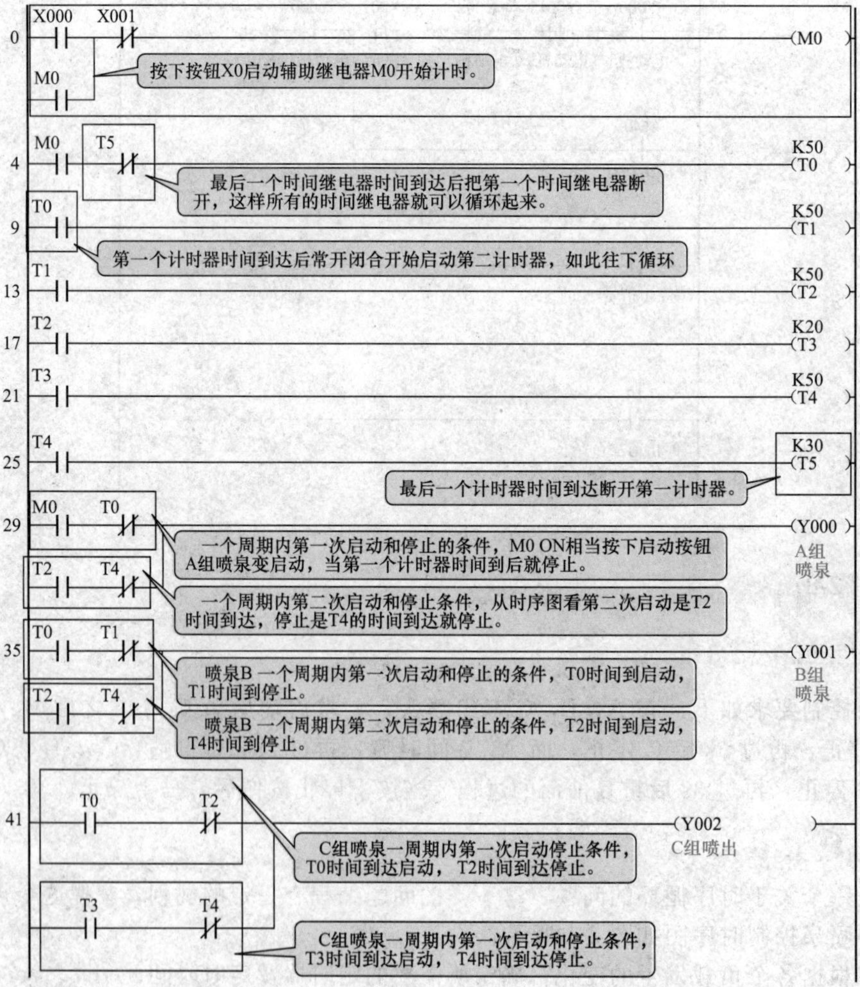

0 X000 X001 M0 (M0)

按下按钮X0启动辅助继电器M0开始计时。

4 M0 T5 K50 (T0)

最后一个时间继电器时间到达后把第一个时间继电器断开，这样所有的时间继电器就可以循环起来。

9 T0 K50 (T1)

第一个计时器时间到达后常开闭合开始启动第二计时器，如此往下循环

13 T1 K50 (T2)

17 T2 K20 (T3)

21 T3 K50 (T4)

25 T4 K30 (T5)

最后一个计时器时间到达断开第一计时器。

29 M0 T0 T2 T4 (Y000) A组喷泉

一个周期内第一次启动和停止的条件，M0 ON相当按下启动按钮A组喷泉变启动，当第一个计时器时间到后就停止。

一个周期内第二次启动和停止条件，从时序图看第二次启动是T2时间到达，停止是T4的时间到达就停止。

35 T0 T1 T2 T4 (Y001) B组喷泉

喷泉B 一个周期内第一次启动和停止的条件，T0时间到启动，T1时间到停止。

喷泉B 一个周期内第二次启动和停止的条件，T2时间到启动，T4时间到停止。

41 T0 T2 T3 T4 (Y002) C组喷出

C组喷泉一周期内第一次启动停止条件，T0时间到达启动，T2时间到达停止。

C组喷泉一周期内第一次启动和停止条件，T3时间到达启动，T4时间到达停止。

【案例 2-9】

功 能

交通灯的控制。南北方向：红灯亮 25s，然后绿灯亮 25s，接下来绿灯按照 1s/次的规律闪 3 次，最后转到黄灯亮 2s。东西方向：绿灯亮 20s，接下来绿灯按 1s/次的规律闪 3 次，然后转到黄灯亮 2s，最后红灯亮 30s。完成以上周期，如此循环运行。

分 析

根据要求画出控制时序图，如图 2-2 所示。

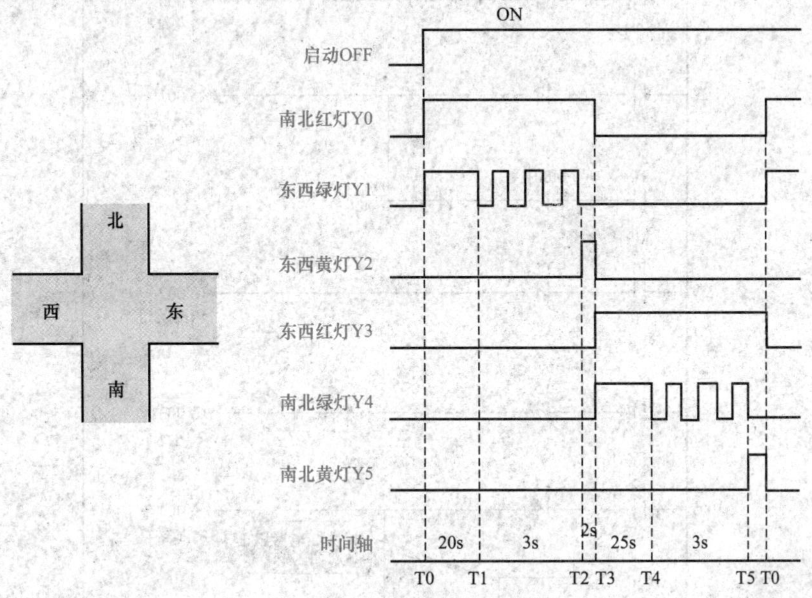

图 2-2 交通灯的控制时序图

程 序

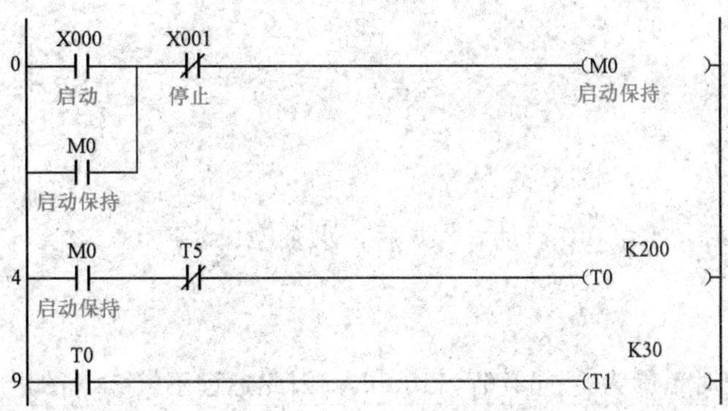

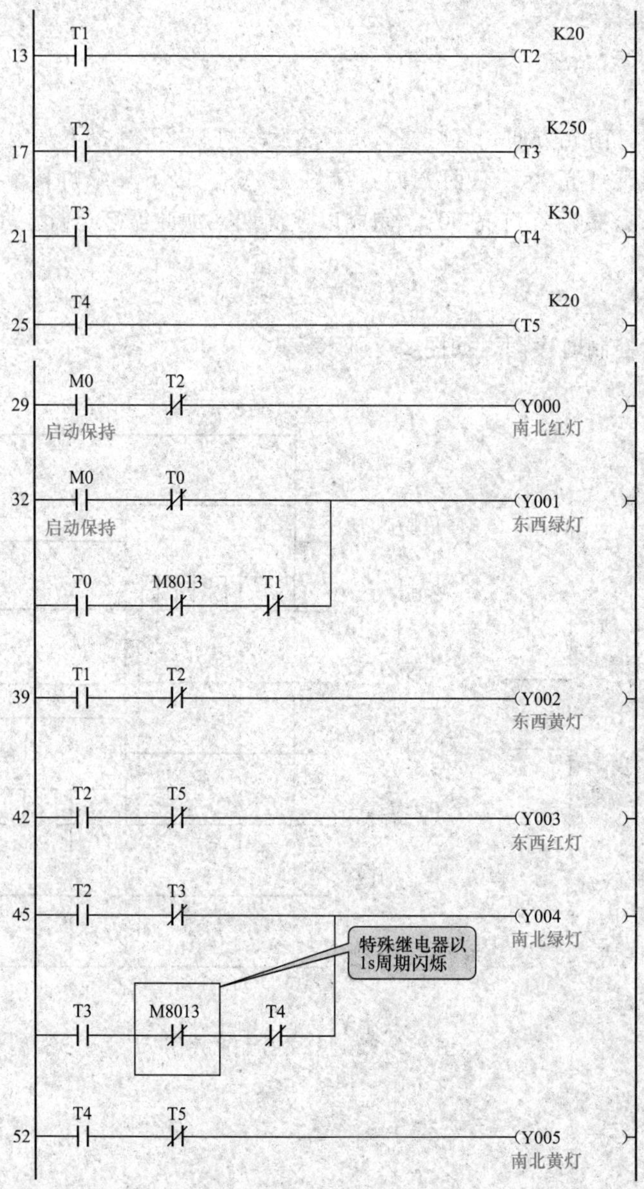

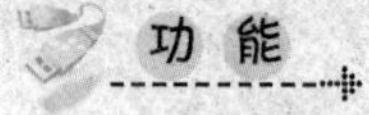

【案例 2-10】

功能

按下按钮 X0 后，水泵 Y0 启动，24h 后，水泵停止。

分析

普通定时器定时范围为 0～32767×100ms，因此远远不够 24h 的定时时间，若用好几个定时器进行累加，则需太多的定时器，非常麻烦，此例可用计数器来实现。30min（0.5h）计数一次，24h 需计数 48 次就可以。

程　序

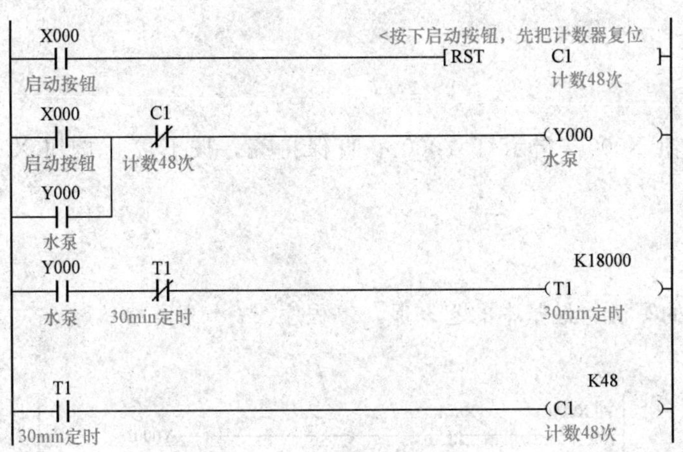

【案例 2-11】

功　能

对生产的气缸进行耐久测试：按下启动按钮 X0，让气缸来回动作（伸出/缩回），气缸的动作通过电磁阀 Y0 来控制（Y0 得电则伸出，断电则缩回）。动作时，气缸伸出 2s，缩回 2s。这样来回动作 10 次后，气缸测试结束。若要测试其他气缸，再次按下启动按钮。

程　序

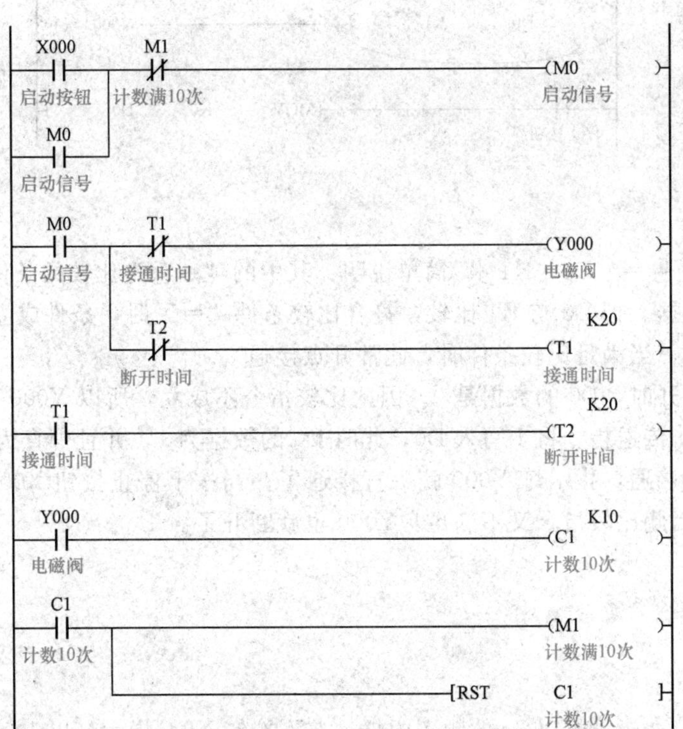

注意：上面的程序中，计数器到达设定值后，应首先把启动断开，再把计数器复位。

【案例 2-12】

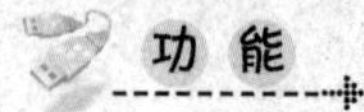

功 能

按下启动按钮 X000，指示灯 Y000 一直保持亮，按下停止按钮 X001，指示灯 Y000 断开。

程 序

此程序一般的写法：最基本的起、保、停程序。

写法 1：

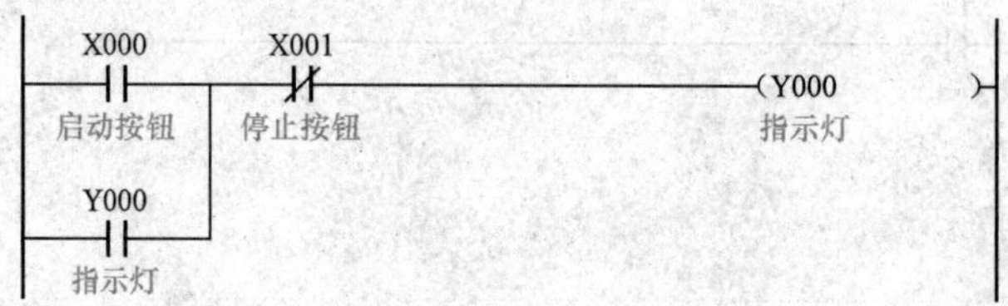

写法 2：

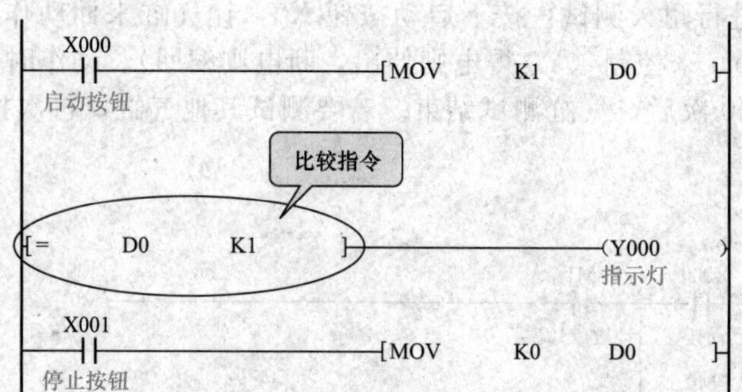

说 明

比较指令“［＝　D0　K1］”简单说明：其中的“＝”为比较的条件，“D0”及“K1”是比较的两个数据。把 D0 与 K1 比较，符合比较条件“＝”时，条件成立接通。(可以把它当做一个常开点，当满足比较条件时，此常开点接通)。

启动按钮断开时，D0 的数据是 0，因此比较指令不成立，所以 Y000 不会接通。当按下启动按钮 X000，传送指令将 1 写入 D0，此时 D0 的数据为 1，并且一直为 1，因此比较指令一直成立，一直接通，指示灯 Y000 就一直接通了。当按下停止按钮 X001 后，传送指令又将 0 写入 D0，因此比较指令又不满足，Y000 也就断开了。

【案例 2-13】

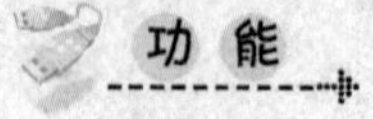

功 能

按下按钮 X1，指示灯以 3s 的频率闪烁，按下按钮 X2，指示灯以 1s 的频率闪烁。

程序

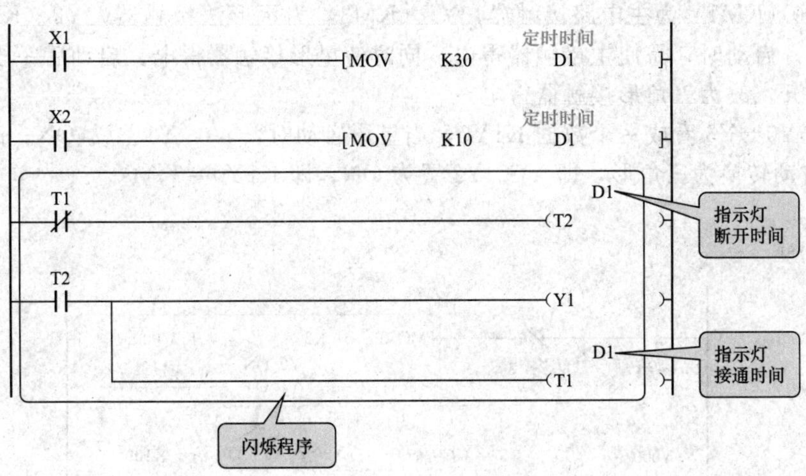

分析

首先控制要求是一个闪烁程序，因此以上程序中下面 2 步程序为闪烁程序，闪烁时间是 D1。因为闪烁时间会变动，所以这里用一个数据寄存器表示。

若要以 1s 闪烁，只要让 D1=10 就可以了。

若要以 3s 闪烁，只要让 D1=30 就可以了。

因此上两步程序即为改变频率的程序。

【案例 2-14】

功能

电动机星形——三角形降压启动的控制程序。图 2-3 所示为星形——三角形降压启动的信号图。

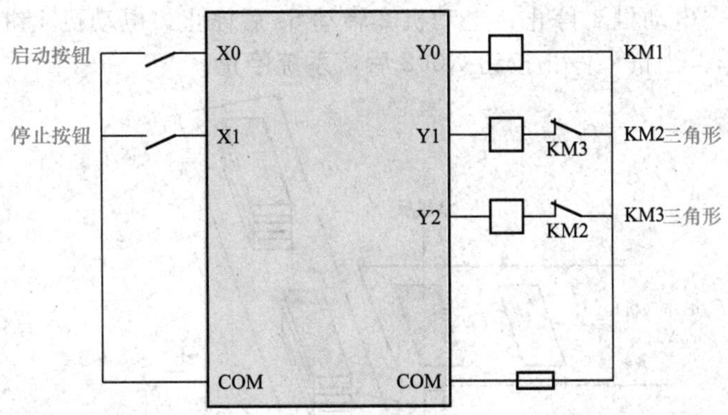

图 2-3　星形——三角形降压启动的信号图

分析

其中 Y0（KM1）为主电路接触器，Y1（KM3）为星形法接触器，Y2（KM2）为三角形法接触器。启动时，需使主接触器得电，同时使星形接触器得电。启动后一段时间，把星形接触器断开，改为三角形接触器得电。

可以把 Y0－Y3 看成一个数据 K1Y0，当星形启动时，Y0、Y1 置为 ON，即 K1Y0＝3，10 秒后，自动转换为三角形，即 Y0、Y2 置为 ON，即 K1Y0＝5。

程序

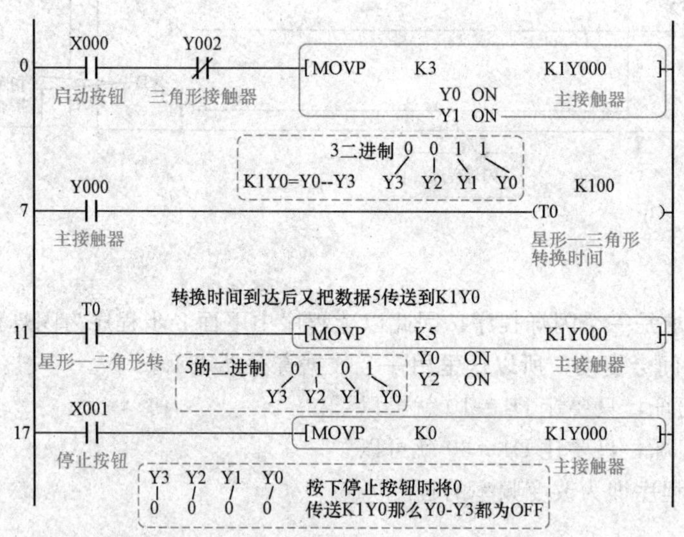

【案例 2-15】

功能

如图 2-4 所示为金属板收料流水线示意图。按下启动按钮 X001 后，系统启动，电动机 1 启动，并带动金属板往下掉，当金属板掉下后，光电感应器 X0 就会感应到并计数，当金属板累计 10 块后，电动机 1 停止，电动机 2 转动 5s 后停止，电动机 1 继续带动金属板往下掉，依次循环动作。当按下停止按钮 X002 后，系统停止。

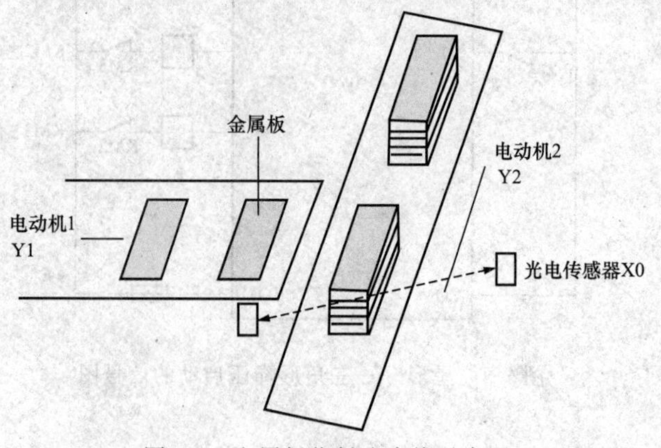

图 2-4　金属板收料流水线示意图

分析

(1) 整个系统分为启动与停止。

(2) 启动后，电动机 1 先动作，并通过光电传感器 X0 对金属板计数。

(3) 计数满后电动机 2 启动，电动机 1 停止，此过程为 5s。

(4) 5s 后，应对计数器复位，电动机 2 停止，电动机 1 启动，开始新一轮的动作。

根据控制动作，画出的流程图如图 2-5 所示。

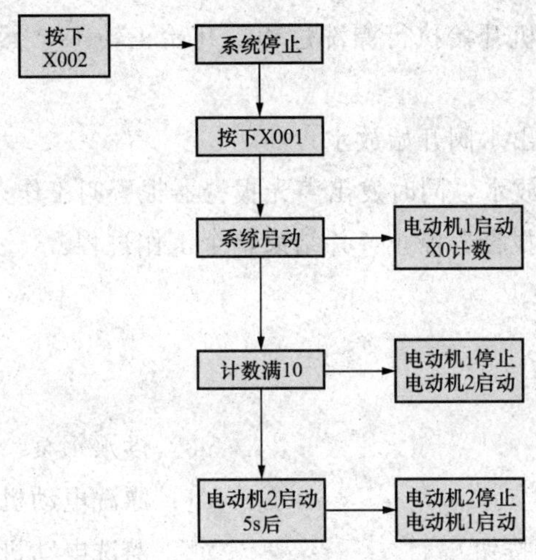

图 2-5 控制流程图

程序

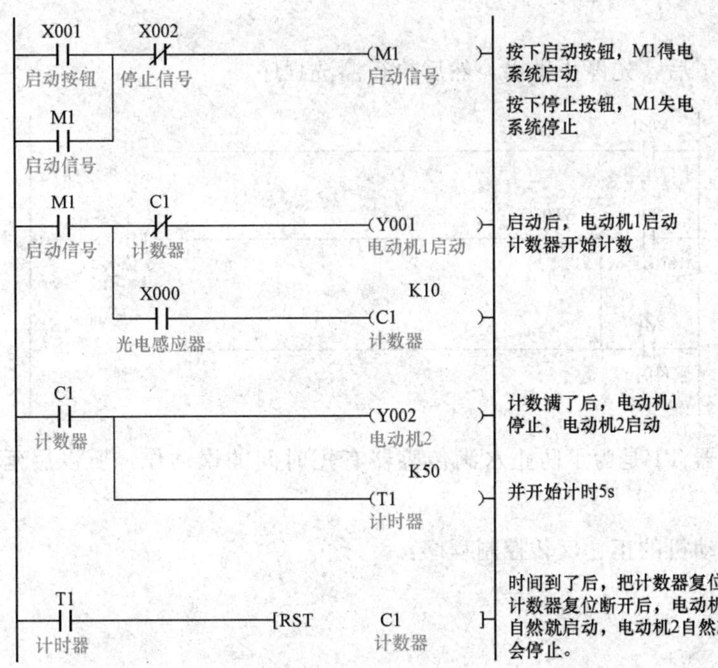

【案例 2-16】

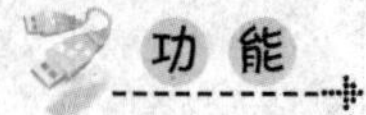

功 能

全自动洗衣机系统，功能如下。

（1）按启动按钮后开始供水；

（2）当水满到水位满传感器就停止供水；

（3）水满之后，洗衣机开始执行漂洗过程，开始正转 5s，然后倒转 5s，执行此循环动作 10min；

（4）漂洗结束之后，出水阀开始放水；

（5）放水 10s 后结束放水，同时发出声光报警器报警叫工作人员来取衣服；

（6）按停止按钮声光报警器停止，并结束整个工作过程。

分 析

信号分配如下。

X0：启动按钮　　Y0：供水水泵

X1：水位满信号　　Y1：漂洗电动机正转

X2：停止按钮（复位按钮）　　Y2：漂洗电动机反转

Y3：出水控制阀门电动机

Y4：声光报警器

程 序

（1）水位满了后，先停止供水，然后执行漂洗程序：

这里用定时器 T1 是为了防止水满传感器有短时间的误动作，所以用延时。T2 为总的漂洗时间。

（2）漂洗电动机的正、反转控制程序：

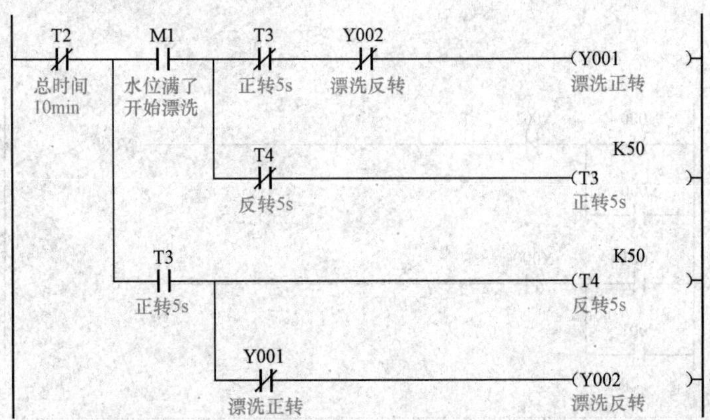

当总时间 T2 接通，则正、反转全部断开。

（3）漂洗时间到了后，开始放水，并对记录放水时间，程序如下：

（4）放水时间到了，开始报警，当按下停止按钮，停止报警，同时把程序的上一步的启动信号断开。程序如下：

第二节　基本指令的用法案例解析

【案例 2-17】

功　能

基本起保停控制。按下按钮 X00，指示灯 Y0 亮，Y1 要灭。并且按钮松开后，要保持其状态。按下按钮 X01，指示灯 Y1 亮，Y0 要灭。并且按钮松开后，要保持其状态。

程 序

分 析

按下按钮 X000 后，X000 的常开点接通，常闭点断开。常开点使 Y000 的线圈接通，并通过 Y000 的常开点自锁保持。常闭点使 Y001 的线圈断开。同样的道理，按下按钮 X001 后，X001 的常开点接通，常闭点断开。常开点使 Y001 的线圈接通，并通过 Y001 的常开点自锁保持。常闭点使 Y000 的线圈断开。

【案例 2-18】

功 能

一个可用于四支比赛队伍的抢答器，系统至少需要 4 个抢答按钮、1 个复位按钮和 4 个指示灯。抢答器示意如图 2-6 所示。

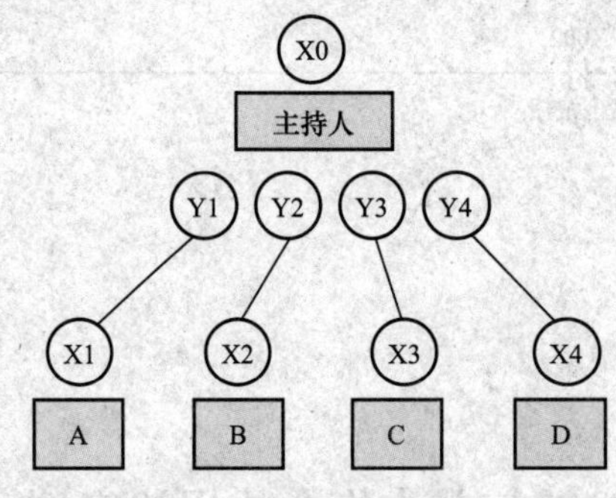

图 2-6 抢答器示意

主持人宣布答题后，4 组人 A，B，C，D 开始抢答，X1、X2、X3、X4 是每组队伍面前的抢答按钮，谁最先按下按钮，主持人面前对应的灯就会亮，其他队伍再按，主持人面前的灯也不会亮（即主持人面前的等每次答题只会只亮一个），答题完毕后，主持人按下复位按钮 X0，灯灭掉。开始下一轮的抢答。

分 析

（1）若 A 先按下按钮，则 Y1 灯要亮，并且一直亮，直到主持人按下复位按钮 X0，灯才会灭。其他人按下按钮，对应的灯也不会亮。

（2）若B先按下按钮，则Y2灯要亮，并且一直亮，直到主持人按下复位按钮X0，灯才会灭。其他人按下按钮，对应的灯也不会亮。

（3）若C先按下按钮，则Y3灯要亮，并且一直亮，直到主持人按下复位按钮X0，灯才会灭。其他人按下按钮，对应的灯也不会亮。

（4）若D先按下按钮，则Y4灯要亮，并且一直亮，直到主持人按下复位按钮X0，灯才会灭。其他人按下按钮，对应的灯也不会亮。

程序

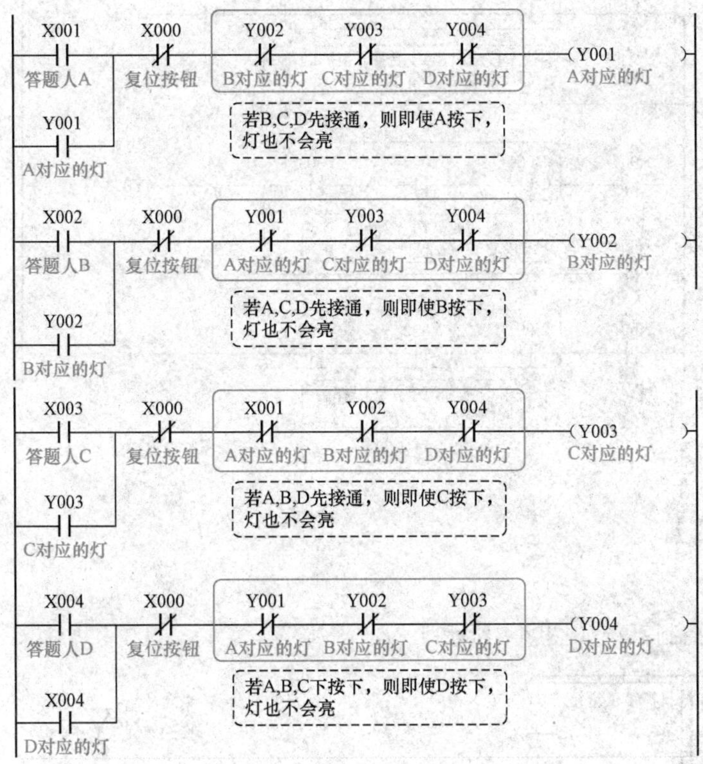

【案例2-19】

功能

用一个按钮（X1）来控制三个输出（Y1、Y2、Y3）。当Y1、Y2、Y3都为OFF时，按一下X1，Y1为ON，再按一下X1，Y1、Y2为ON，再按一下X1，Y1、Y2、Y3都为ON，再按X1，回到Y1、Y2、Y3都为OFF状态。再操作X1，输出又按以上顺序动作。

分析

（1）当按下按钮时，若Y1，Y2，Y3都没接通，则应该让Y1保持ON。

（2）当按下按钮时，若Y1接通，但Y2，Y3都没接通，则应该让Y2保持ON。

（3）当按下按钮时，若Y1，Y2接通，但Y3没接通，则应该让Y3保持ON。

（4）当按下按钮时，若 Y1，Y2，Y3 都接通了，则应该让 Y1，Y2，Y3 都断开。

程序

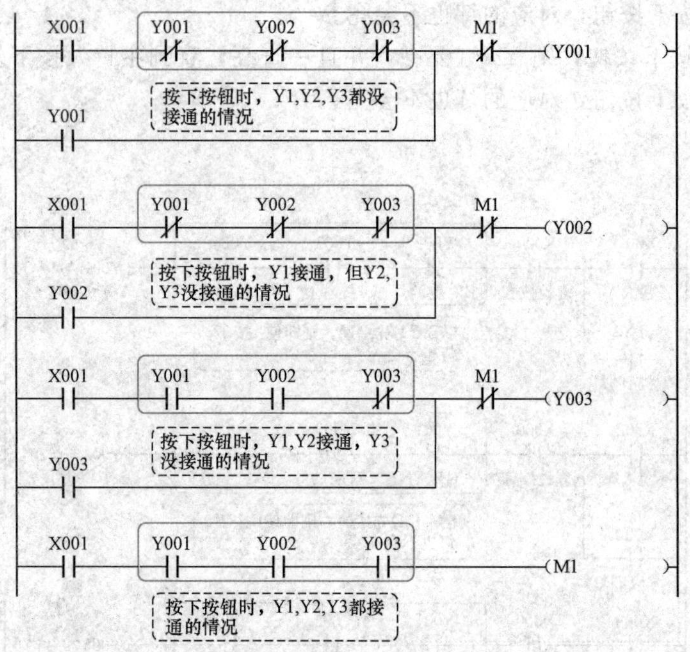

【案例 2-20】

功能

简单流水线控制系统如图 2-4 所示。

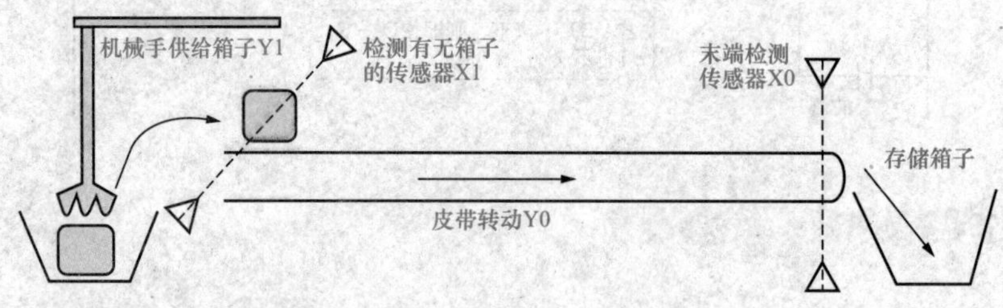

图 2-7　简单流水线控制系统

图 2-7 左边是一个供料装置，按下启动按钮 X3，机械手供给装置 Y1 动作，向皮带上供给一个箱子，当感应器 X1 感应到有箱子时，皮带就带动箱子向前转动，到皮带尾部有一个感应器 X0，当箱子跌落到存储箱，皮带停止转动。

按下按钮 X3 后，箱子顺着皮带流到存储箱内。没有箱子供给时，皮带停止转动。

程序

说明

当感应器 X0 刚感应到箱子时，箱子还在皮带上，此时若让皮带停止转动，箱子不会掉下。只有当箱子脱离感应器 X0 时，箱子才会掉下。因此，在此程序中，不能直接用 X1 的常闭点来把皮带转动 Y0 断开。

【案例 2-21】

功能

物体原始位置在 A 点，按下启动按钮 X10，物体由 A 处运动到 B 处，当物体到达 B 点后，指示灯 Y0 亮 5s 后停止，当指示灯灭后，按下停止按钮，物体由 B 点运动到 C 点。物体运动示意如图 2-8 所示。

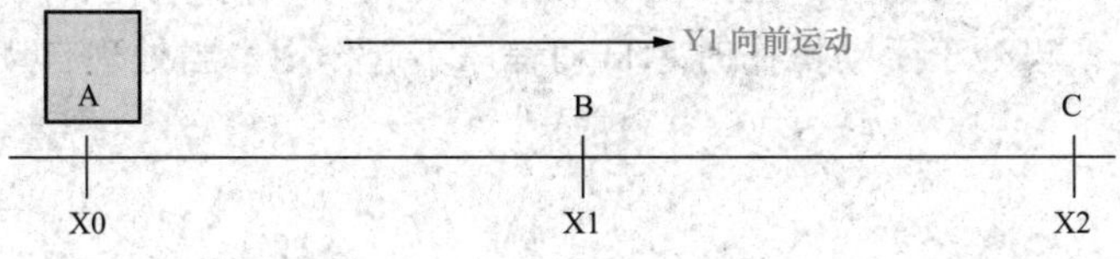

图 2-8　物体运动示意

程序

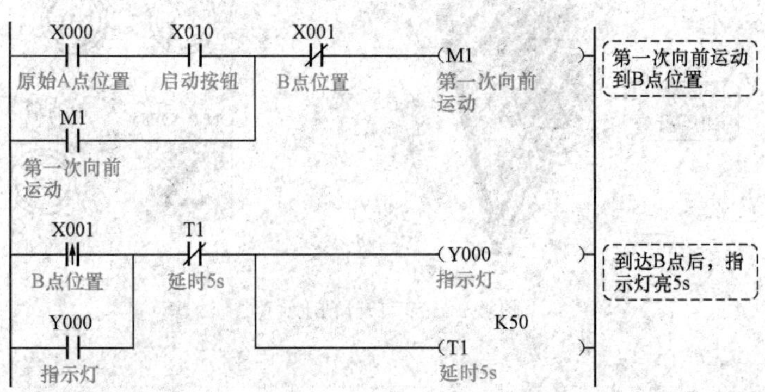

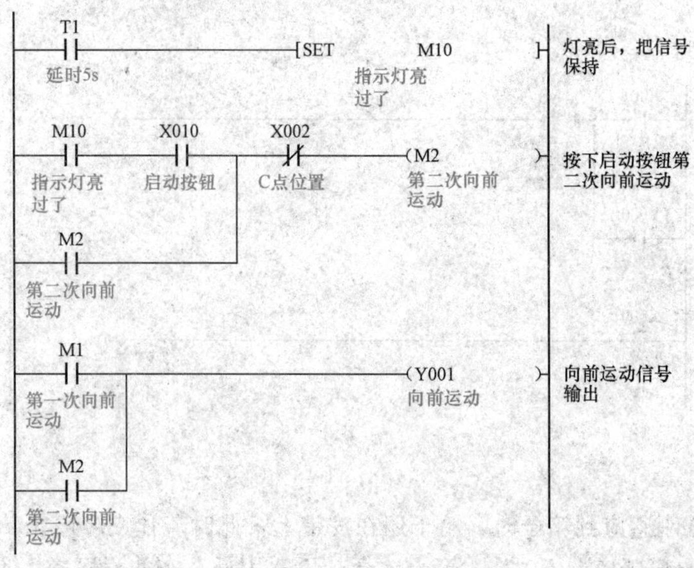

【案例 2-22】

功能

自动升降门示意图如图 2-9 所示。通过 Y000 及 Y001 控制自动门上升和下降，上限位开关 X001 及下限位开关 X000 作上升及下降的限位用。系统分手动及自动操作，X24 旋到 ON 时为手动，X24 旋到 OFF 时为自动。手动控制时，通过按钮 X10 及 X11 控制其上升下降（即按住 X10 则上升，松开则停止，按住 X11 则下降，松开则停止）。自动控制时，按下自动启动按钮 X12，门自动上升，上到上限位后，延时 6s 后自动下降，降到下限位后又自动上升，一次循环。当处于手动操作时，自动程序不起作用。当处理自动操作时，手动程序不起作用。

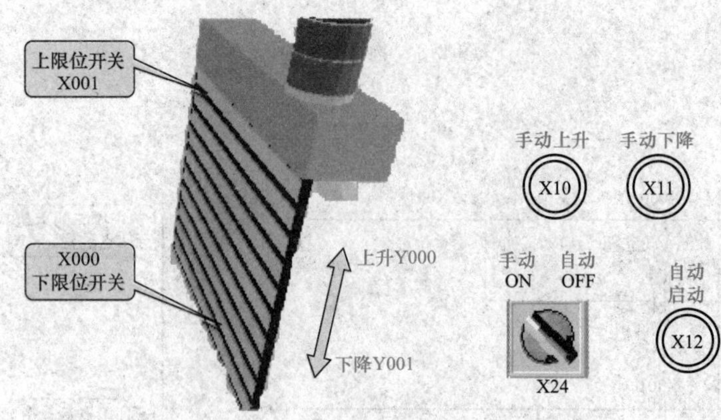

图 2-9　自动升降门示意图

1. 手动程序

当 X24 处于 ON 时，手动主控指令接通，则手动程序可以执行。

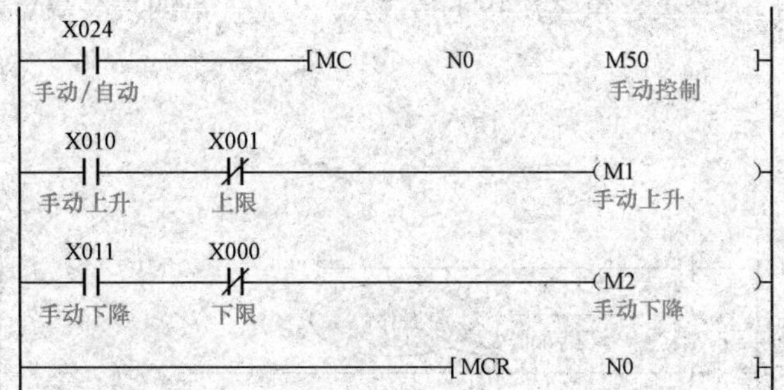

2. 自动程序

当 X24 处于 OFF 时，自动主控指令接通，则自动程序可以执行。

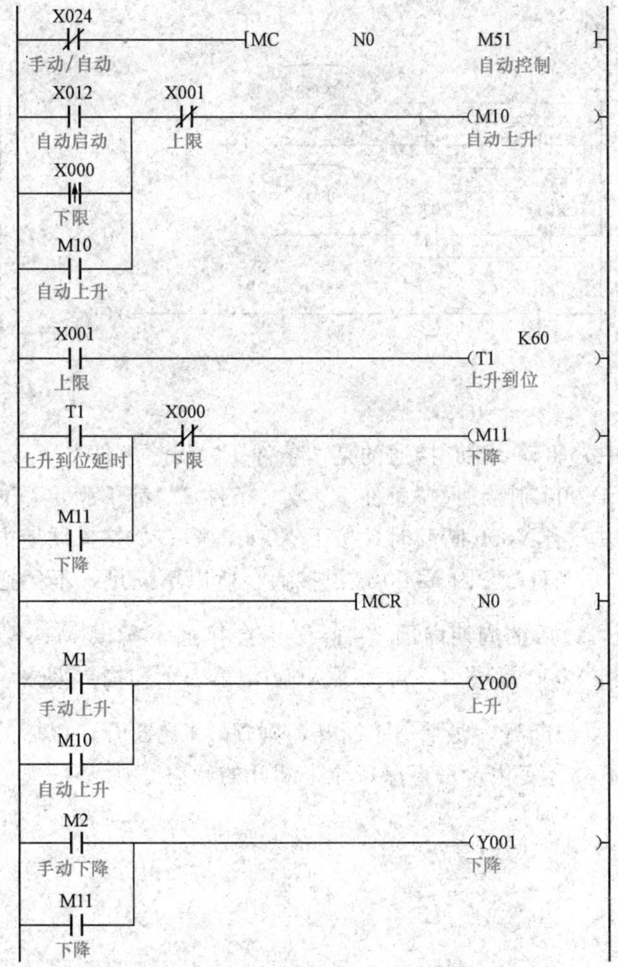

【案例 2-23】

功 能

现有一个按钮 X0，一个指示灯 Y0，当第一次按下 X0 后，指示灯 Y0 亮，并保持亮，当第二次按下 X0 后，Y0 灭，第三次按下后，Y0 又亮，第四次又灭，如此循环动作。

程 序

写法 1

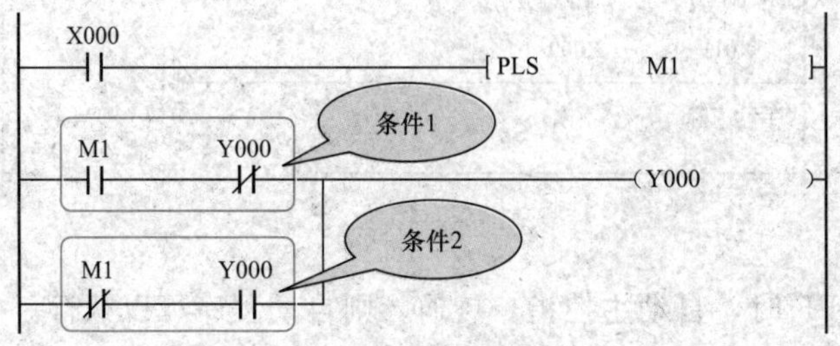

写法 2

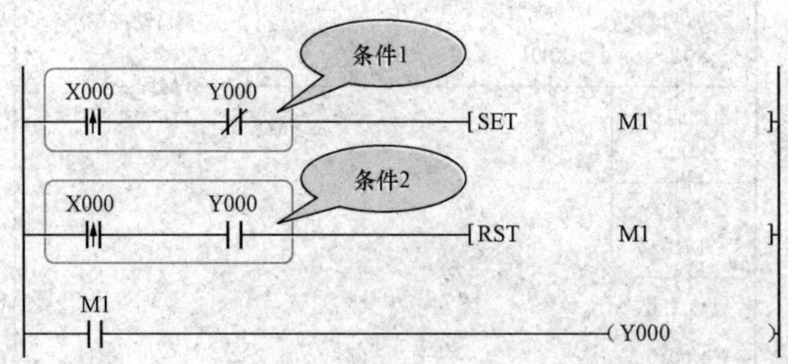

说 明

写法 1 的程序中，驱动 Y000 接通的是“条件 1”及“条件 2”，只要“条件 1”或“条件 2”中满足一个，Y000 则接通。“条件 1”或“条件 2”都不满足，Y000 则断开。

写法 2 的程序中，当 Y000 断开时，按下 X000，第一个扫描周期内“条件 1”接通，把 M1 置位接通。此时“条件 2”因 Y000 还没接通，所以不满足，不会把 M1 复位。所以最后 M1 驱动 Y000 接通，以后的周期内因“$\overset{X000}{\dashv\uparrow\vdash}$”不会接通，所以 M1 不会有变化，一直保持原来接通的状态。当 Y000 接通后，再按下 X000，第一个扫描周期内，“条件 1”断开，“条件 2”满足，把 M1 复位断开，最后 M1 断开，则 Y000 也断开，以后的周期内因“$\overset{X000}{\dashv\uparrow\vdash}$”不会接通，所以 M1 不会有变化，一直保持原来断开的状态。

【案例 2-24】

功 能

（1）按下启动按钮 X0，5s 后指示灯 Y0 才亮。

（2）按下停止按钮 X1，3s 后指示灯灯灭。

程序

```
 X000
─┤├──────────────────────────[SET   M1    ]
启动按钮                              中间继电器
                                    （保持用）
 M1                                       K50
─┤├──────────────────────────(T1           )
中间继电器                                定时器
（保持用）                                （延时）
 T1
─┤├──────────────────────────(Y000         )
定时器                                  指示灯
（延时）
 X001
─┤├──────────────────────────[SET   M2    ]
停止按钮                               中间继电器
                                      （保持）
 M2                                       K30
─┤├──────────────────────────(T2           )
中间继电器                               定时器
（保持）                                 （延时）
 T2
─┤├──┬───────────────────────[RST   M1    ]
定时器 │                               中间继电器
（延时）│                               （保持）
      └───────────────────────[RST   M2    ]
                                     中间继电器
                                      （保持）
```

【案例 2-25】

功能

当按下 X1 启动按钮时，四盏灯 Y0～Y3 依次以 1s 的时间顺序点亮，当最后的灯 Y3 点亮后程序又返回到初始状态 S0，当你在按下 X1 时，四盏灯又亮一个周期。若想使四盏灯重复循环进行，只需要把 X1 一直 ON 的状态，就可以实现。

程序

```
 M8002
─┤├──────────────────────────[SET   S0    ]
初始脉冲                               初始状态

─────────────────────────────[STL   S0    ]
                                     初始状态
 X001
─┤├──────────────────────────[SET   S20   ]
                                     启动状态1

─────────────────────────────[STL   S20   ]
                                     启动状态1
```

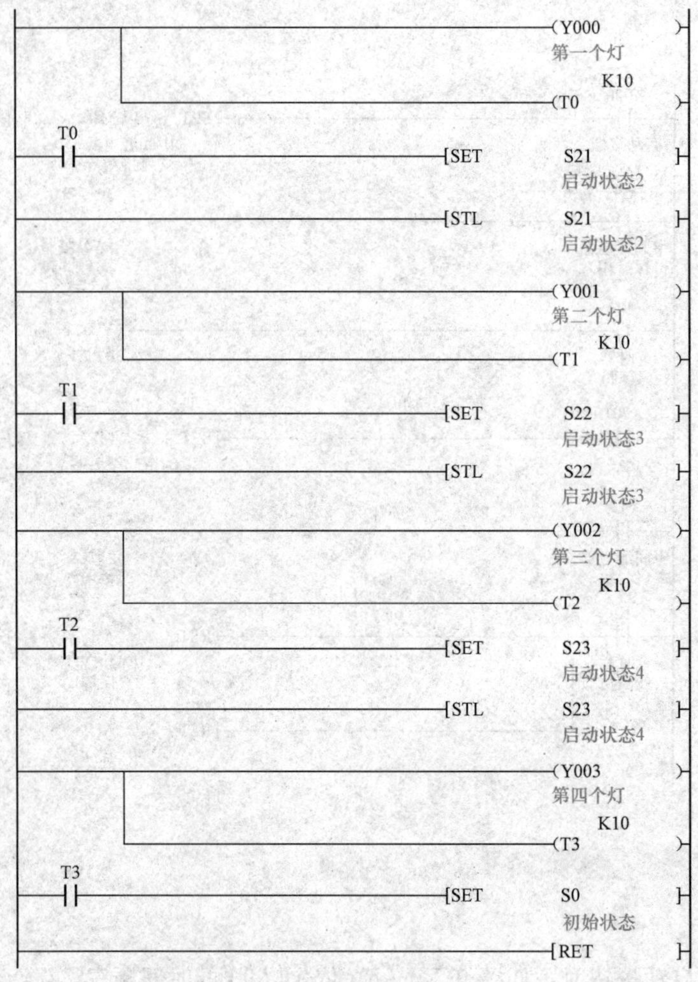

【案例 2-26】

功 能

一送料小车，初始位置在 A 点，按下启动按钮（X4），在 A 点装料（Y1），装料时间 5s，装完料后驶向 B 点卸料（Y2），卸料时间是 7s，卸完后又返回 A 点装料，装完后驶向 C 点卸料，按如此规律分别给 B、C 两点送料，循环进行。当按下停止按钮时，一定要送完一个周期后停在 A 点，如图 2-10 所示。

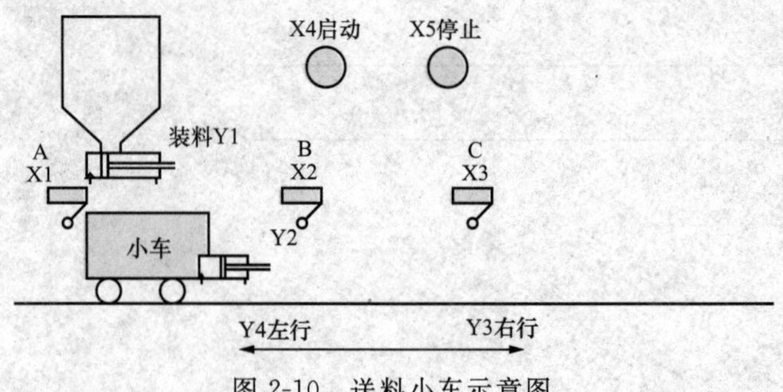

图 2-10 送料小车示意图

根据以上流程，首先绘制流程图，流程图可以清晰的反映整套系统的动作顺序，同时在编写程序时，可以很清楚地知道编写的进程，流程图如图 2-11 所示。

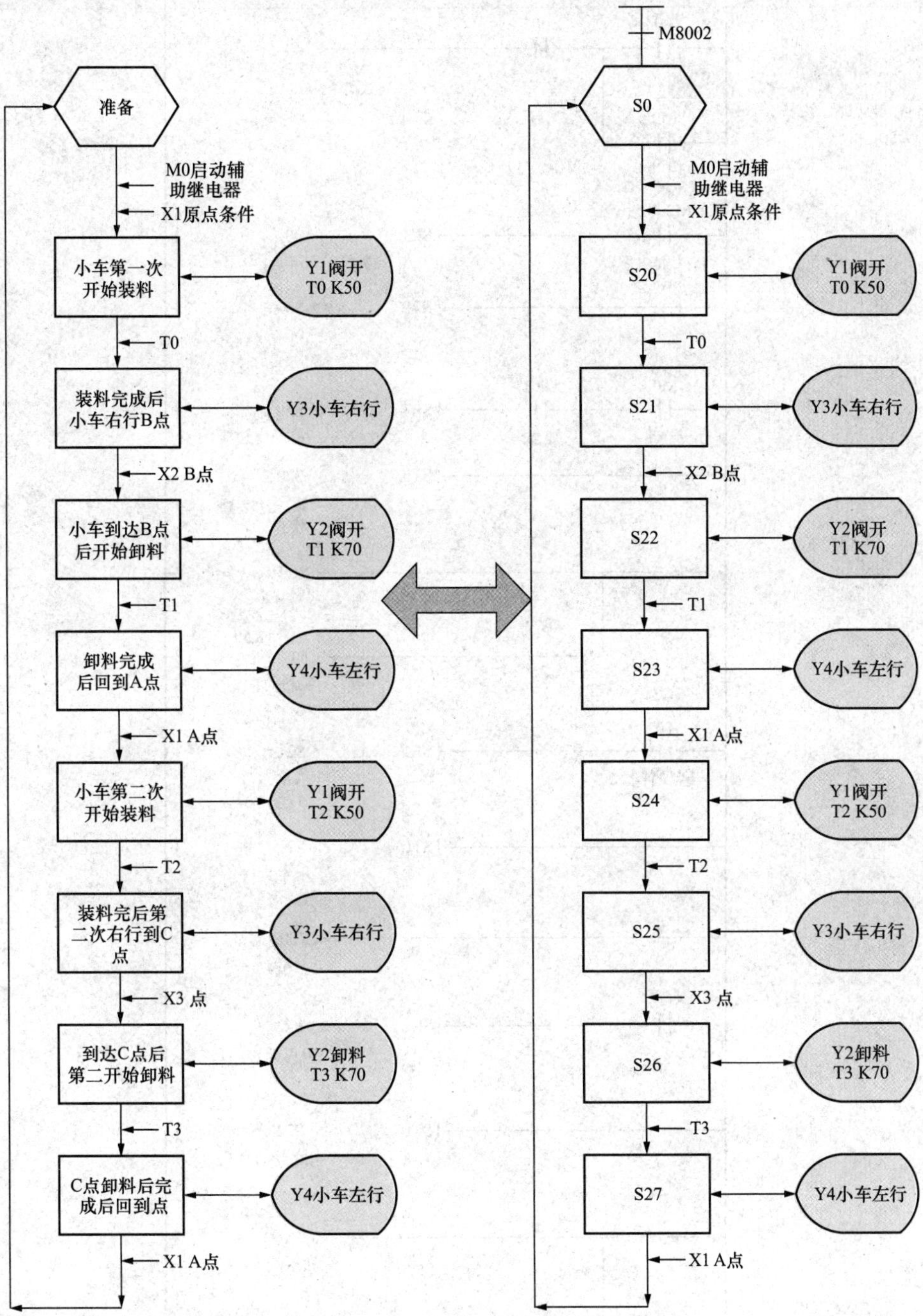

准备
M0启动辅助继电器
X1原点条件
小车第一次开始装料 — Y1阀开 T0 K50
T0
装料完成后小车右行B点 — Y3小车右行
X2 B点
小车到达B点后开始卸料 — Y2阀开 T1 K70
T1
卸料完成后回到A点 — Y4小车左行
X1 A点
小车第二次开始装料 — Y1阀开 T2 K50
T2
装料完后第二次右行到C点 — Y3小车右行
X3 点
到达C点后第二开始卸料 — Y2卸料 T3 K70
T3
C点卸料后完成后回到点 — Y4小车左行
X1 A点

M8002
S0
M0启动辅助继电器
X1原点条件
S20 — Y1阀开 T0 K50
T0
S21 — Y3小车右行
X2 B点
S22 — Y2阀开 T1 K70
T1
S23 — Y4小车左行
X1 A点
S24 — Y1阀开 T2 K50
T2
S25 — Y3小车右行
X3 点
S26 — Y2卸料 T3 K70
T3
S27 — Y4小车左行
X1 A点

图 2-11 流程图

程序

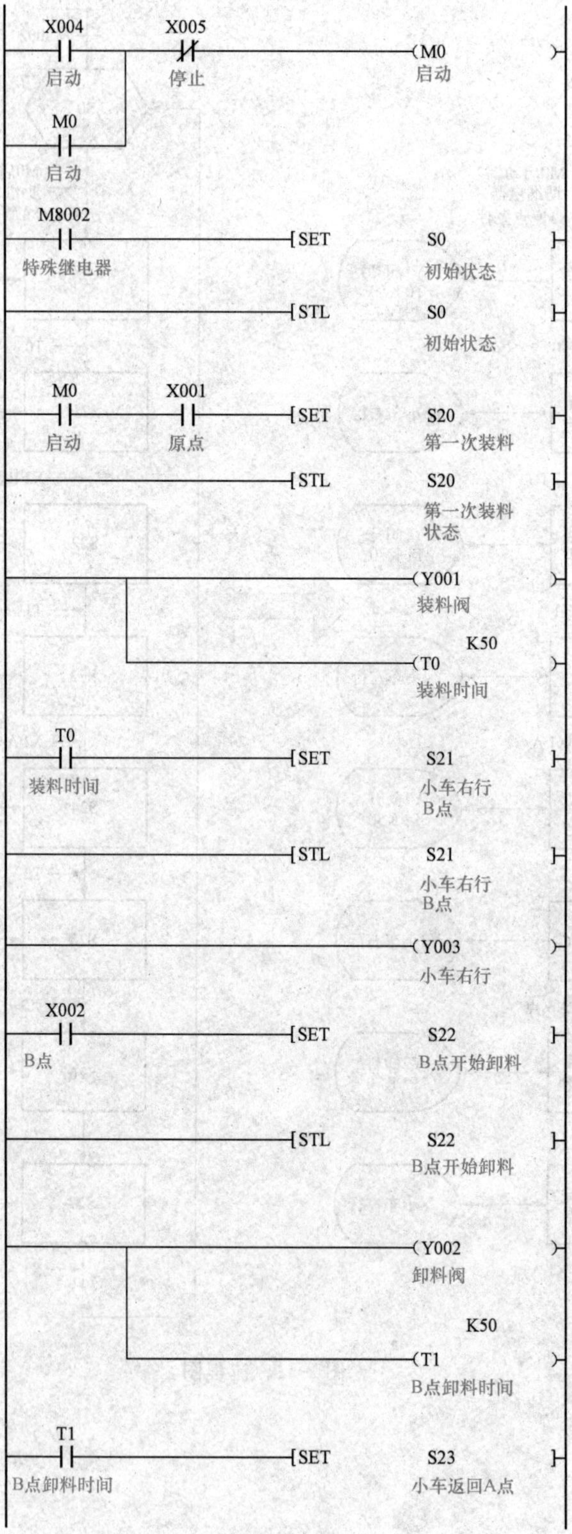

```
X004 启动 | X005 停止 (常闭) → (M0 启动)
M0 启动 (并联自锁)
M8002 特殊继电器 → [SET S0 初始状态]
[STL S0 初始状态]
M0 启动 — X001 原点 → [SET S20 第一次装料]
[STL S20 第一次装料状态]
→ (Y001 装料阀)
→ (T0 K50 装料时间)
T0 装料时间 → [SET S21 小车右行B点]
[STL S21 小车右行B点]
→ (Y003 小车右行)
X002 B点 → [SET S22 B点开始卸料]
[STL S22 B点开始卸料]
→ (Y002 卸料阀)
→ (T1 K50 B点卸料时间)
T1 B点卸料时间 → [SET S23 小车返回A点]
```

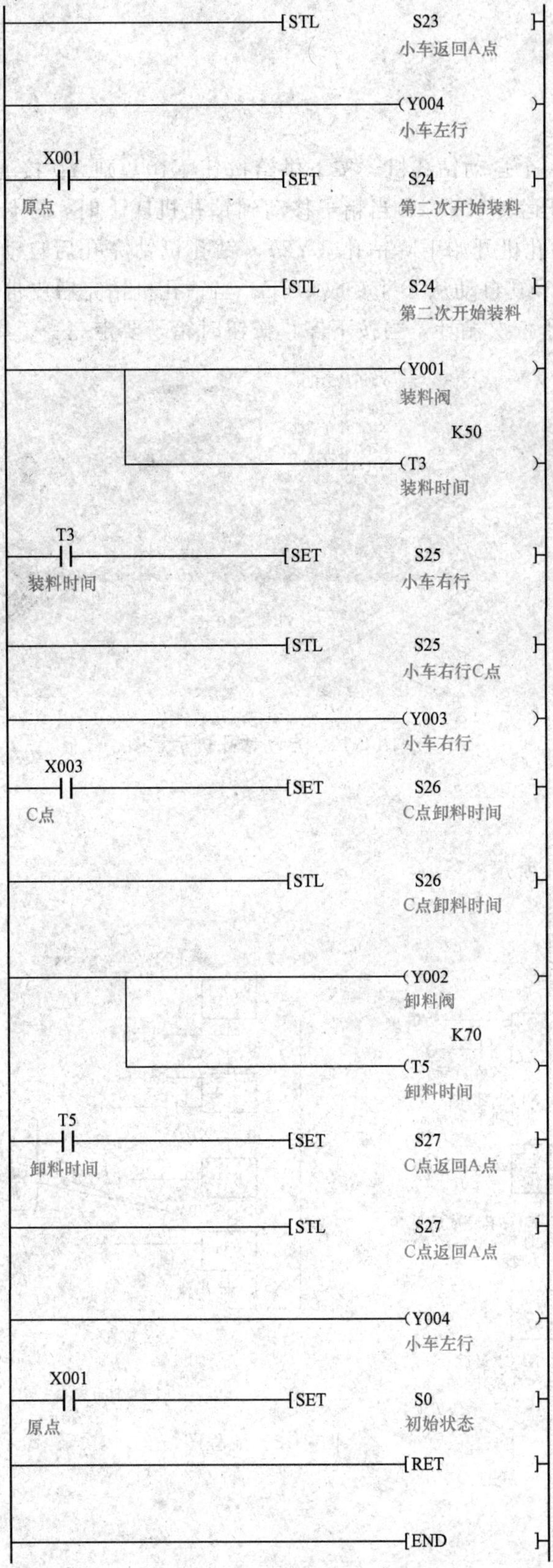

```
|——————————————————————[STL      S23          ]|
|                                 小车返回A点
|——————————————————————————————(Y004          )|
|                                 小车左行
|  X001
|——| |——————————————————[SET      S24          ]|
|  原点                           第二次开始装料
|——————————————————————[STL      S24          ]|
|                                 第二次开始装料
|————————┬—————————————————————(Y001          )|
|        |                        装料阀
|        |                             K50
|        └—————————————————————(T3            )|
|                                 装料时间
|  T3
|——| |——————————————————[SET      S25          ]|
|  装料时间                       小车右行
|——————————————————————[STL      S25          ]|
|                                 小车右行C点
|——————————————————————————————(Y003          )|
|                                 小车右行
|  X003
|——| |——————————————————[SET      S26          ]|
|  C点                            C点卸料时间
|——————————————————————[STL      S26          ]|
|                                 C点卸料时间
|————————┬—————————————————————(Y002          )|
|        |                        卸料阀
|        |                             K70
|        └—————————————————————(T5            )|
|                                 卸料时间
|  T5
|——| |——————————————————[SET      S27          ]|
|  卸料时间                       C点返回A点
|——————————————————————[STL      S27          ]|
|                                 C点返回A点
|——————————————————————————————(Y004          )|
|                                 小车左行
|  X001
|——| |——————————————————[SET      S0           ]|
|  原点                           初始状态
|——————————————————————————————[RET           ]|
|
|——————————————————————————————[END           ]|
```

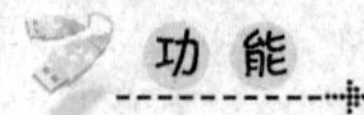

【案例 2-27】

功 能

图 2-12 所示为一个自动钻孔机，按下供给按钮 X10，则 Y0 接通，系统供给一个箱子，按钮 X11 控制输送开运转（Y1）。当箱子移动到钻孔机底下时，即传感器 X1 就感应到，此时输送带需停止，钻孔机开始下降钻孔（Y2），钻孔机钻完孔后自动上升，当钻孔时 X0 为开的信号，钻完孔后 X0 自动从 ON 变成 OFF。当钻孔机钻完后皮带再次 ON 当碰到传感器 X5 时再供给一个箱子依次循环，当按下停止按钮时箱子要走完一个周期才停止。

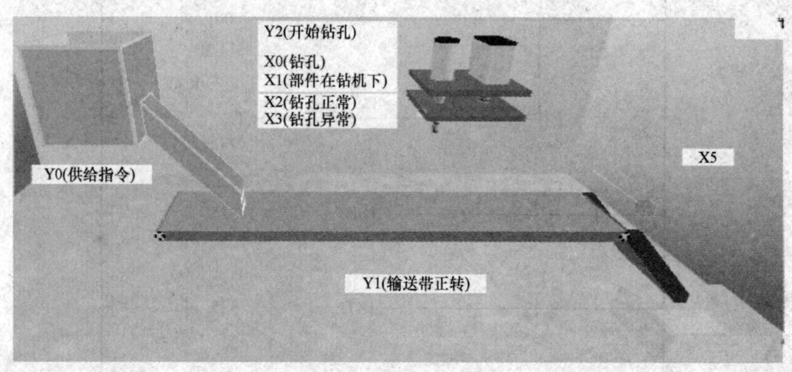

图 2-12　自动钻孔机示意图

分 析

流程图如图 2-13 所示。

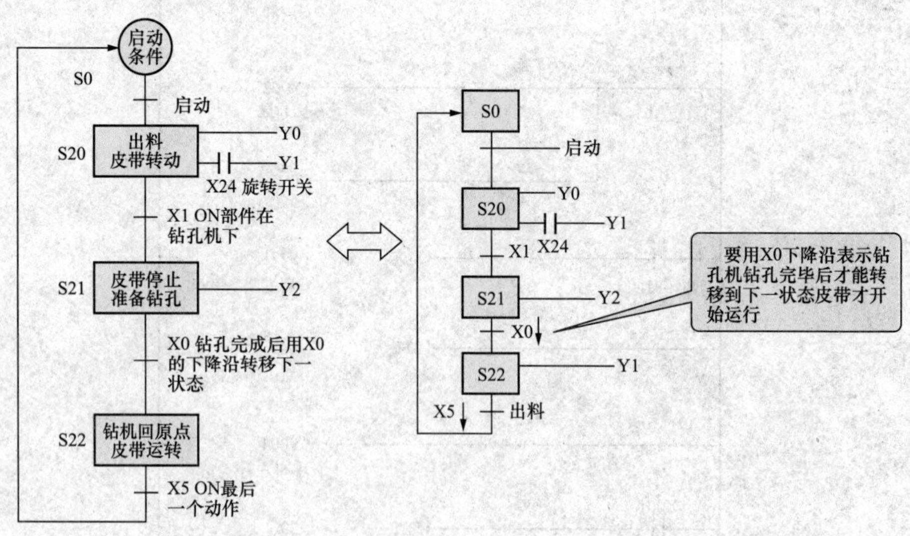

图 2-13　流程图

程　序

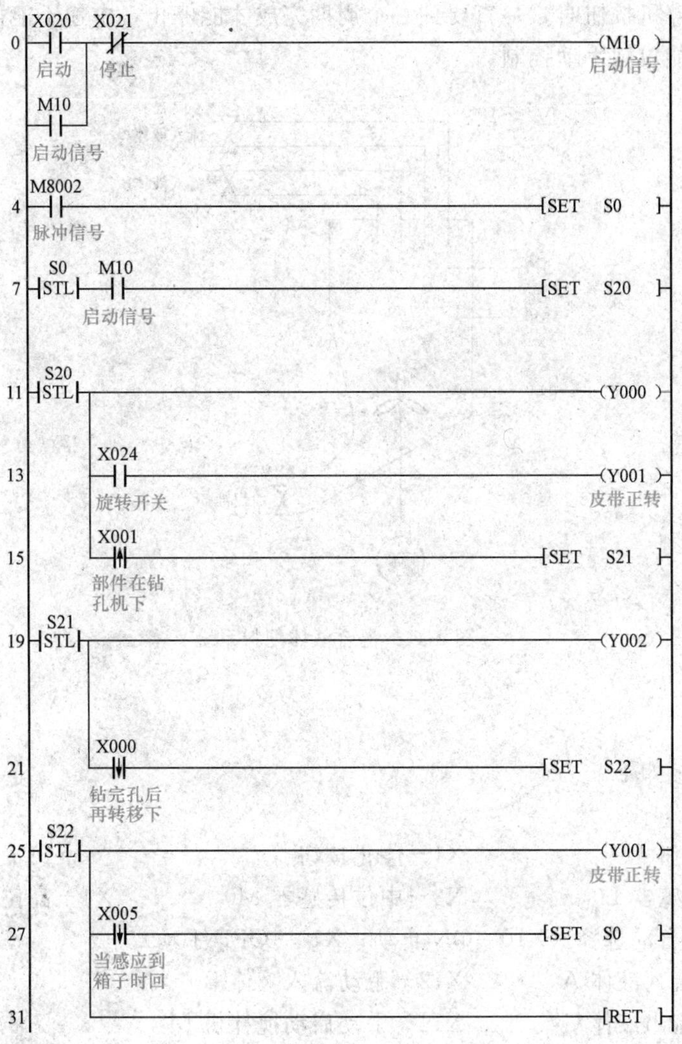

在用步进指令写程序时，可以出现双线圈，这样就方便我们在写程序时假如一个负载在程序中出现多次启动停止就不用考虑双线圈输出了，而且梯形图和步进程序可以混合使用。所以对写程序有很大的帮助。

【案例 2-28】

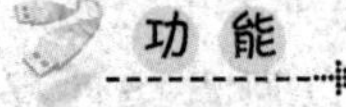

功　能

化工行业混合液体配料系统如图 2-14 所示，YV1、YV2 电磁阀控制流入液体 A、B，YV3 电磁阀控制流出液体 C。H0、M0、L0 为高、中、低液位感应器，M 为搅拌电动机。

（1）初始状态要求容器内是空的，各电磁阀关闭，M 停转；按下启动按钮，YV1 打开，流入液体 A，液体满至 M 时，YV1 关闭；YV2 打开，流入液体 B，液体满至 H 时，YV2 关闭；此时，M 开始搅拌 20s；然后 YV3 打开，流出混合液体 C；当液体减至 L 时，开始计时，20s后容器内液体全部流出。电磁阀YV3关闭，完成一个周期，下一个周期自动开始运行。

（2）当按下停机按钮时，一直要到一个周期完成才能停止，中途不能停止。

（3）各工序能单独手动控制。

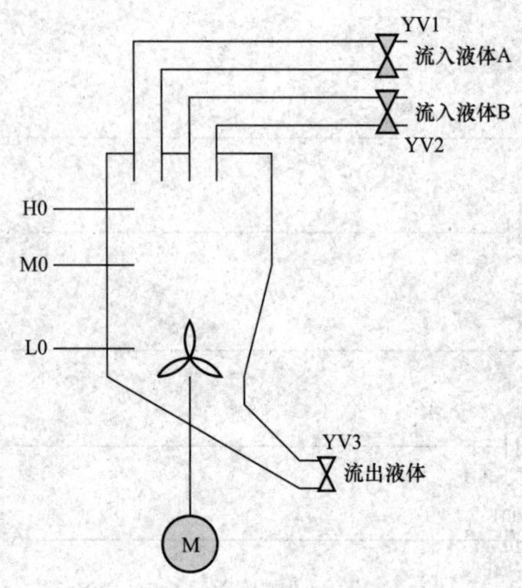

图 2-14　混合液体配料系统

分　析

I/O地址分配如下。

输入信号：

X0—启动按钮　　　　　X1—停止按钮

X2—低位传感器L0　　　X3—中位传感器M0　　　X4—高位传感器H0

X10—手动/自动选择（X10=ON自动；X10=OFF手动）

X11—手动流入液体A　　X12—手动流入液体B

X13—手动流出液体C　　X14—手动启动搅拌机M

输出信号：

Y1—电磁阀YV1　Y2—电磁阀YV2　Y3—电磁阀YV3　Y4—搅拌机M

流程图如图2-15所示。

程　序

（1）自动运行时，要求容器内是空的，也即三个液位传感器是断开的，另外各电磁阀是关闭的，搅拌电动机是停止的，即Yl、Y2、Y3、Y4都是OFF状态。所以原点条件程序是：

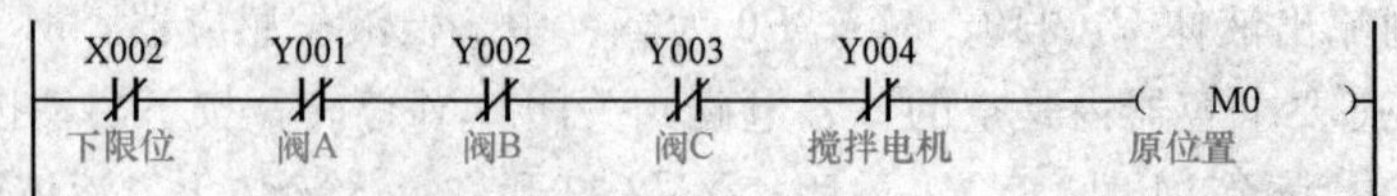

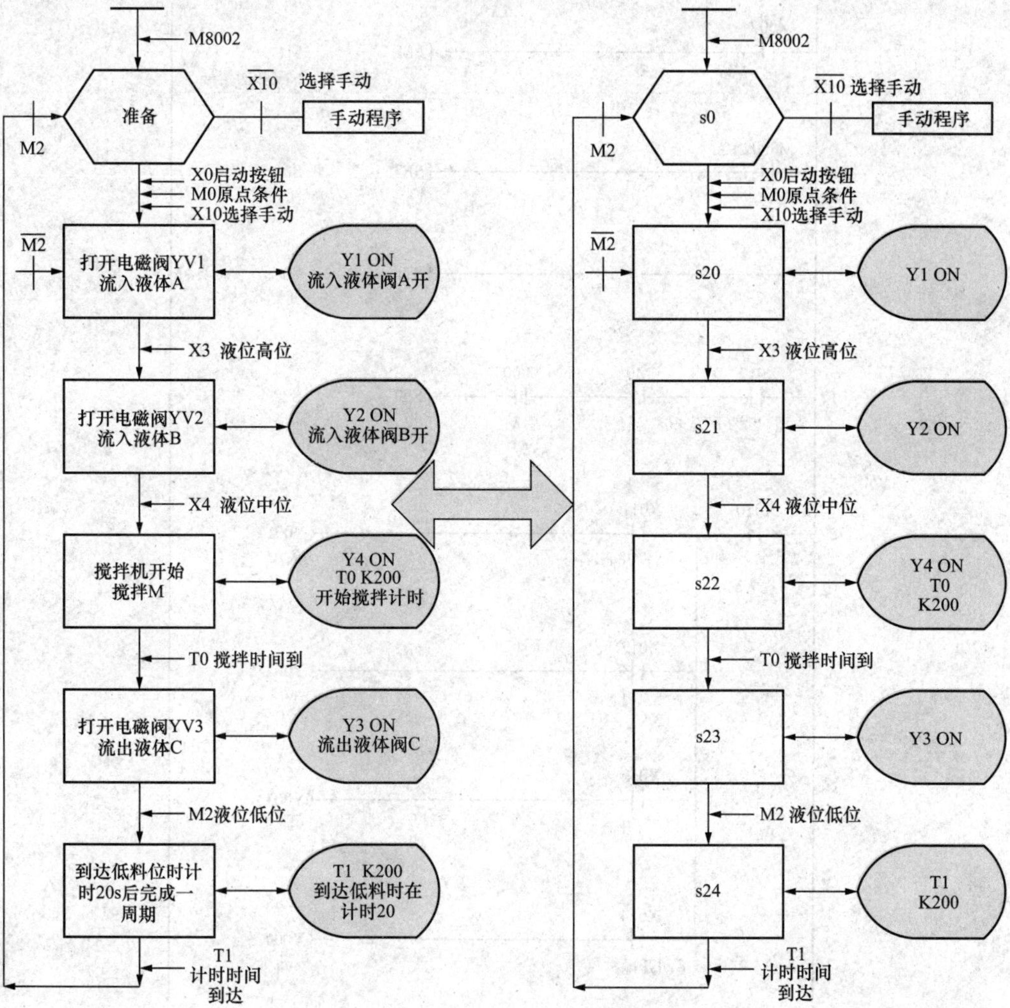

M8002
准备
$\overline{X10}$ 选择手动
手动程序
M2
X0启动按钮
M0原点条件
X10选择手动
$\overline{M2}$
打开电磁阀YV1 流入液体A
Y1 ON 流入液体阀A开
X3 液位高位
打开电磁阀YV2 流入液体B
Y2 ON 流入液体阀B开
X4 液位中位
搅拌机开始 搅拌M
Y4 ON T0 K200 开始搅拌计时
T0 搅拌时间到
打开电磁阀YV3 流出液体C
Y3 ON 流出液体阀C
M2液位低位
到达低料位时计 时20s后完成一 周期
T1 K200 到达低料时在 计时20
T1 计时时间 到达

M8002
s0
$\overline{X10}$ 选择手动
手动程序
M2
X0启动按钮
M0原点条件
X10选择手动
$\overline{M2}$
s20
Y1 ON
X3 液位高位
s21
Y2 ON
X4 液位中位
s22
Y4 ON T0 K200
T0 搅拌时间到
s23
Y3 ON
M2 液位低位
s24
T1 K200
T1 计时时间 到达

图 2-15　流程图

（2）当 M0 为 ON，表示符合自动运行的初始状态，程序如下：

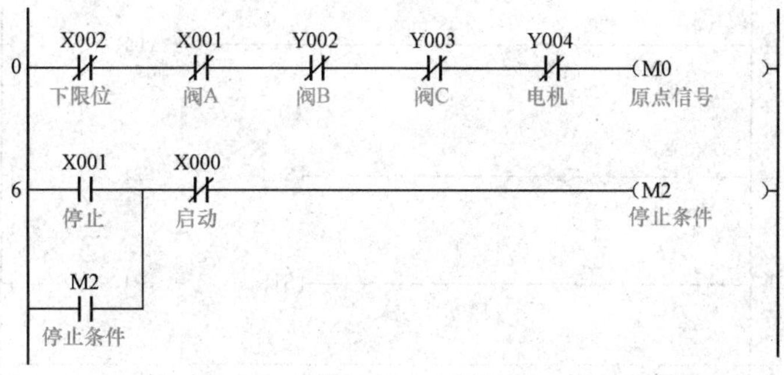

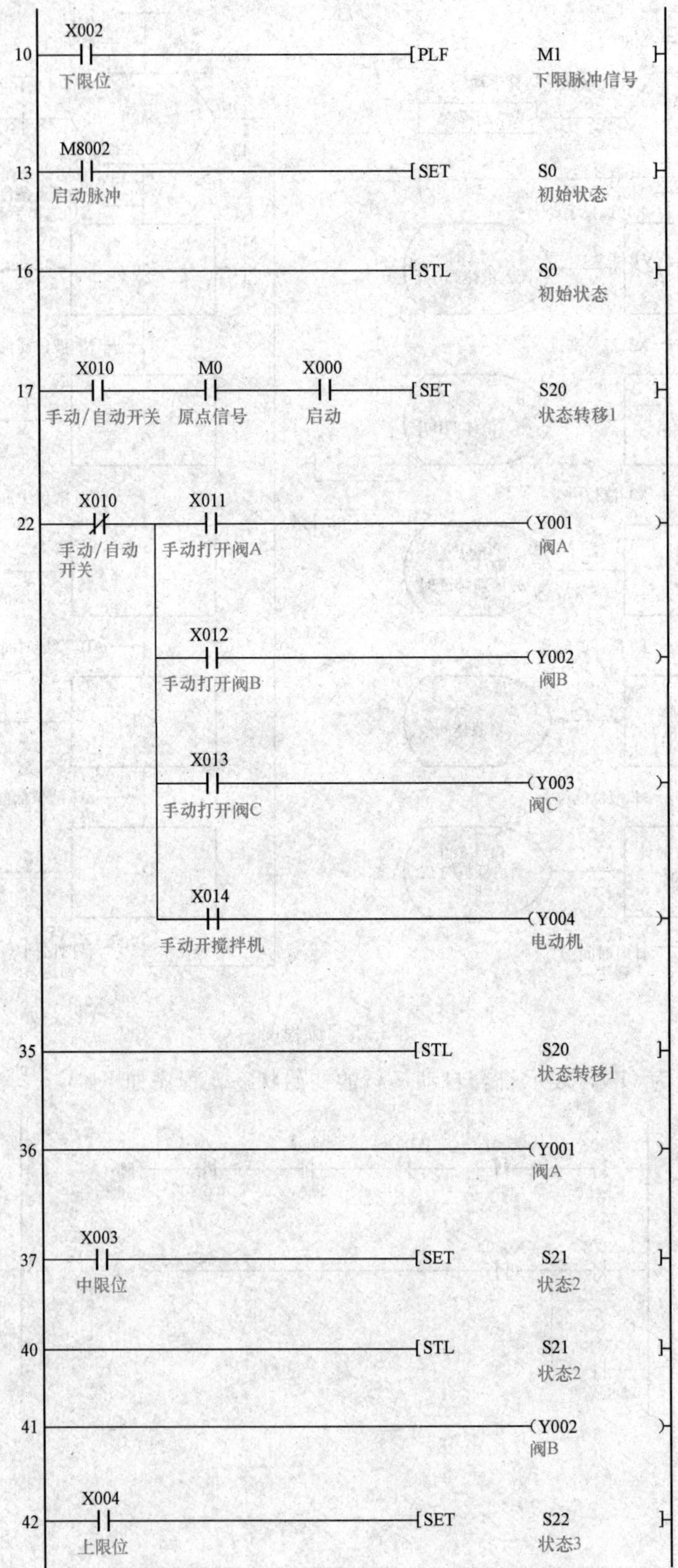

10 X002 下限位 PLF M1 下限脉冲信号
13 M8002 启动脉冲 SET S0 初始状态
16 STL S0 初始状态
17 X010 手动/自动开关 M0 原点信号 X000 启动 SET S20 状态转移1
22 X010 手动/自动开关 X011 手动打开阀A Y001 阀A
X012 手动打开阀B Y002 阀B
X013 手动打开阀C Y003 阀C
X014 手动开搅拌机 Y004 电动机
35 STL S20 状态转移1
36 Y001 阀A
37 X003 中限位 SET S21 状态2
40 STL S21 状态2
41 Y002 阀B
42 X004 上限位 SET S22 状态3

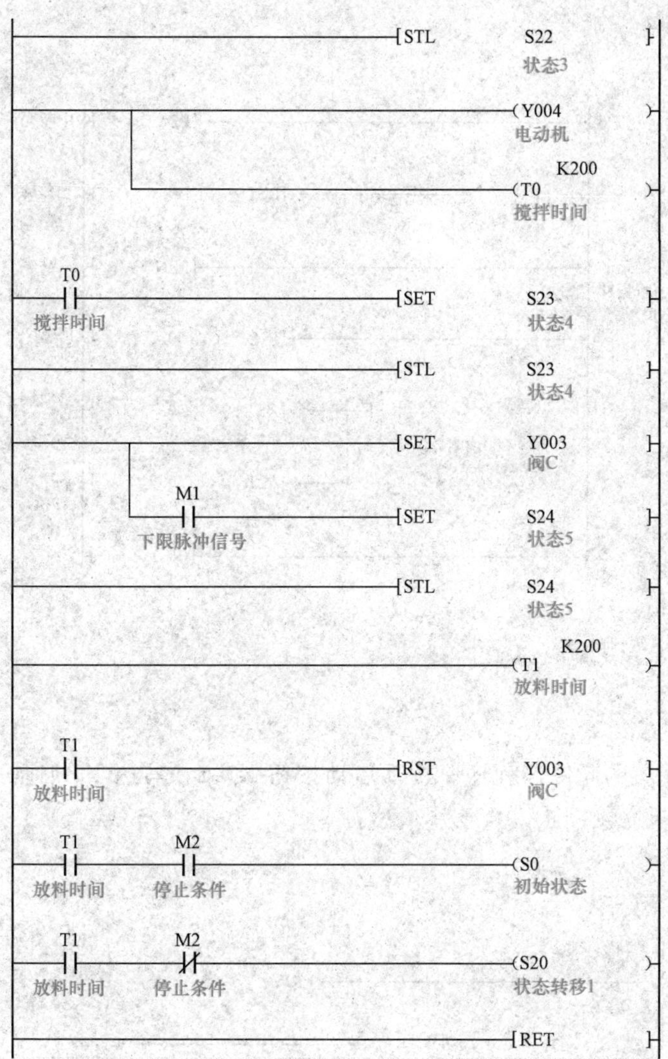

第三节　功能指令应用案例解析

【案例 2-29】

定时器中断的定时时间最大为 99ms，用定时中断实现周期为 10s 的高精度定时，并通过指示灯 Y0 来显示。

程序

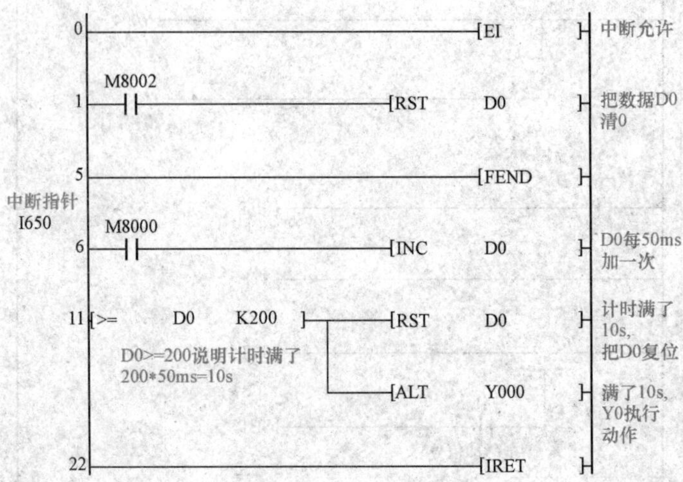

【案例 2-30】

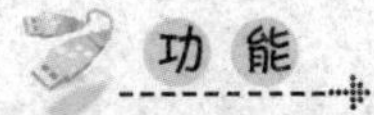
功能

用功能指令编写的起保停程序。按下启动按钮 X001，马达 Y1 启动并保持，按下停止按钮 X002，电动机立刻停止。

程序

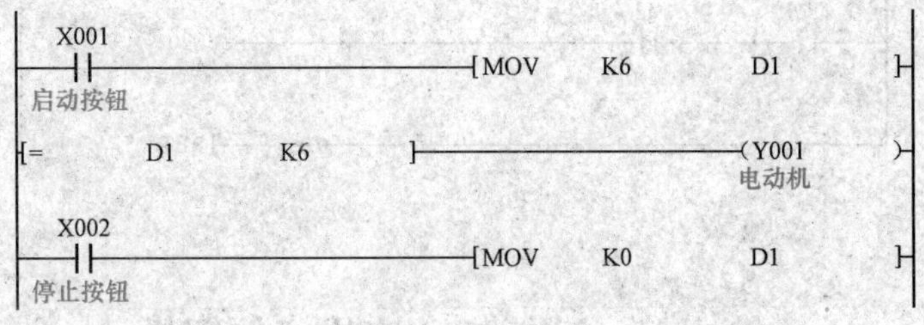

【案例 2-31】

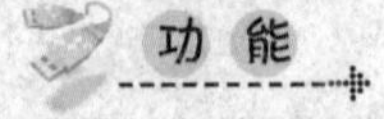
功能

电子厂内产品数量的记录及显示。

(1) 由 10 台机器生产零件，都用同一个显示器显示当天生产的数量。

(2) 每台机器对应的计数器是 C0～C9，一开始显示器显示第一台生产数量。

(3) 按一下按钮 X0，显示第二台数量，再按一下显示第三台数量，以此类推，当显示最后一台机器时，再按下按钮，重新回到第一台显示。

分 析

分配信号：

按钮信号：X0　　　　显示器信号：Y0～Y20

程 序

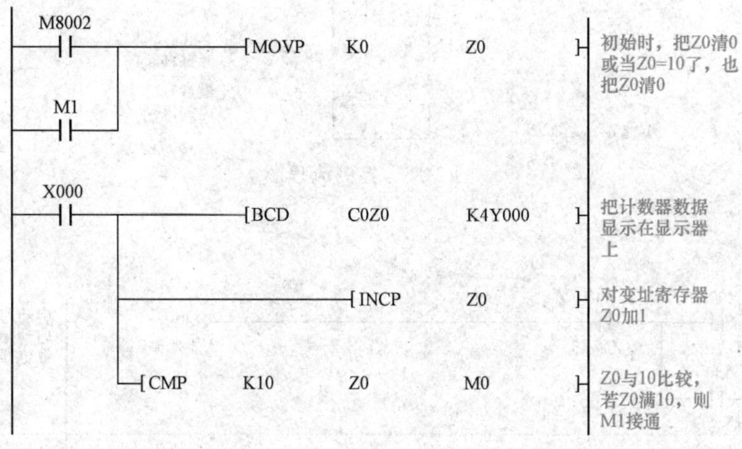

【案例 2-32】

功 能

交通灯中的显示器。

（1）交通显示器由三种颜色，通过红、绿、黄三个灯来显示不同的颜色。

（2）按下启动按钮，系统开始工作，工作顺序及要求如下：

1）红灯亮，显示器由 30s 开始倒计时，1s 减一次，直到为 0，红灯灭；

2）黄灯亮，显示器由 4 开始倒计时，1s 减一次，直到为 0，黄灯灭；

3）绿灯亮，显示器由 30 开始倒计时，1s 减一次，当减到 7 时，绿灯闪烁（频率 1s），减为 0 时，绿灯灭，开始下一轮的循环；

4）只要按下停止按钮，系统停止，指示灯灭掉，显示器不显示。

分 析

分配信号：

输入点：

启动按钮：X000

停止按钮：X001

输出点：

红灯信号：Y000

黄灯信号：Y001

绿灯信号：Y002

显示器信号 Y10～Y17

控制流程图如图 2-16 所示。

系统启动
红灯亮
亮30s，
并每秒减1
时间到
动作流程图
黄灯亮
亮4s，
并每秒减1
时间到
绿灯亮
亮30s，
并每秒减1
最后7s
内闪烁
时间到

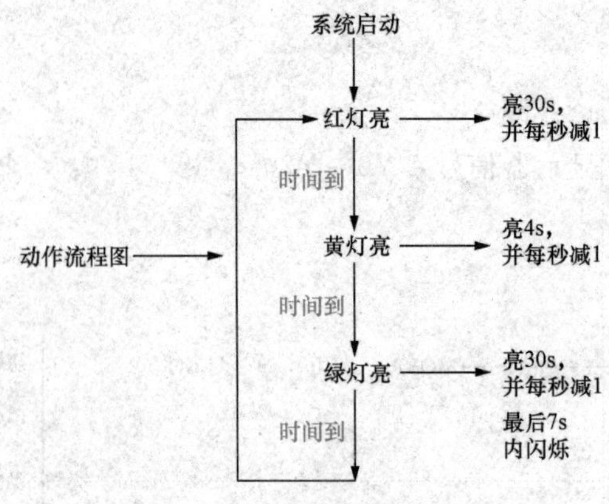

图 2-16 控制流程图

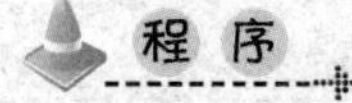

程序

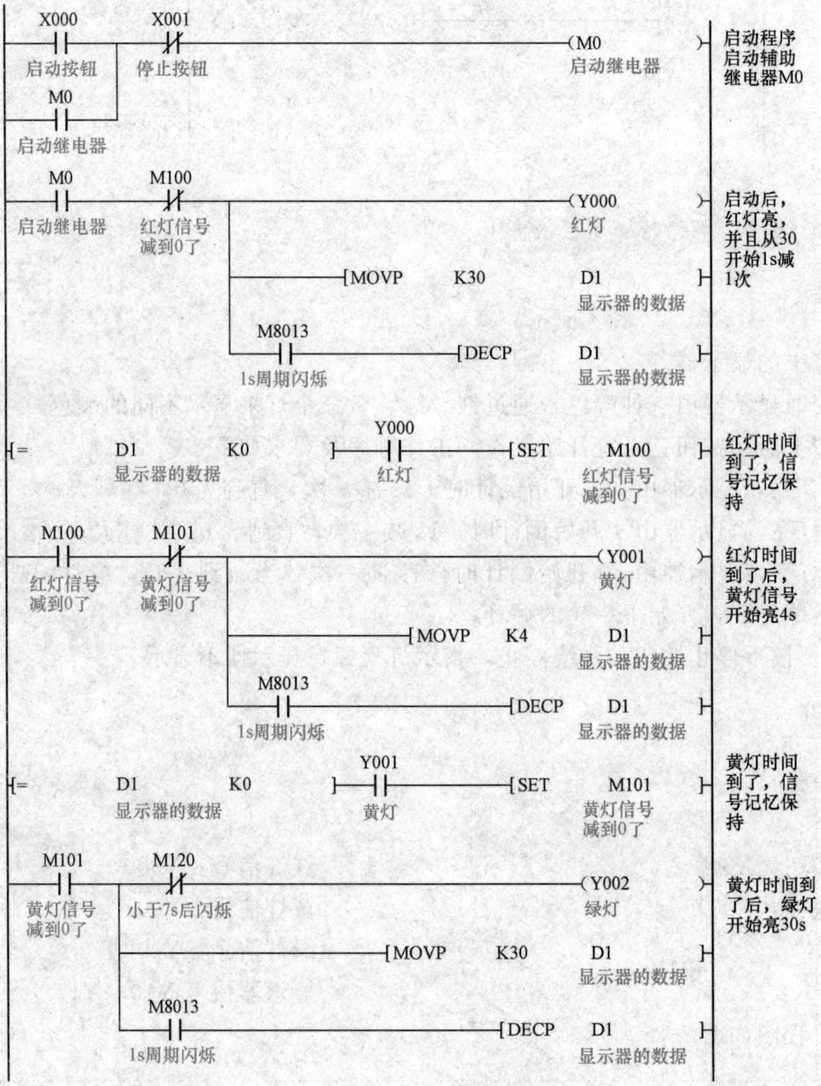

X000
启动按钮
X001
停止按钮
M0
启动继电器
M0
启动继电器
启动程序
启动辅助
继电器M0
M0
启动继电器
M100
红灯信号
减到0了
Y000
红灯
MOVP K30 D1
显示器的数据
M8013
1s周期闪烁
DECP D1
显示器的数据
启动后，
红灯亮，
并且从30
开始1s减
1次
= D1 K0
显示器的数据
Y000
红灯
SET M100
红灯信号
减到0了
红灯时间
到了，信
号记忆保
持
M100
红灯信号
减到0了
M101
黄灯信号
减到0了
Y001
黄灯
MOVP K4 D1
显示器的数据
M8013
1s周期闪烁
DECP D1
显示器的数据
红灯时间
到了后，
黄灯信号
开始亮4s
= D1 K0
显示器的数据
Y001
黄灯
SET M101
黄灯信号
减到0了
黄灯时间
到了，信
号记忆保
持
M101
黄灯信号
减到0了
M120
小于7s后闪烁
Y002
绿灯
MOVP K30 D1
显示器的数据
M8013
1s周期闪烁
DECP D1
显示器的数据
黄灯时间到
了后，绿灯
开始亮30s

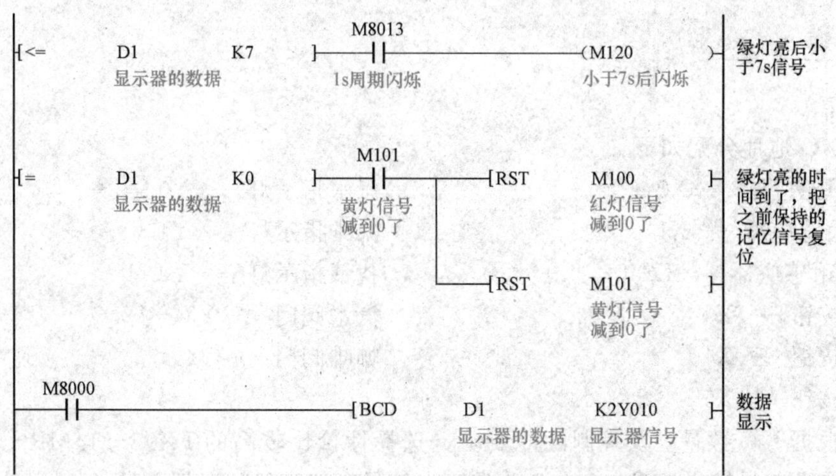

【案例 2-33】

功 能

为自动售货机示意如图 2-17 示。

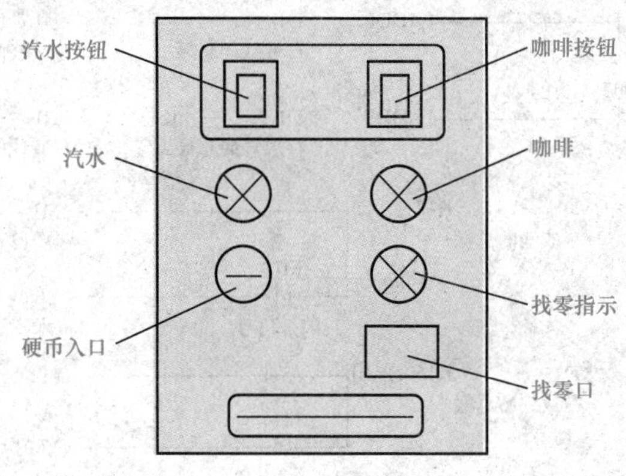

图 2-17　自动售货机示意

（1）此售货机可投入 1 元、5 元或 10 元硬币。

（2）当投入的硬币总值超过 12 元时，汽水按钮指示灯亮；当投入的硬币总值超过 15 元时，汽水及咖啡按钮指示灯都亮。

（3）当汽水灯亮时，按汽水按钮，则汽水排出 7s 后自动停止，这段时间内，汽水指示灯闪动。

（4）当咖啡灯亮时，按咖啡按钮，则咖啡排出 7s 后自动停止，这段时间内，咖啡指示灯闪动。

（5）若汽水或咖啡按出后，还有一部分余额，则找钱指示灯亮，按下找钱按钮，自动退出多余的钱，找钱指示灯灭掉。

分 析

分配信号：

（1）I/O 地址分配如下：

1 元币感应器——X0　　汽水指示灯——Y0

5 元币感应器——X1　　咖啡指示灯——Y1

10 元币感应器——X2　　找钱指示灯——Y2

汽水按钮——X3　　汽水阀门——Y3

咖啡按钮——X4　　咖啡阀门——Y4

找钱按钮——X5

（2）根据 I/O 数量，及控制功能要求，选择性价比较高的 FX0S－14MR－001 的 PLC 它具有 8 个开关量输入信号，6 个开关量输出信号，能满足此案例需求。

程 序

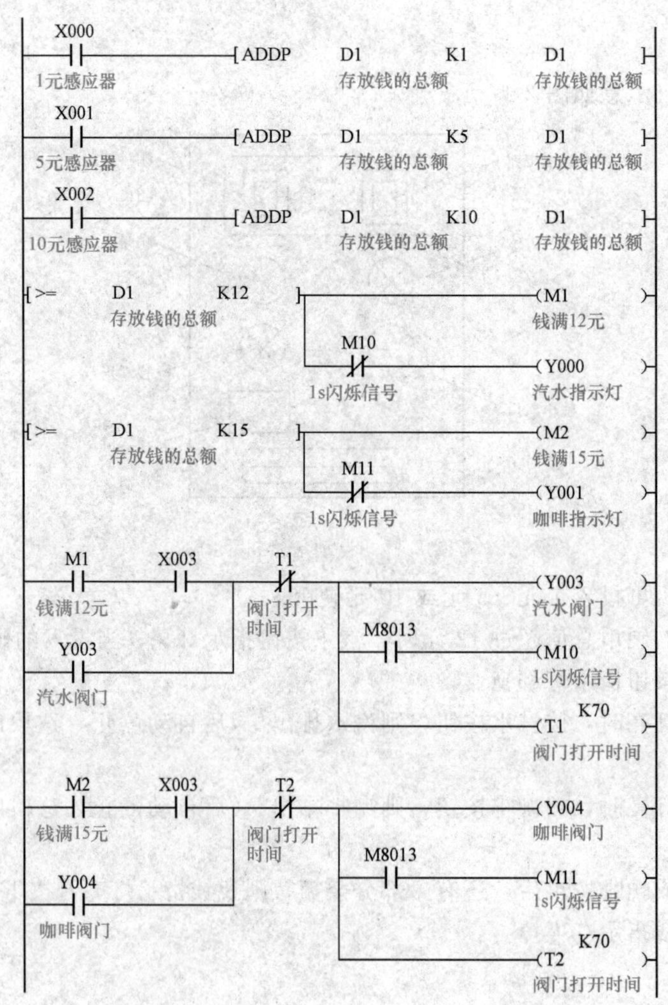

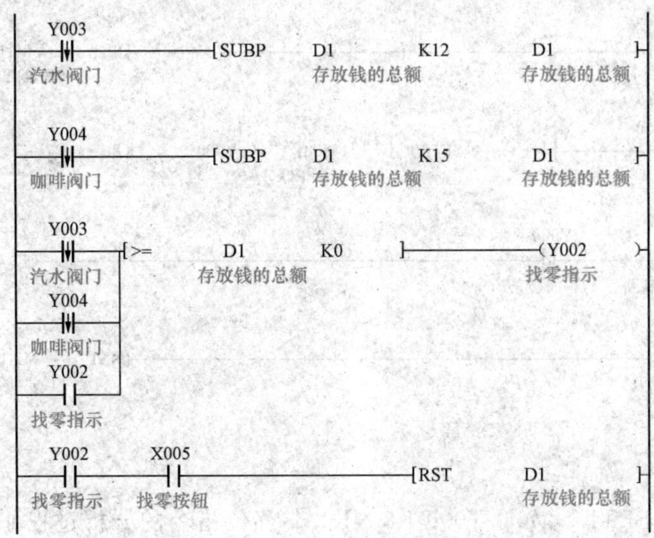

【案例 2-34】

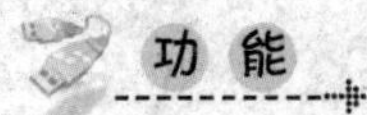

功能

霓虹灯控制。8 个不同颜色的灯管，信号依次为 Y0～Y7，它们按一定的规律动作。8 个灯管亮灭的时序为：第 1 根亮→第 2 根亮→第 3 根亮→…→第 8 根亮，时间间隔为 1s，全亮后，显示 10s，再反过来从 8→7→…→1 顺序熄灭。全灭后，停亮 2s。再从第一根开始亮起，这样周而复始的循环动作，如图 2-18 所示。

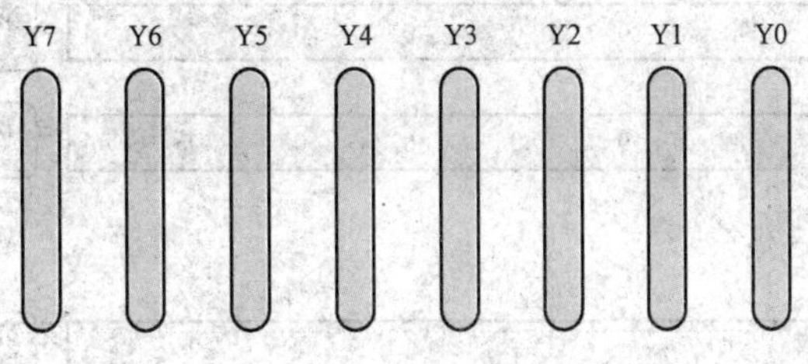

图 2-18　霓虹灯控制

程序

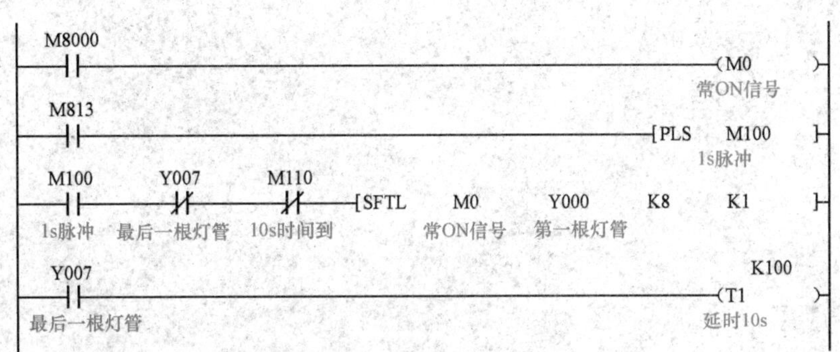

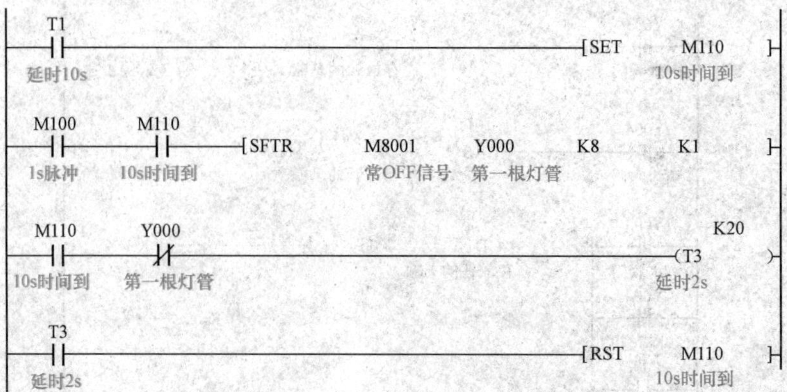

说 明

程序中的：[SFTL M0 Y000 K8 K1] 移位指令的分析过程如下：程序中，驱动SFTL左移位指令的是M100，而M100是1s的脉冲信号，每个1s驱动SFTL指令一次，也即每秒驱动输出点，当Y007接通后，停止移位。同样道理，SFTR指令是右移位指令，每秒驱动一次，每秒断开一个输出点。图2-19所示为指令解析。

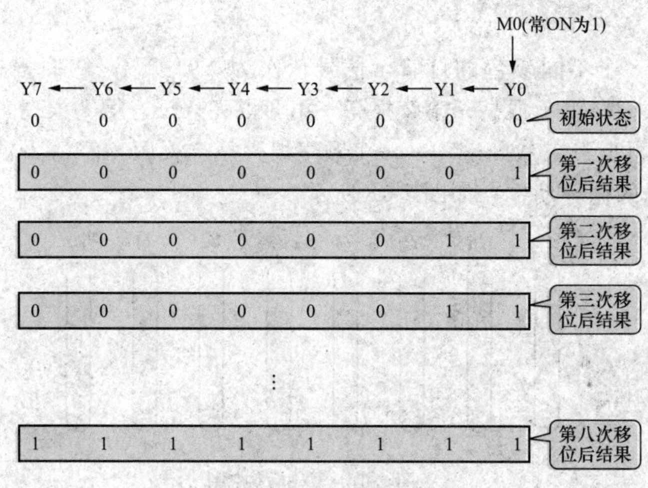

图 2-19 指令解析图

第三章

三菱 FX 系列 PLC 逻辑控制综合案例解析

第一节 继电器控制系统改造成 PLC 控制系统案例解析

【案例 3-1】 电动机制动控制

功 能

图 3-1 所示为串阻减压起动和反接制动电气控制线路。主电路中合上 QF 后，当主触头 KM1、KM3 闭合，则电动机串联了电阻 R 开始减压起动；到达稳定转速后，主触头 KM3 断开，电动机切换为正常运转状态。制动时主触头 KM1 断开，KM2 闭合，电动机转子施加制动反转转矩；电动机接近零转速时，主触头 KM2 断开，撤去制动反转转矩，电动机停转。

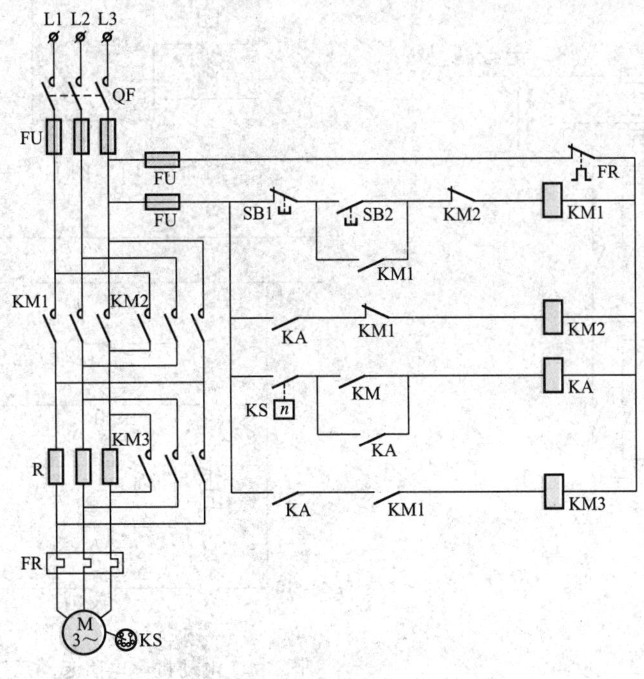

图 3-1 串阻减压起动和反接制动电气控制线路

分 析

图 3-2 所示为 PLC 替代控制的主电路，与继电器接触器控制时的主电路基本保持不变，为 PLC 提供电源的两路线则采用变压器输出。图 3-3 所示为 PLC 控制的 I/O 接线图。

图 3-4 所示为电动机串电阻起动反接制动控制线路，按下 SB2，线圈 KM1 通电，并通过常开辅助触头 KM1 自锁，主电路中电动机 M 通过串电阻 R 进行减压起动。

电动机 M 起动后不断升速，到达速度继电器 KS 的额定转速后将使该速度继电器闭合，因该支路的常开触头 KM1 已闭合，所以继电器线圈 KA 将闭合并通过常开辅助触头 KA 自锁。继电器线圈 KA 一旦通电，导致 KM3 线圈通电，主电路中形成主触头 KM1、KM3 通电，KM2 断电的状态，电动机 M 全压稳定转动。

SB1 是总停开关，按下 SB1 导致接触器线圈 KM1 断电，这将导致线圈 KM2 通电，线圈 KM3 断电。主电路中因主触头 KM1、KM3 断电，KM2 通电，转子上施加了反转转矩，导致电动机 M 快速降速。

当电动机快速降速至速度继电器 KS 的额定转速时将断开，电动机停转。本控制线路中共有四个回路：

①A→1→2→3→B→C

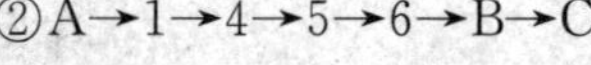
②A→1→4→5→6→B→C

③A→1→7→8→9→B→C

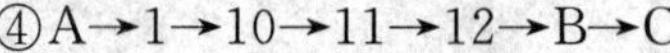
④A→1→10→11→12→B→C

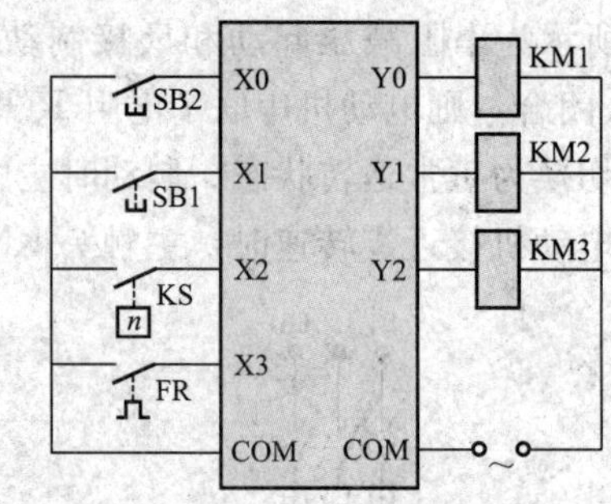

图 3-3 PLC 的 I/O 接线图

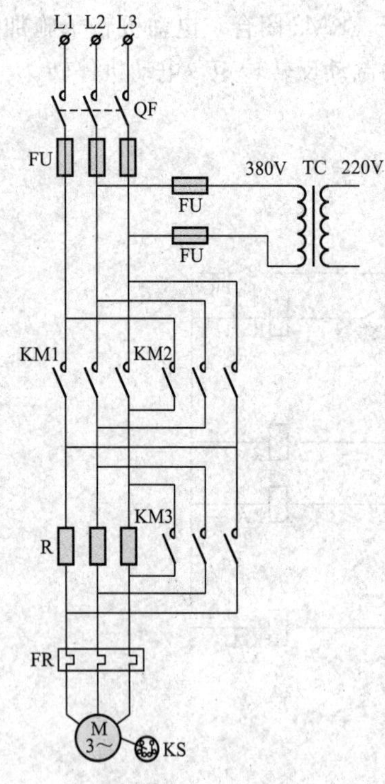

图 3-2 主电路

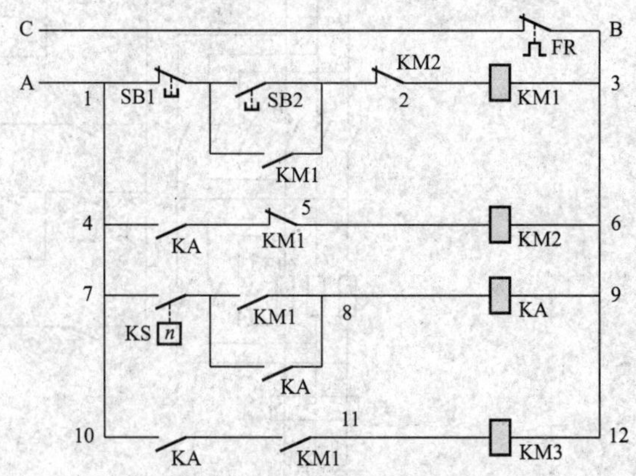

图 3-4 电动机串电阻起动反接制动控制线路

程 序

图 3-5 所示为根据逐行回路转换法得到的初步转换梯形图。该图直接将四个回路转换为一个四行的梯形图，但初步转换梯形图还须根据梯形图若干绘制原则进行合理修改。

梯形图修正规则如下。

(1) 接入常开型输入电气元件时，梯形图与电气控制图中各触头形式一致。

当 PLC 的 I 口接入常开按钮或常开触头时，与之对应的 PLC 内部编程元件与继电器接触器控制线路中按钮或触头的常开、常闭形式完全一致。

如果图 3-4 中 I 口接入常开按钮 SB1，则梯形图第 1 支路中对应的编程元件 X1 为常闭触头，继电器接触器控制线路中，A→1→2→3→B→C 回路中 SB1 也是常闭触头形式，两者完全一致。

反之，如果 PLC 的 I 口接入 SB1 常闭按钮，则因继电器接触器控制线路的 A→1→2→3→B→C 回路中 SB1 是常闭形式，转换为梯形图时，第 1 支路中对应的编程元件 X1 就应为常开触头，两者触头形式刚好相反。

(2) 触头不直接与右母线相连，线圈不直接与左母线相连。

梯形图每一行从左母线开始并终止于右母线，触头不能与右母线直接相连，线圈不能与左母线直接相连。图 3-5 中第 1、3、4、6 支路中的常闭触头 X3 直接接在了右母线上，因与各自的线圈互换位置，才能符合“触头不接右母线”的规则。

(3) 较多串联触头支路置于上，较多并联触头回路置于左。

在一条梯形图支路中，几个触头并联的回路应置于左母线端，并联触头越多，回路位置越靠左；支路与支路之间，串联触头多的支路应置于梯形图上部位置，例图 3-5 中，第 1、2、4、5 支路的并联回路按本规则应置于梯形图的左母线处。

(4) 受线圈控制的触头所在支路置于线圈支路之后。

图 3-5 中第 3 支路的 T0 触头受第 5 支路线圈 T0 控制，应将第 3 支路置于线圈 T0 所在支路（第 5 支路）之后，才能使梯形图逻辑清晰，容易读懂。

(5) 同一编号线圈不重复，一条支路中多个线圈可并联输出。

同一编号的线圈在一个程序中使用两次称为重复线圈输出，极易引起误操作，应尽量避免使用，而且一条支路中的两个或两个以上不同编号的线圈，则可以采用并联的方式输出，但不能串联。

根据上述规则修正后的梯形图如图 3-6 所示。此外，梯形图还应根据梯形图简化规则进行化简，以提高 PLC 程序的简洁性与执行效率，例图 3-6 中第 3、5 支路中的常闭触头 X3 可根据后述的简化规则省略。

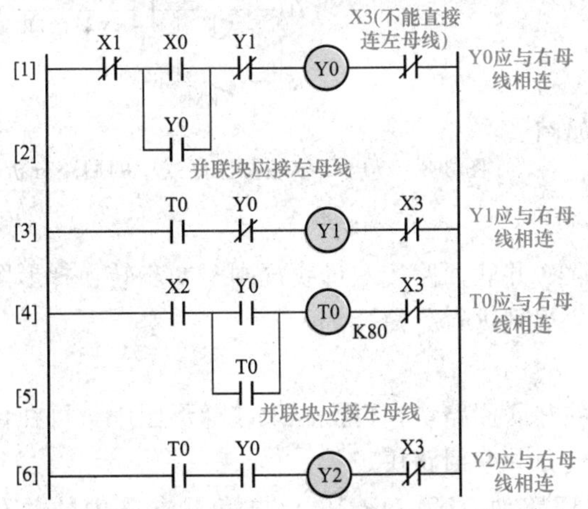

图 3-5　初步转换梯形图

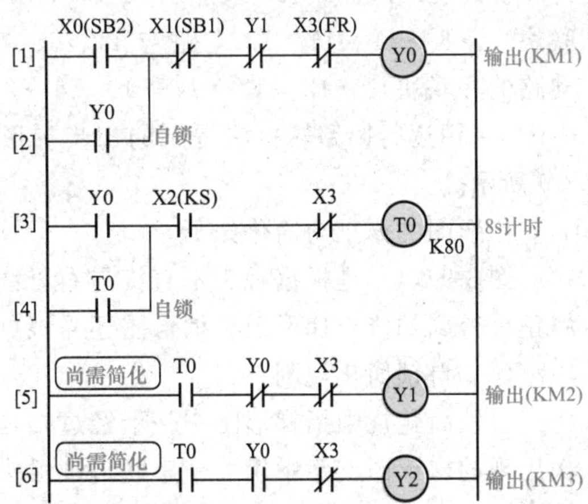

图 3-6　根据梯形图绘制规则修改后的梯形图

【案例 3-2】两台电动机顺序起动控制

功 能

图 3-7 所示为两台电动机顺序起动电气控制线路。主电路中合上 QS 后，当主触头 KM1 合上时电动机 M1 转动；而当主触头 KM2 合上时，电动机 M2 转动。

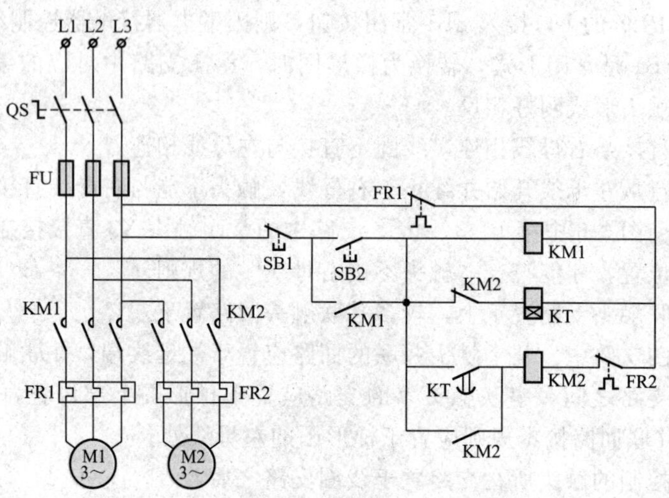

图 3-7 两台电动机顺序起动电气控制线路

程 序

图 3-8 所示为两台电动机顺序起动继电器接触器的控制线路，其中有三个回路：

①A→4（4、5 支路与 4、7、8、5 支路的并联块）→5→6→3→2→1→B；

②A→4（4、5、8 支路与 4、7、8 支路的并联块）→8→9→10→6→3→2→1→B；

③A→4（4、5、8 支路与 4、7、8 支路的并联块）→8→11（11、12 支路与 11、15、16、12 支路的并联块）→12→13→14→10→6→3→2→1→B。采用逐行回路转换法得到的初步梯形图如图 3-9 所示。

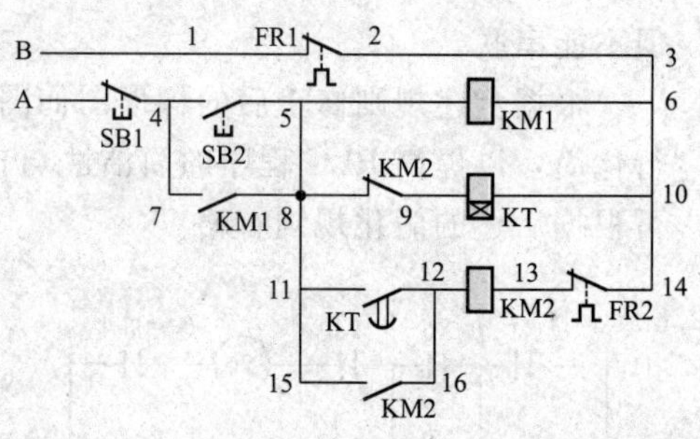

图 3-8 继电器接触器控制线中的回路分析

梯形图的修正与简化如下。

图 3-9（a）是根据触头不直接与右母线相联、并联回路接左母线规则对初步转换梯形图修正后得到的修正梯形图。梯形图还需根据简化规则进行化简。

（1）自锁简化规则。

自锁简化规则指梯形图中一个经过扫描后的并联回路块，再次出现在梯形图中，可在再次出现的梯形图支路中用一个串联自锁触头替代原并联回路块。

图 3-9（a）中第 2、3 支路中出现的并联回路块（X0 OR Y0）与第 1 支路中的并联（X0 OR Y0）完全相同，所以可用一个自锁串联触头（Y0）代替原来的并联回路块，见图

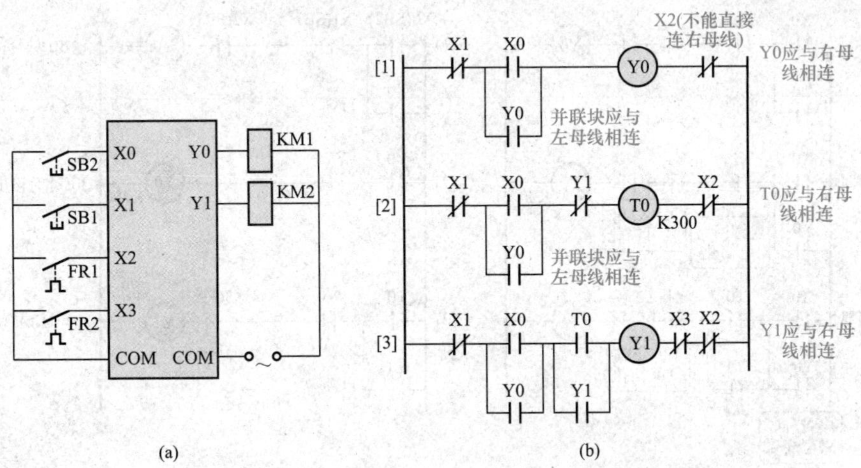

图 3-9　逐行回路转换法

(a) PLC 的 I/O 接线图；(b) 初步转换梯形图

3-10b）的第 2、3 支路。

> 自锁简化规则原理：设图 3-10（a）的第 1 支路触头 X0 断开，则线圈 Y0 断电，第 2 支路的自锁触头 Y0 断开，即 Y0=0，而由于（X0 OR Y0）=0，所以简化前后逻辑结果不变。
>
> 又设图 3-10（a）的第 1 支路触头 X0 闭合，则线圈 Y0 通电，第 2 支路的自锁触头 Y0 闭合，即 Y0=1，而由于此时（X0 OR Y0）=1，所以简化前后逻辑结果还是不变。

（2）重复简化规则。

重复简化规则指当梯形图支路中出现与线圈编号相同的串联常开触头，且线圈支路居于该支路之前，该支路中其他串联的常闭触头若与线圈支路中串联的常闭触头重复，可以省略。

图 3-10（b）第 2、3 支路中出现了一个串联常开触头 Y0，由于线圈 Y0 支路位于第 2、3 支路之前，所以图 3-10（a）第 2、3 支路中出现的串联常闭触头 X1、X2 与线圈 Y0 支路中的常闭触头 X1、X2 重复，在图 3-10（b）的第 2、3 支路中被省略，梯形图得到了化简。

> 重复简化规则原理：设图 3-10（b）第 1 支路中 X0 断开，则线圈 Y0 断电，第 2 支路的辅助常开触头 Y0 断开，导致线圈 T0 断电。省去两个与第 1 支路重复的常闭触头 X1、X2 不改变线圈 T0 断电的逻辑结果。
>
> 又设图 3-10（b）第 1 支路中 X0 通电，则线圈 Y0 通电，第 2 支路的辅助常开触头 Y0 闭合，导致线圈 T0 通电。省去两个与第 1 支路重复的常闭触头 X1、X2 不改变线圈 T0 通电的逻辑结果。

【案例 3-3】电动机星形—三角形减压起动控制

程　序

图 3-11 所示为电动机星形—三角形减压起动电气控制线路。主电路中合上 QS 后，当主触头 KM1 与 KM3 合上、KM2 断开，电动机 M 接成星形连接起动；而当主触头 KM1 与

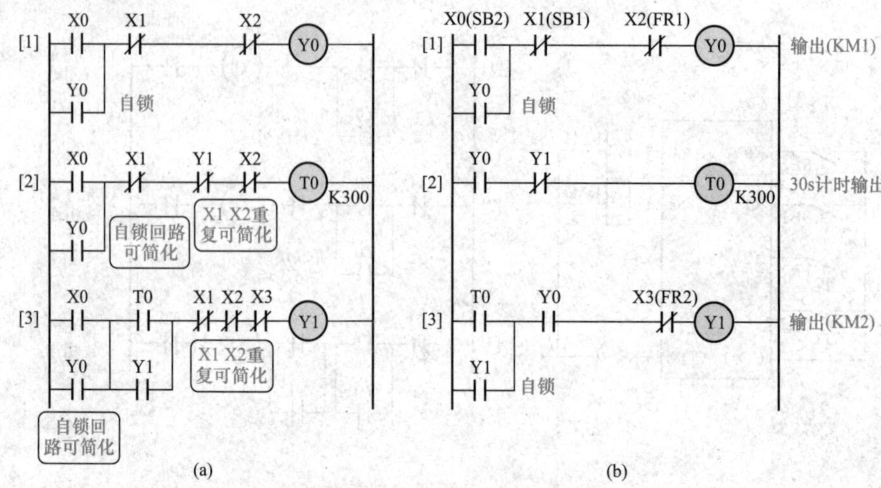

图 3-10　梯形图的修正与简化

（a）修正梯形图；（b）简化梯形图

KM2 合上、KM3 断开，电动机 M 接成三角形，进入稳定运行状态。

控制线路中 SB1 是总停开关。主电路中 QS 合上后按下控制线路中的 SB2，线圈 KM1 通电并通过常开辅助触头自锁，线圈 KM3 及 KT 随之通电，主电路中形成主触头 KM1 与 KM3 合上、KM2 断开的状态，电动机接成星连接开始减压起动。

当时间继电器 KT 延时时间到达后，线圈 KM3 所在支路断电、线圈 KM2 所在支路通电并自锁，导致主电路中主触头 KM1 与 KM2 闭合、KM3 断开，电动机接成三角形连接进入稳定运转状态。

继电器接触器控制线路中，电流经入口支路（FR→SB1→SB2 与 KM1 并联块）后，分成了四条支路：

①KM1 支路；

②KM2→KT→KM3 支路；

③KM2→KT 支路；

④KM3→KT 与 KM2 并联块→KM2 支路。

这种形式的电气控制线路可采用主控指令及堆栈操作指令进行梯形图转换。主控指令梯形图的初步转换如图 3-11 所示。

程　序

1. 主控指令梯形图

图 3-12（a）所示为 PLC 实现电动机星形—三角形减压起动控制的 I/O 接线图，输出接口采用接触器硬件触头 KM2、KM3 互锁接线，将与内部编程元件的互锁一起实现双重互锁功能。

（1）入口支路转换。

入口支路由 1 个并联块（X0 OR M1001）及编程元件常闭触头 X1、X2 组成，输出处连接主控指令 MC，见梯形图第 1、2 支路。第 3 支路由主控指令辅助继电器触头 M100 新建了一条左母线，新建左母线后再连接四条分支路。

（2）分支路逐行转换。

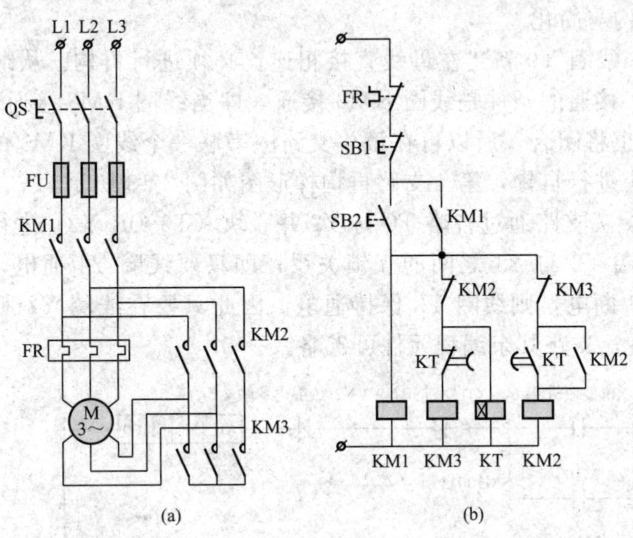

图 3-11 电动机星形—三角形减压起动电气控制线路

(a) 主电路；(b) 控制线路

图 3-12（b）所示为采用主控指令结合逐行转换法得到的 PLC 控制初步梯形图。根据电气控制线路及梯形图各支路前后关系，选择串联元件最多的 KM2→KT→KM3 支路直接转换为第 3 支路，而 KM1 支路仅有一个输出元件，转换为第 4 支路不符合线圈不直接与左母线相连的规则，需做修正，第 6、7 支路则可以进行简化，第 8 支路起结束主控指令（清除新建左母线）的作用。

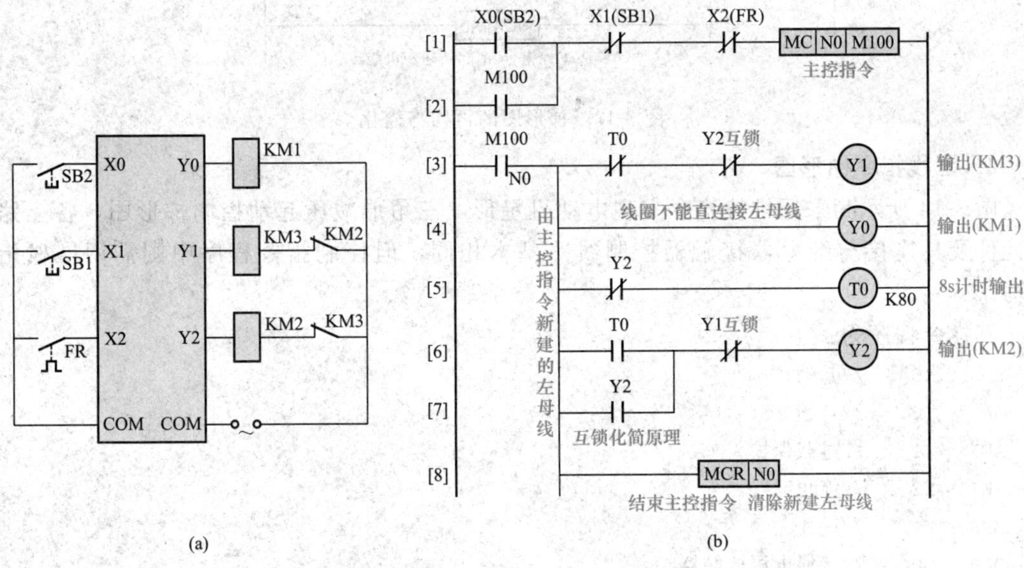

图 3-12 主控指令梯形图的初步转换

(a) PLC 的 I/O 接线图；(b) 初步转换梯形图

（3）梯形图再构与简化。

图 3-12（b）中线圈 Y0 新建左母线直接相连，必须进行再构。从继电器接触器控制逻辑分析，线圈 KM1 接通的条件是线圈 KM3 接通，即当线圈 KM3 接通后，受线圈 KM3 控制的常开辅助触头也将闭合，所以可在第 4 支路中串联一个线圈 KM3 的常开触头，并用线圈 KM1 的常开触头进行自锁，第 4 支路再构梯形图如图 3-13 所示。

图 3-13 的第 6、7 支路通过省略 T0 与 Y2 并联块（T0 OR Y2）进行支路化简。其化简原理实际上就是线圈 Y2 与 Y1 之间的互锁关系，即只要线圈 Y1 通电，线圈 Y2 就保持断电，反之当线圈 Y1 断电，则线圈 Y2 保持通电。因此只要在线圈 Y2 所在支路中串联线圈 Y1 的常闭触头即可，支路其余编程元件可省略。

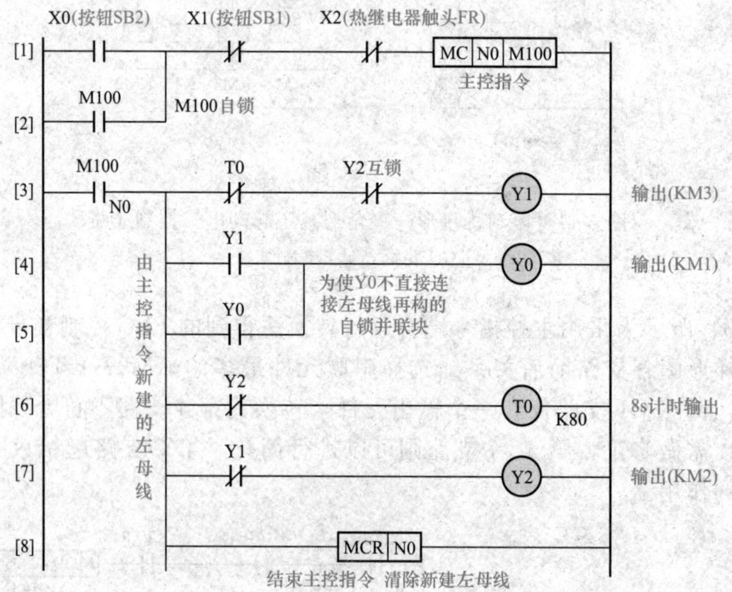

图 3-13 梯形图的再构与简化

2．堆栈指令梯形图

图 3-14 所示为采用堆栈指令实现电动机星形—三角形减压起动控制梯形图，各支路组成元件及其连接与继电器接触器控制线路基本相同，但控制指令程序中则需用堆栈指令编写。

其指令程序为：

```
LD    X0    //起动
OR    Y0    //自锁
ANI   X1    //过载保护
ANI   X2    //停止
MPS         //进栈
OUT   Y0    //接通电源接触器
MRD         //读栈
ANI   Y2
MPS         //进栈
ANI   T0
```

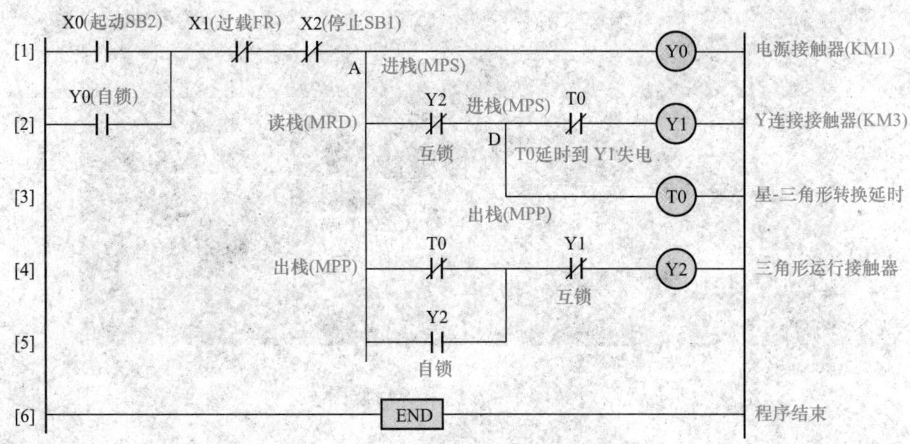

图 3-14　堆栈指令实现的梯形图

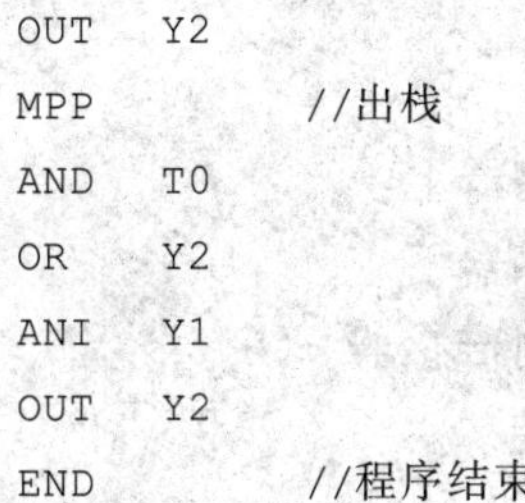

```
OUT   Y2
MPP          //出栈
AND   T0
OR    Y2
ANI   Y1
OUT   Y2
END          //程序结束
```

说 明

与继电器接触器控制线路相比，PLC 控制用软件程序代替了电气元件之间的繁杂连线，极大地提高了使用灵活性与可靠；对于同一控制对象，一旦控制要求改变需调整控制系统的功能时，不必改变 PLC 的硬件设备，只需改变 PLC 软件即可实现控制功能的调整，具有极强的通用性。

第二节　逻辑控制综合案例解析

【案例 3-4】分拣系统

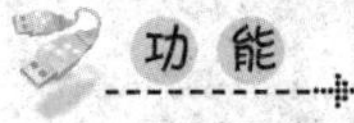

功 能

如图 3-15 所示，这是一个两种不同产品的分拣系统。首先把 X24 旋转开关打到 ON 的状态时，两条输送带 Y1 及 Y2 开始正转后。然后按一下启动按钮 X20，Y0 就接通机械手将抓起一个箱子放在输送带，然后通过三个传感器分别为 X1－上、X2－中、X3－下，来检测物体的大小，如果是大的物体时，分拣器将置为 ON，大的物体就分拣到里面的一个盒子，如果是小的物体时，分拣器将置为 OFF，小的物体就分拣到外面的一个盒子。

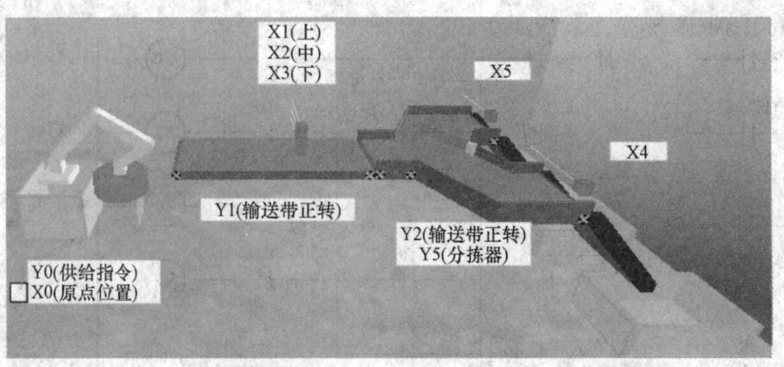

图 3-15　分拣系统示意图

分析

信号分配如下。

X24—手动旋转开关　　X20—启动按钮

X0—原点位置传感器　　X1—检测物体传感器上

X2—检测物体传感器中　　X3—检测物体传感器下

X4—小的物体检测传感器　　X5—大的物体检测传感器

Y0—供给指令　　Y1—输送带 1 正转

Y2—输送带 2 正转　　Y5—分拣器动作

程序

（1）首先把 X24 手动开关打到 ON 的状态后，两条输送带就启动及 Y1 和 Y2 ON。

（2）当机械手在原点时，我们按下启动按钮 X20，Y0 将置为 ON 后机械手将自动抓起一个箱子放在皮带上。

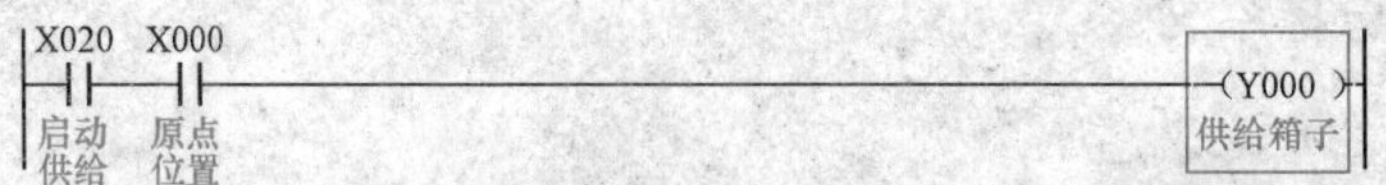

（3）判断物体的大小，首先传感器是分为上中下安装的，这样就可以来判断一个物体的大小，如果是大的物体经过三个传感器后，那么三个传感器就同时感应到 X1、X2、X3 都为 ON；如果是中的，那么只能感应到中间的一个和下面的一个传感器及 X2、X3 ON，如果是小的物体，则只有最下面的一个传感器感应到及 X3 为 ON。那么现在只有大的和小的两种产品，所以只需要写大的和小的程序就可以。大的分拣器就要置为 ON；小的分拣器就为 OFF；这样箱子就可以分拣到不同的地方。

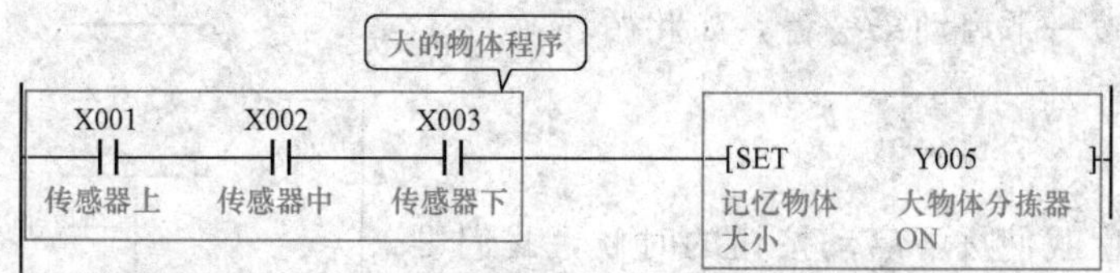

X1 X2 X3 上中下传感器同时为 ON 时表明是大的物体。所以三个输入点就是一个“与”的关系。当判断出来物体的大小后要用置位保持。如果用普通线圈，那么只在物体感应的瞬间接通，虽然判断出来了但是没有保持，那么分拣器只在判断的瞬间动作一下，当物体走过传感器后分拣器马上回到初始位置，就不能分拣出来物体了。

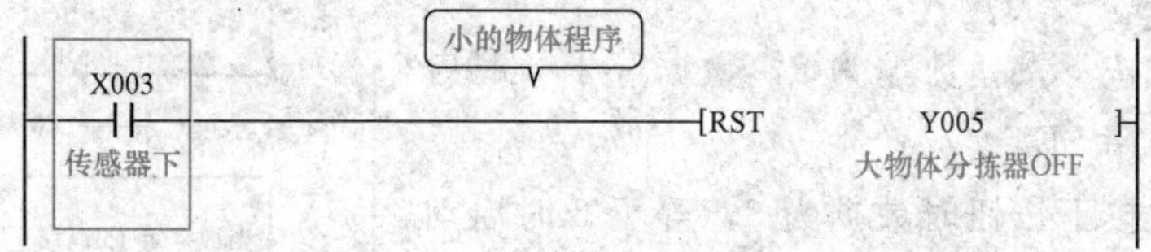

当下面一个传感器感应带时证明是小的物体，小的物体只需要把分拣器回到初始状态位置，就可以分拣出来，及 Y5 复位就可以了。但是有没有想到这样写，当是大的物体时，下面一个传感器不也能感应到了吗，这样就达不到控制目了。

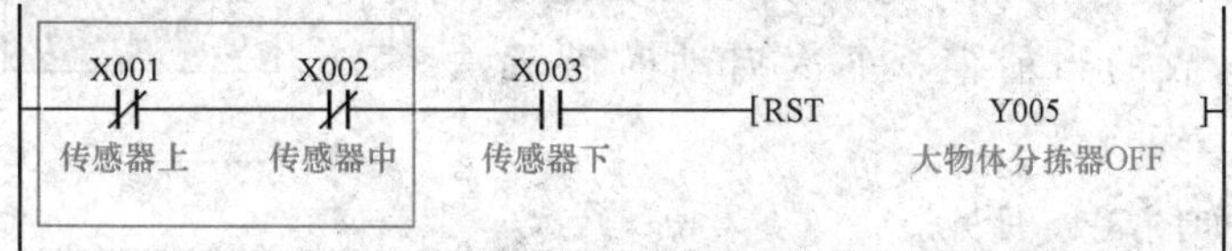

要想避免大的物体经过时不复位 Y5，那么可以把 X1 的常闭串联到电路中不就可以避免这个问题。

如下的程序为正确的程序。

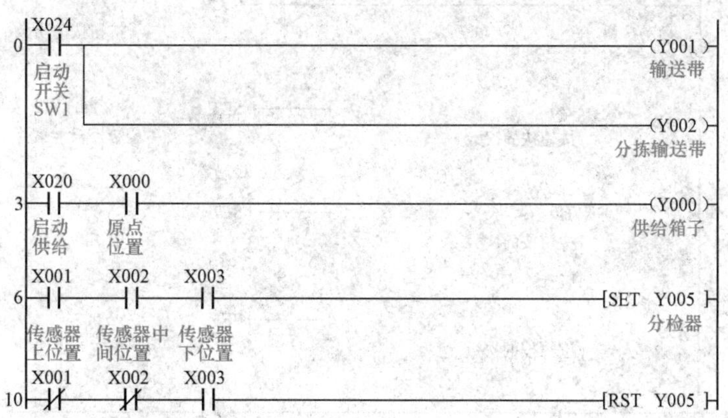

【案例 3-5】水泵依次控制

功能

依次控制水泵，按一下启动一台，再按一下启动第二台，再按一下启动第三台，再按一下全部停止，再按一下启动第一台，如此循环。

分析

（1）当第一次我们按下启动按钮的时候，我们可以把按下的次数记忆为1，当数据等于1时我们可以启动一台水泵，并要保持所以用SET。如果不用SET直接用线圈，那么当我们第二次按下按钮时，当前数据就为2所以第一台水泵就停止，不能达到控制要求。

（2）第二次按下按钮数据为2，数据等于2时启动第二台，同样用SET。

（3）第三次按下按钮时数据为3，等于3时启动第三台。

（4）此时三台都为ON，第四次按下按钮时，首先要停止三台水泵，还要把当前的数据复位。如果只复位当前水泵，没有复位当前数据，那么数据还是保持在你所按的次数的当前值，下次启动时就无法比较。

控制流程图如图3-16所示。

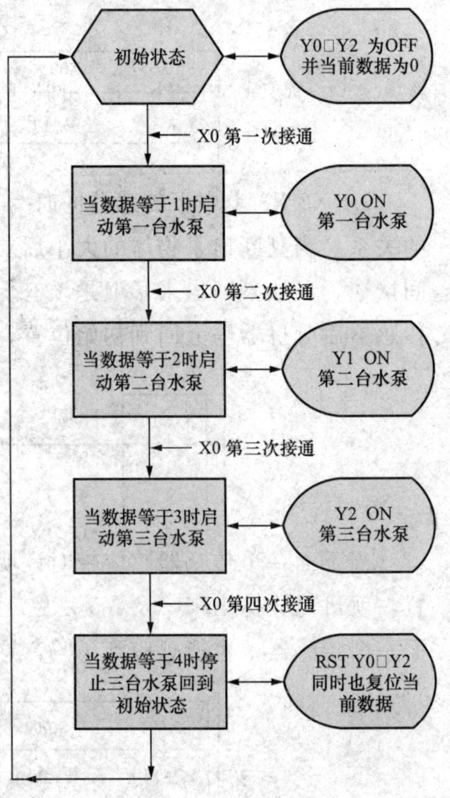

图3-16 控制流程图

程序

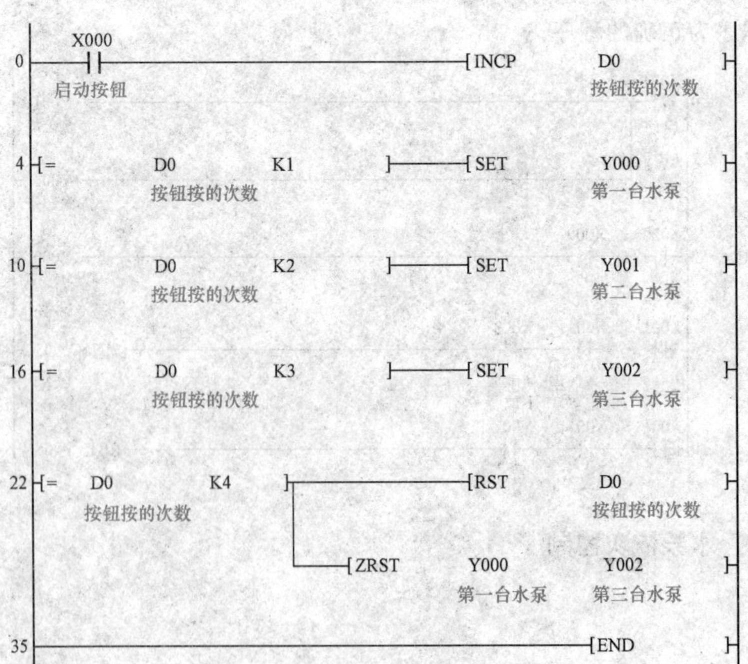

【案例 3-6】五层升降机构的控制系统

图 3-17 所示为五层升降机构的控制系统示意图。

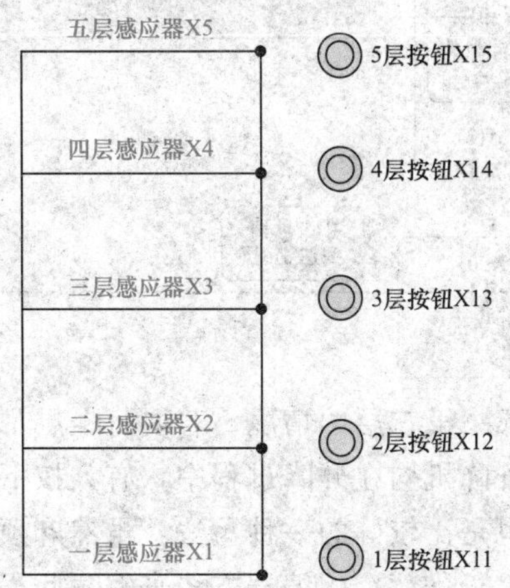

图 3-17　五层升降机构的控制系统示意图

分 析

图 3-17 中 X1 至 X5 是每个楼层的感应器，升降机构停在相应的楼层，其对应的楼层信号就会接通。X11 至 X15 是每个楼层的按钮，任意一层的按钮被按下，则升降机构会移动到相应的楼层。

如果用普通顺序编程的话，应该首先判断当前楼层在哪一层，然后根据楼层的按钮信号，判断电梯的动作，定位后复位其信号。

程 序

以下程序显示了当有人在 3 层按下按钮 X13 时，升降机构的动作情况。

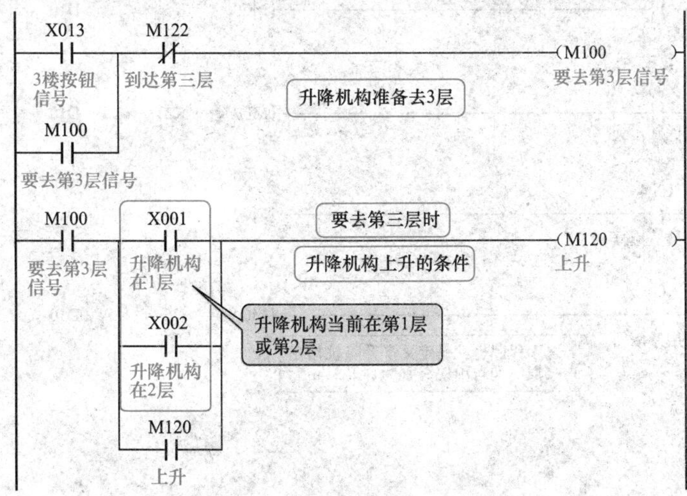

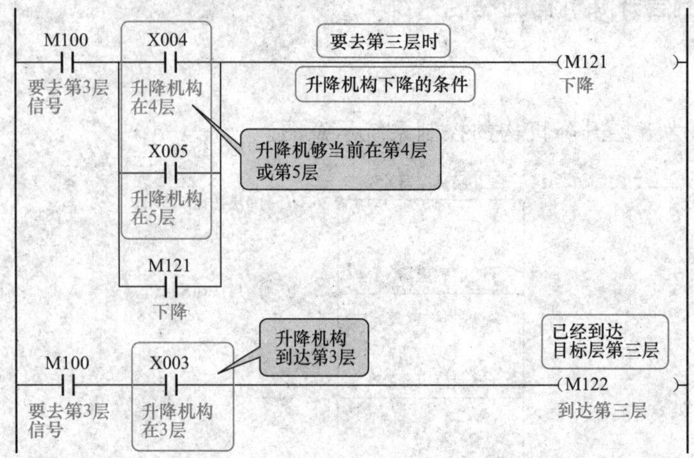

上述程序只是编写了目标去第三层的情况。若要每个层都编写时，比较麻烦，而且当完成的程序编好后，要考虑到升降机构在升降过程中，有人按下楼层按钮时的情况等，就更麻烦了。但是以上的写法其实也是比较好的一种写法，虽然麻烦，但是思路还是比较清晰。

下面还是按｛“记忆”＋“比较”｝的编程方法来编写此程序。此方法在此案例中的原理就如下。

（1）升降机构当前的位置可以通过每一层的感应器知道，可以根据感应器信号，分配当前值给升降机构。

（2）按下楼层按钮时，就是要使升降机构去那一层，也就是目标位置确定了。此时我们根据不同的目标位置，分配不同的目标值给升降机构。

（3）根据目标位置与当前位置的比较，我们可以判断升降机构应该执行什么动作。

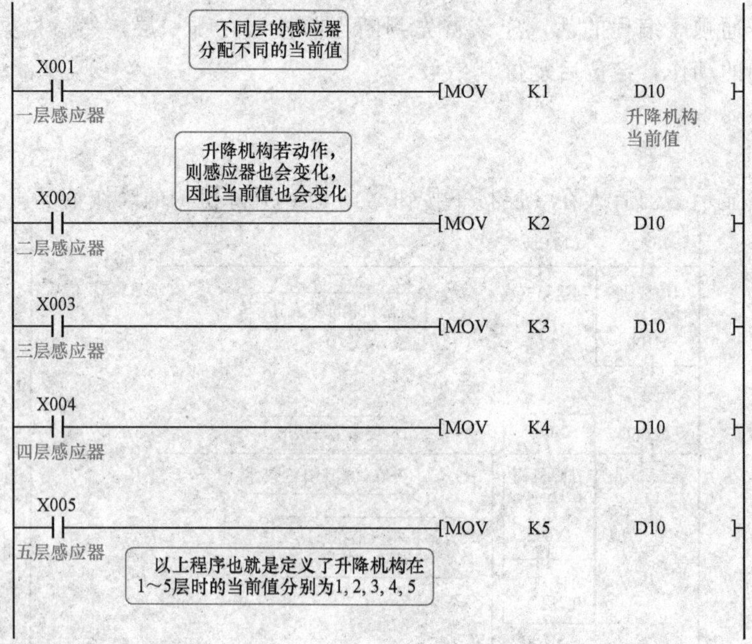

程 序

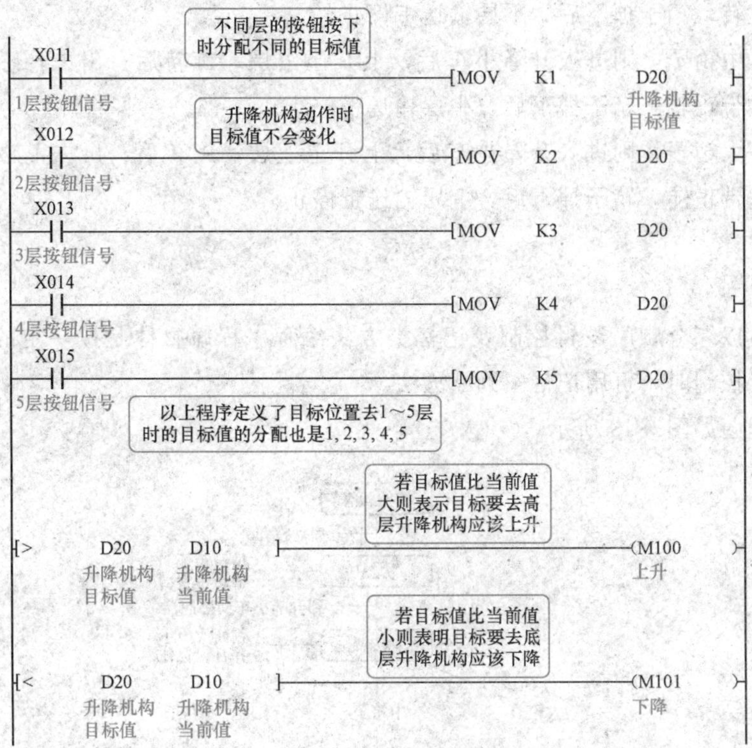

以上当前值与目标值是根据楼层感应器信号及楼层按钮信号分配的，与楼层是同步的。这里特别指出，当前值与目标值不是随便定义的，是根据楼层信号定义的。

【案例 3-7】 三层升降机控制系统

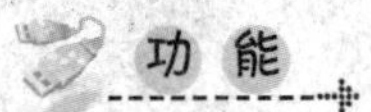

功 能

图 3-18 所示为三层升降机控制系统示意图。

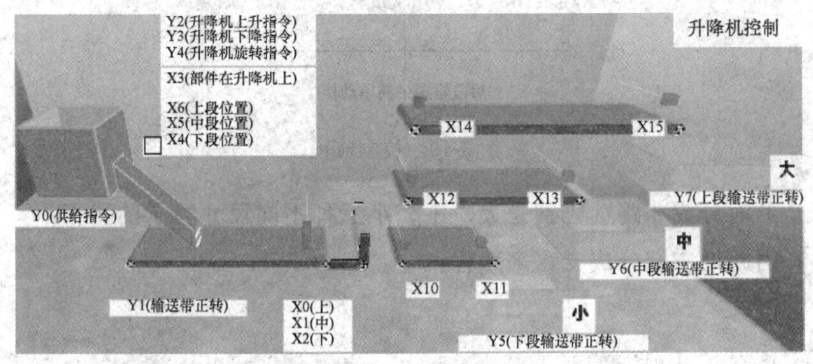

图 3-18 三层升降机控制系统示意图

按下启动按钮 X20，供给一个箱子，箱子供给后，输送带 Y1 开始正转。箱子输送到升降小车前三个感应器那里判断大、中、小三种不同尺寸的箱子。

(1) 若是小箱子，则进入升降小车后，在下层，旋转后，出去，感应器 X10 感应后，下段输送带正转，箱子掉下后，下层输送带停止。

(2) 若是中箱子，则进入升降小车后，上升至中层，旋转后，出去，感应器 X12 感应后，中层输送带正转，箱子掉下后，中层输送带停止。

(3) 若是大箱子，则进入升降小车后，上升至上层，旋转后，出去，感应器 X12 感应后，上层输送带正转，箱子掉下后，上层输送带停止。

分析

此程序可以综合顺序逻辑控制及记忆类方法编程。程序整体是按一定的逻辑一步步运行，在升降机控制时，可用记忆+判断方法。

控制流程图如图 3-19 所示。

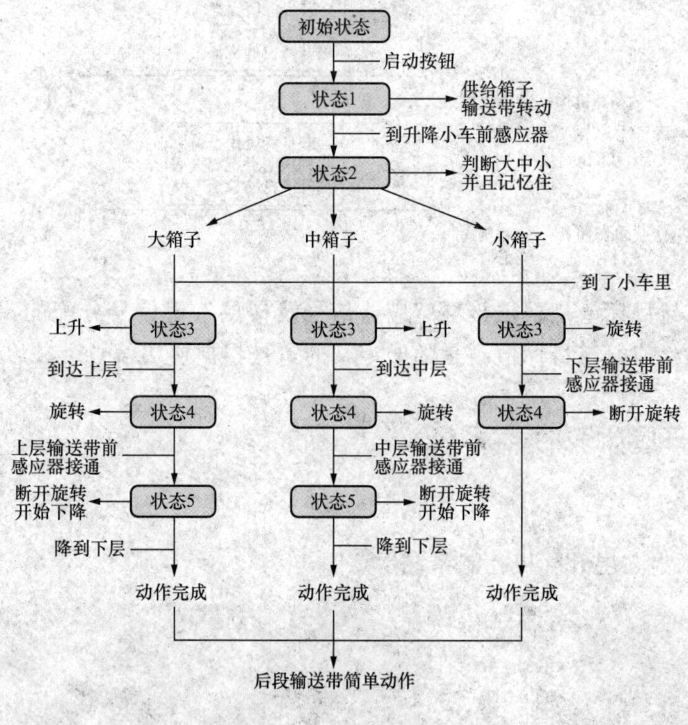

图 3-19　控制流程图

在状态 2 下面分成 3 路，分别是大、中、小三种不同尺寸箱子的流程。不同的分支，其动作不一样，因此把它们分成支路来编程。

程序

(1) 按下启动按钮，供给箱子，并让输送带正转。

（2）判断大中小箱子，并通过 M11、M12、M13 作为记忆信号保持。

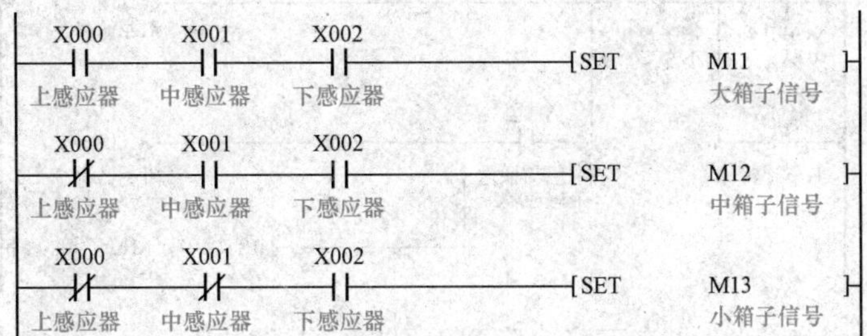

（3）大箱子到了升降机小车内，开始上升。

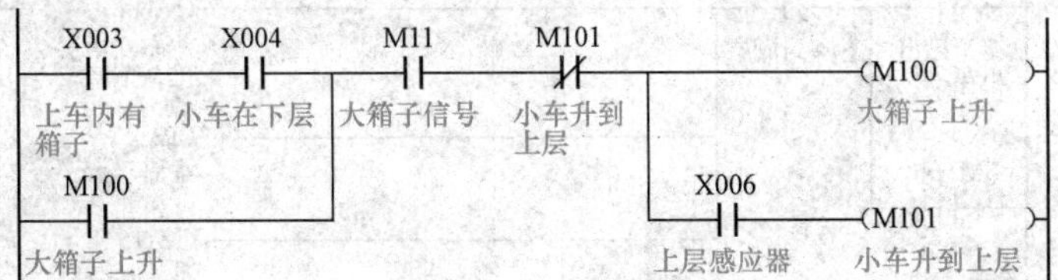

（4）大箱子升到上层后，开始旋转出料，出完料后，把大箱子信号复位。

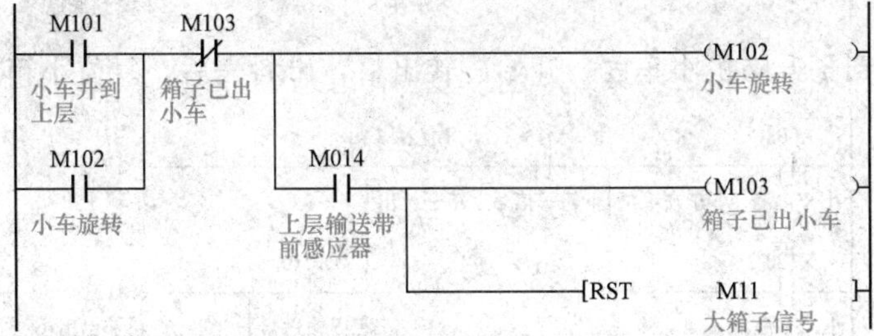

（5）大箱子出料完后，小车下降，降到下层后，下降结束。

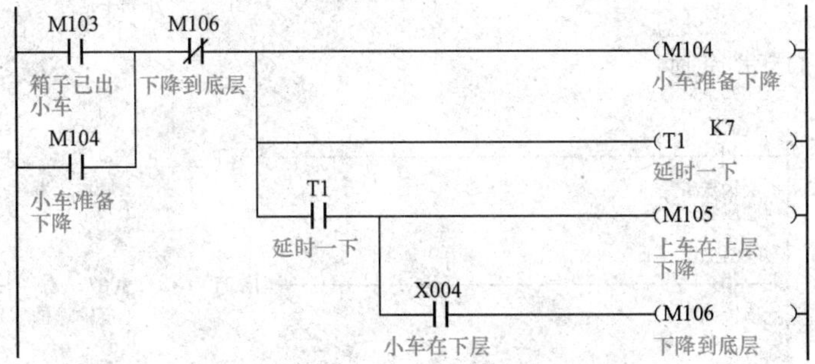

（6）中箱子到了升降机小车内，开始上升。

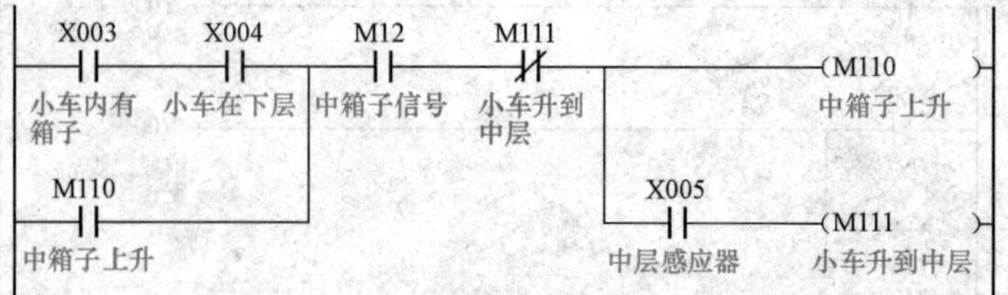

（7）中箱子升到中层后，开始旋转出料，出完料后，把中箱子信号复位。

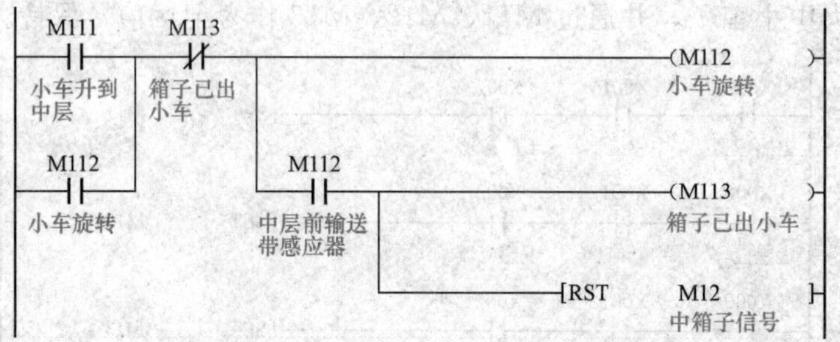

（8）中箱子出料完后，小车下降，降到下层后，下降结束。

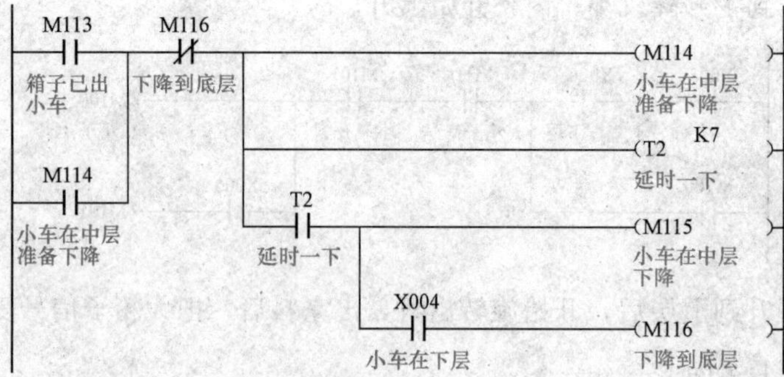

（9）小箱子到了升降机小车内，开始旋转出料，出料完后，复位小箱子信号。

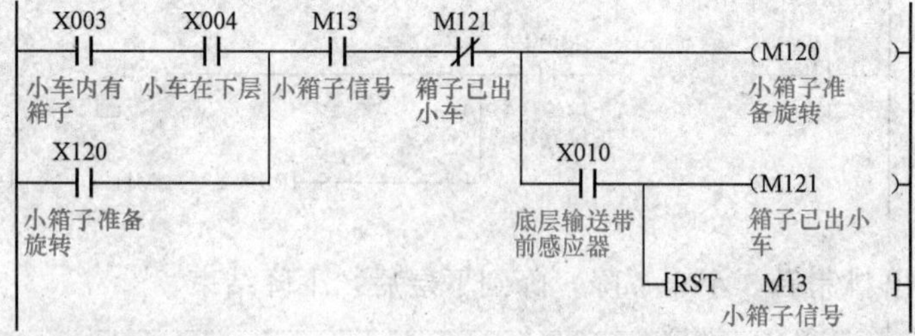

（10）上层输送带控制。

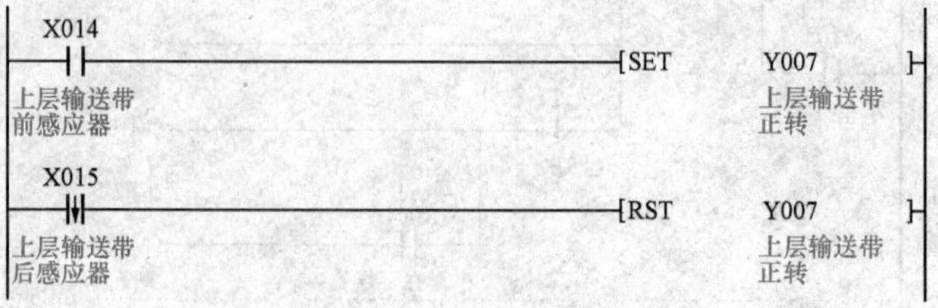

X014 —— [SET Y007]
上层输送带前感应器 —— 上层输送带正转

X015 —— [RST Y007]
上层输送带后感应器 —— 上层输送带正转

（11）中层输送带控制。

```
X012
─┤├──────────────────[SET    Y006    ]
中层前输送                    中层输送带
带感应器                      正转

X013
─┤↓├─────────────────[RST    Y006    ]
中层输送带                    中层输送带
后感应器                      正转
```

（12）下层输送带控制。

```
X010
─┤├──────────────────[SET    Y005    ]
底层输送带                    底层输送带
前感应器                      正转

X011
─┤↓├─────────────────[RST    Y005    ]
底层输送带                    底层输送带
后感应器                      正转
```

（13）小车的输出信号。

```
M100
─┤├──┬───────────────(Y002    )
大箱子上升│              小车上升
M110  │
─┤├──┘
中箱子上升

M102
─┤├──┬───────────────(Y004    )
大箱子 │               小车旋转
小车旋转│
M112  │
─┤├──┘
中箱子
小车旋转

M105
─┤├──┬───────────────(Y036    )
小车在上│              小车下降
层下降 │
M115  │
─┤├──┘
小车在中
层下降
```

【案例 3-8】小车的来回动作控制

功 能

图 3-20 所示为送料小车示意图，初始位置在 A 点，按下启动按钮，在 A 点装料，装料时间 5s，装完料后驶向 B 点卸料，卸料时间是 7s，卸完后又返回 A 点装料，装完后驶向 C 点卸料，按如此规律分别给 B、C 两点送料，循环进行。当按下停止按钮时，一定要送完一个周期后停在 A 点。

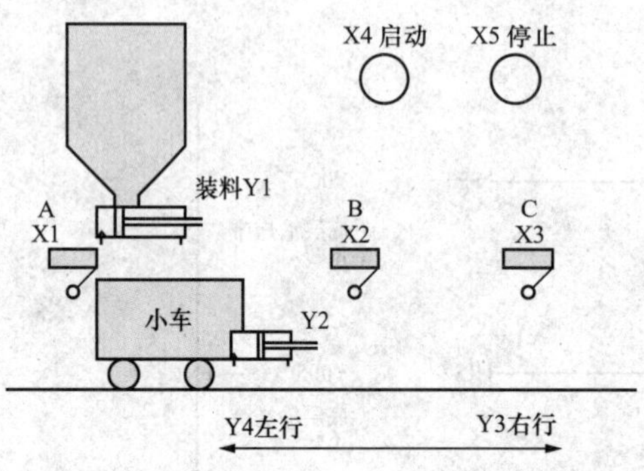

图 3-20　送料小车示意图

分 析

信号分配：

原点位置 X1

装料输出信号 Y1

B 点位置 X2

卸料输出信号 Y2

C 点位置 X3

启动按钮 X4

停止按钮 X5

根据要求，绘制的流程图如图 3-21 所示。

在第一次小车装完料后，经过 B 点时要停止，并开始卸料。在第二次小车装完料后，要去 C 点卸料，但是途中也会经过 B 点，但此时不应卸料，应该继续向前运动，直到 C 点才开始卸料。

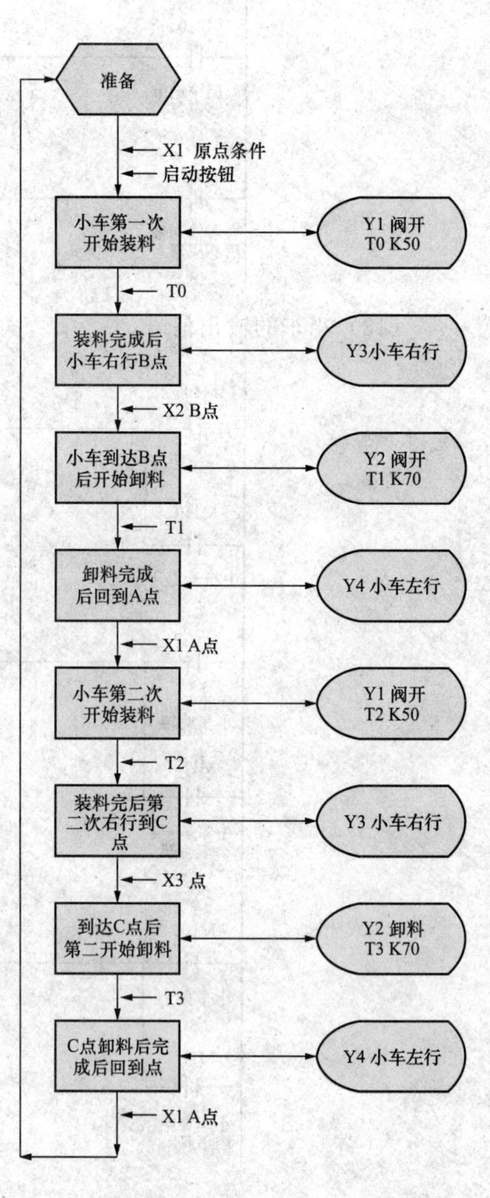

图 3-21　流程图

程 序

下列程序是错误的，读者可思考一下，问题在哪里。

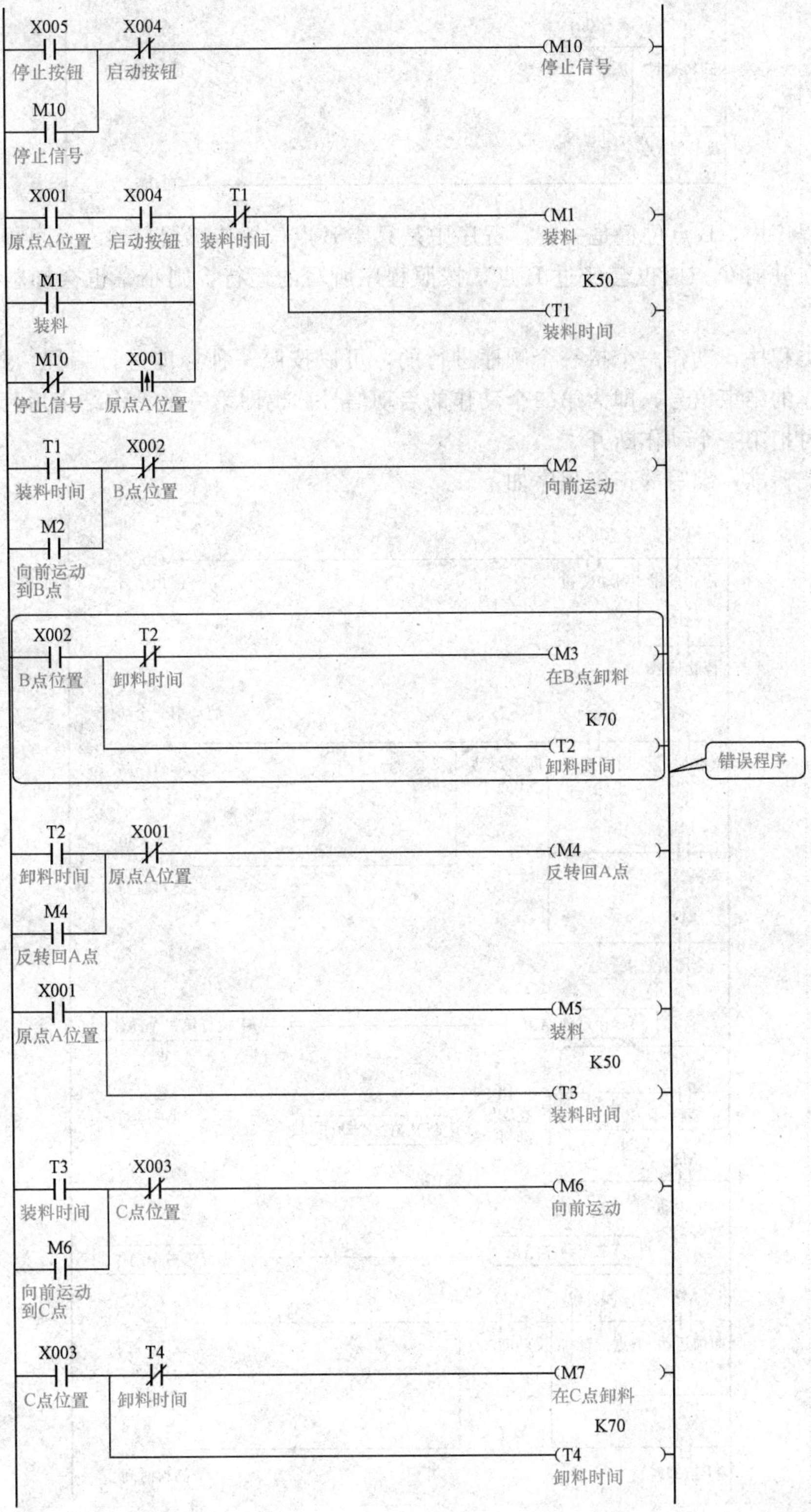

X005 停止按钮 | X004 启动按钮 | (M10 停止信号)
M10 停止信号

X001 原点A位置 | X004 启动按钮 | T1 装料时间 | (M1 装料)
M1 装料
M10 停止信号 | X001 原点A位置
K50 (T1 装料时间)

T1 装料时间 | X002 B点位置 | (M2 向前运动)
M2 向前运动到B点

X002 B点位置 | T2 卸料时间 | (M3 在B点卸料)
K70 (T2 卸料时间)

错误程序

T2 卸料时间 | X001 原点A位置 | (M4 反转回A点)
M4 反转回A点

X001 原点A位置 | (M5 装料)
K50 (T3 装料时间)

T3 装料时间 | X003 C点位置 | (M6 向前运动)
M6 向前运动到C点

X003 C点位置 | T4 卸料时间 | (M7 在C点卸料)
K70 (T4 卸料时间)

上述程序中，B点位置是关键，程序中是只要B点位置传感器接通，就可以卸料，没注意到小车在驶向C点时也会经过B点，按照程序所写的运行，则小车也会卸料，因此程序有问题。

像此类程序，动作一个接一个顺序进行的，可以按照一种标准进行编程。此标准就是：第一个动作的结束信号，即为第二个动作的启动信号。也即第一个动作结束后，启动第二个动作，同时把第一个动作断开。

按照此标准，编写的正确程序如下。

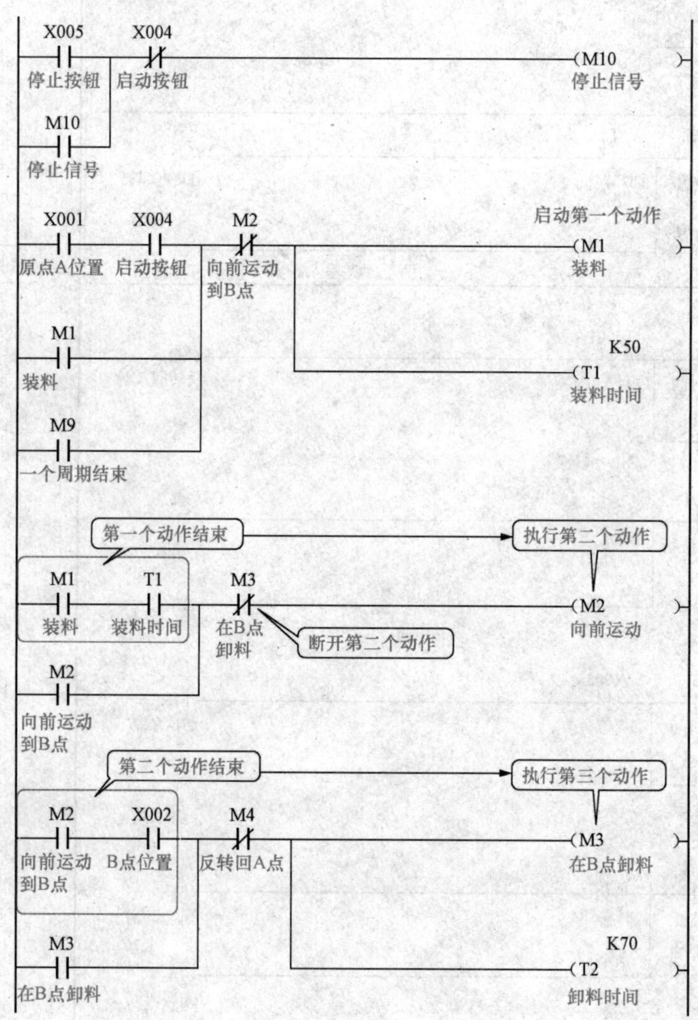

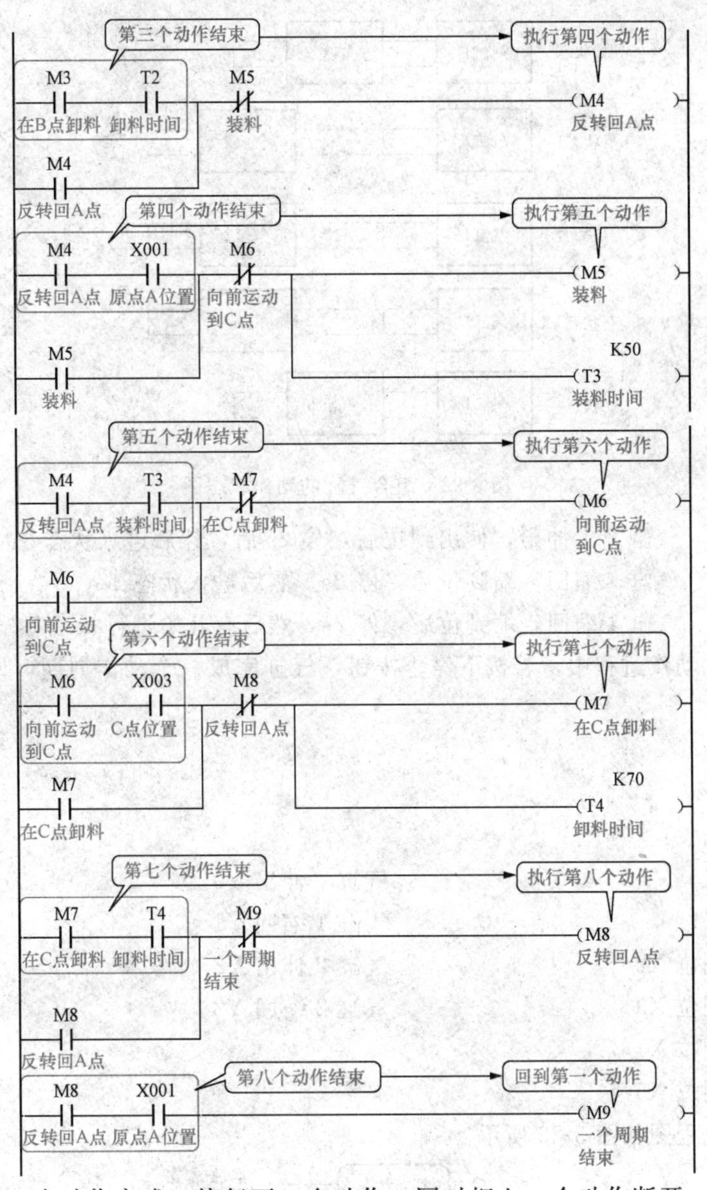

如上程序，一个动作完成，执行下一个动作，同时把上一个动作断开。这样程序就可以按照指定的动作执行下去，不会出现中间动作异常的情况。

【案例 3-9】 组合气缸的来回动作

功 能

图 3-22 所示为组合气缸的动作状态图。

(1) 初始状态时，气缸 1 及气缸 2 都处于缩回状态。在初始状态，当按下启动按钮，进入状态 1。

(2) 状态 1：气缸 1 伸出，伸出到位后，停 2s 后，然后进入状态 2。

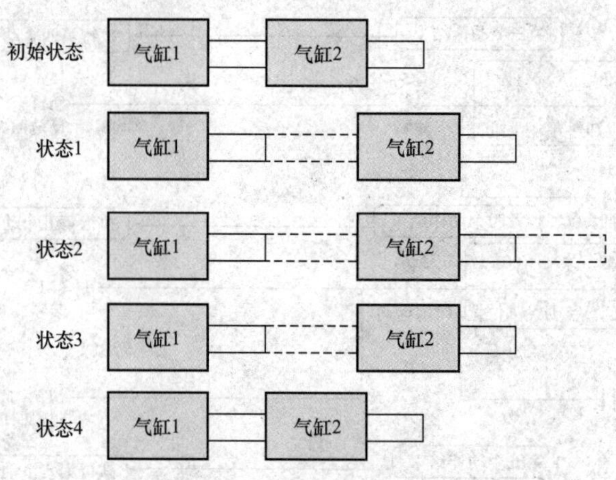

图 3-22 组合气缸的动作状态图

(3) 状态 2：气缸 2 也伸出，伸出到位后，停 2s 后，然后进入状态 3。

(4) 状态 3：气缸 2 缩回，缩到位后，停 2s，然后进入状态 4。

(5) 状态 4：气缸 1 缩回，缩到位后，停 2s，然后有开始进行状态 1，如此循环动作。

(6) 在气缸动作过程中，若按下停止按钮，气缸完成一个动作周期，回到初始状态后，才能停止。

分 析

信号分配如下：

启动按钮 X0	气缸 1 伸出 Y0
停止按钮 X1	气缸 1 缩回 Y1
气缸 1 缩到位 X2	气缸 2 伸出 Y2
气缸 1 伸到位 X3	气缸 2 缩回 Y3
气缸 2 缩到位 X4	
气缸 2 伸到位 X5	

绘制动作流程图如图 3-23 所示。

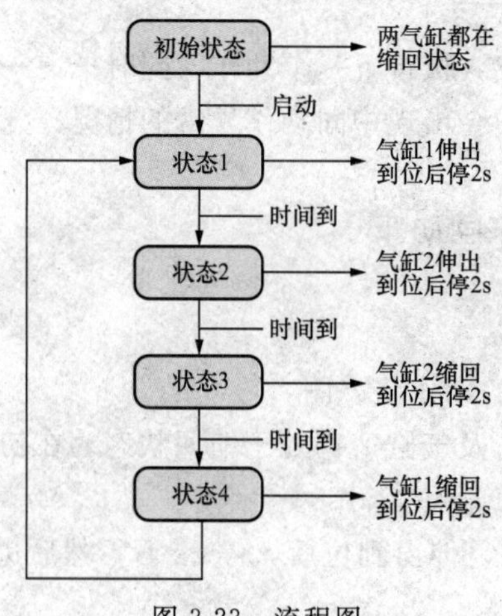

图 3-23 流程图

程 序

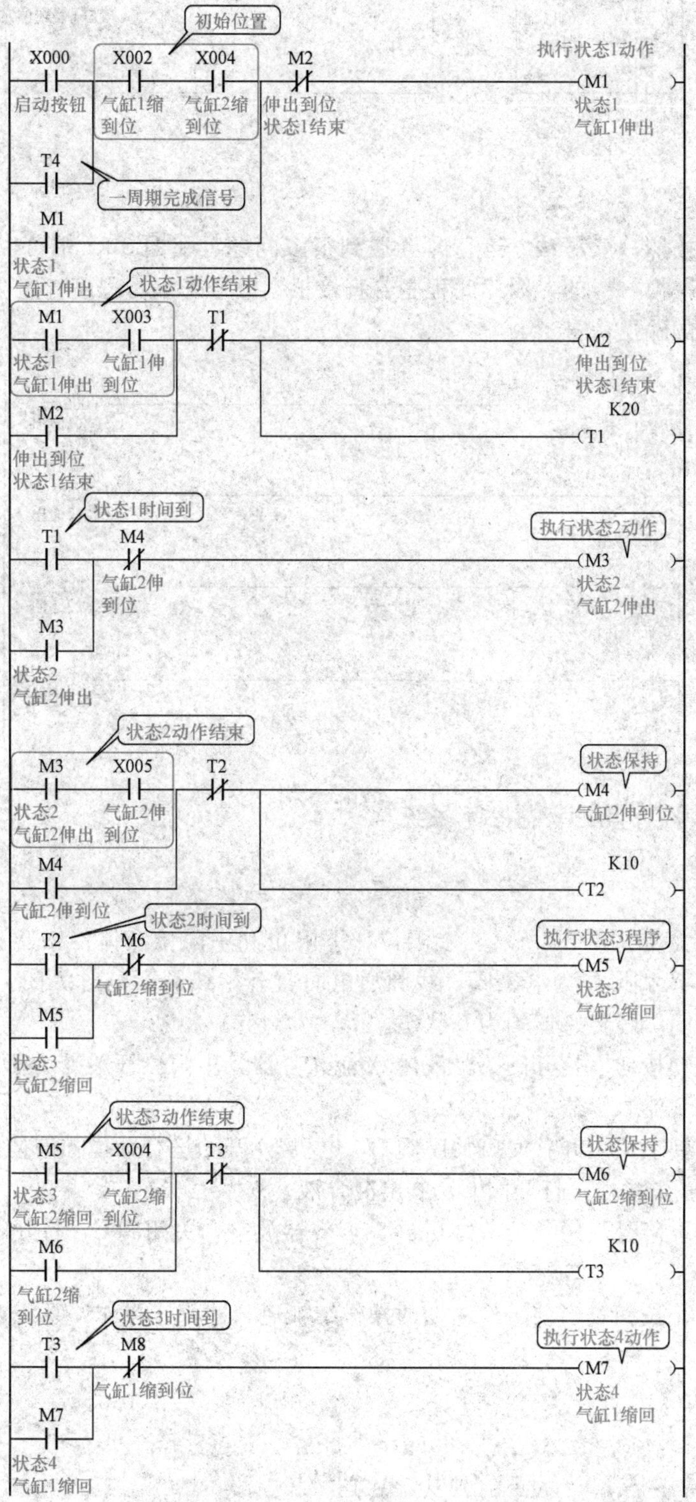

初始位置
执行状态1动作
X000 启动按钮 | X002 气缸1缩到位 | X004 气缸2缩到位 | M2 伸出到位 状态1结束 | (M1 状态1 气缸1伸出)
T4 一周期完成信号
M1 状态1 气缸1伸出

状态1动作结束
M1 状态1 气缸1伸出 | X003 气缸1伸到位 | T1 | (M2 伸出到位 状态1结束)
M2 伸出到位 状态1结束 | K20 (T1)

状态1时间到
执行状态2动作
T1 | M4 气缸2伸到位 | (M3 状态2 气缸2伸出)
M3 状态2 气缸2伸出

状态2动作结束
状态保持
M3 状态2 气缸2伸出 | X005 气缸2伸到位 | T2 | (M4 气缸2伸到位)
M4 气缸2伸到位 | K10 (T2)

状态2时间到
执行状态3程序
T2 | M6 气缸2缩到位 | (M5 状态3 气缸2缩回)
M5 状态3 气缸2缩回

状态3动作结束
状态保持
M5 状态3 气缸2缩回 | X004 气缸2缩到位 | T3 | (M6 气缸2缩到位)
M6 气缸2缩到位 | K10 (T3)

状态3时间到
执行状态4动作
T3 | M8 气缸1缩到位 | (M7 状态4 气缸1缩回)
M7 状态4 气缸1缩回

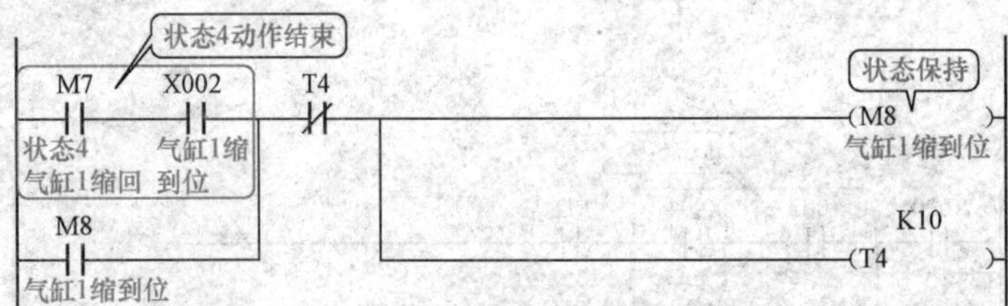

以上程序若按照一般写法，运行时会遇到很多问题。在图 3-22 中可以看到，状态 1 及状态 3 的信号时一模一样的，因此此程序若直接根据信号来编写程序肯定会出现问题。

下面是程序的输出信号。

【案例 3-10】液体混合装置控制系统

液体混合装置如图 3-24 所示，上限位、下限位和中限位液体传感器被液体淹没时为 1 状态，阀 A、阀 B 和阀 C 为电磁阀，线圈通电时打开，线圈断电时关闭。开始时容器是空的，各阀门均关闭，各传感器均为 0 状态。

（1）按下启动按钮，打开阀 A，液体 A 流入容器，中限位开关变为 ON 时，关闭阀 A，打开阀 B，液体 B 流入容器。

（2）液面升到上限位开关时，关闭阀 B，电机 M 开始运行，搅拌液体。

（3）60s 后停止搅拌，打开阀 C，放出混合液。

（4）当液面下降至下限位开关之后再 5s，容器放空，关闭阀 C，打开阀 A，又开始下一周期的操作。

（5）按下停止按钮，当前工作周期的操作结束后，才停止操作，系统返回初始状态。

信号分配：

启动按钮——X0　　　　　阀门 A——Y0

停止按钮——X1　　　　　阀门 B——Y1

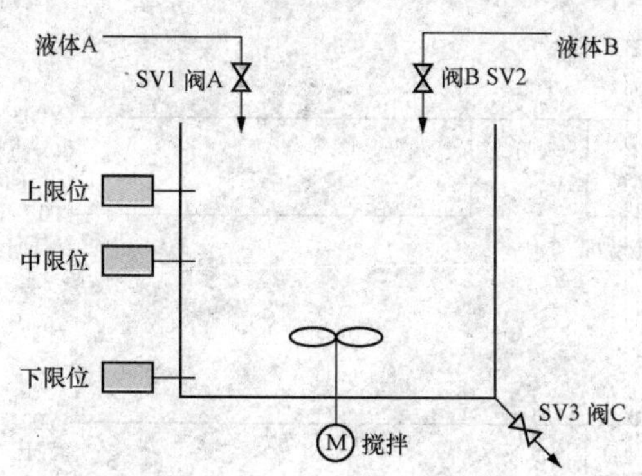

图 3-24 液体混合装置示意图

下限位开关——X2　　　　阀门 C——Y2

中限位开关——X3　　　　电机 M——Y3

上限位开关——X4

分析动作状态：

步骤 1：系统启动后，在空槽情况下阀门 A 立即打开。

步骤 2：当液位到达中限位开关时，阀门 A 关闭，同时阀门 B 打开。

步骤 3：当液位到达上限位开关时，阀门 B 关闭，同时搅拌机动作，开始搅拌。

步骤 4：搅拌定时时间 60s 到了之后，停止搅拌，并且打开阀门 C。

步骤 5：当液位脱离下限位时开始定时，定时时间到了之后，关闭阀门 C。

步骤 6：当步骤 5 定时时间 5s 到了后，开始下一轮进程的开始（重新启动步骤 1）。

步骤 7：按下停止按钮，当前工作周期的操作结束后，才停止操作，系统返回初始状态。

程序

根据以上控制要求及步骤编写程序如下。

步骤 1 的程序：

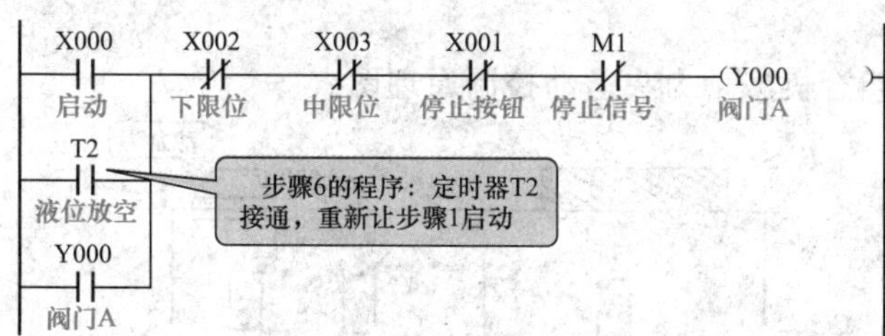

步骤 2 的程序：

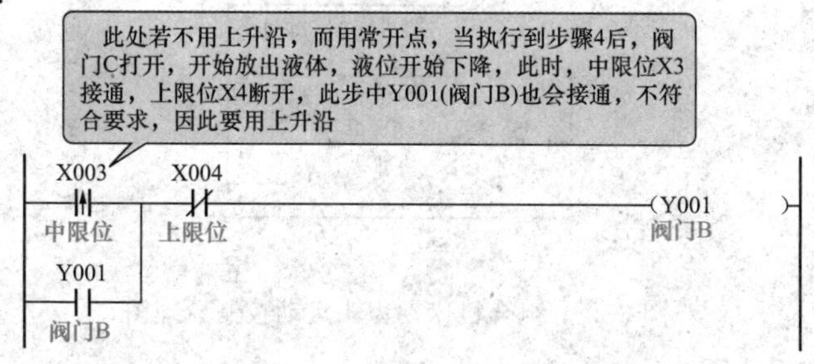

步骤 3 的程序：

步骤 4 的程序：

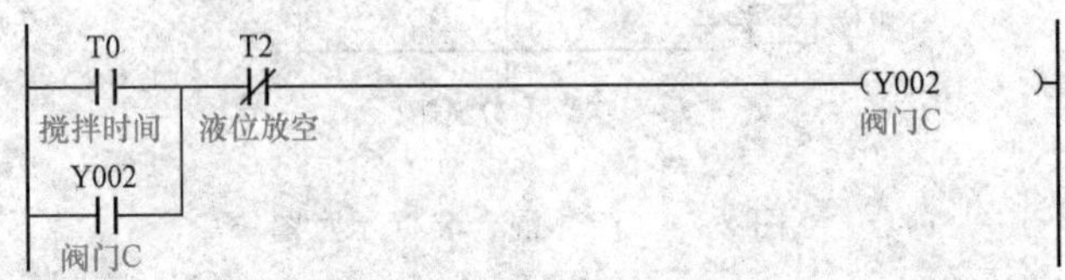

步骤 5 的程序：

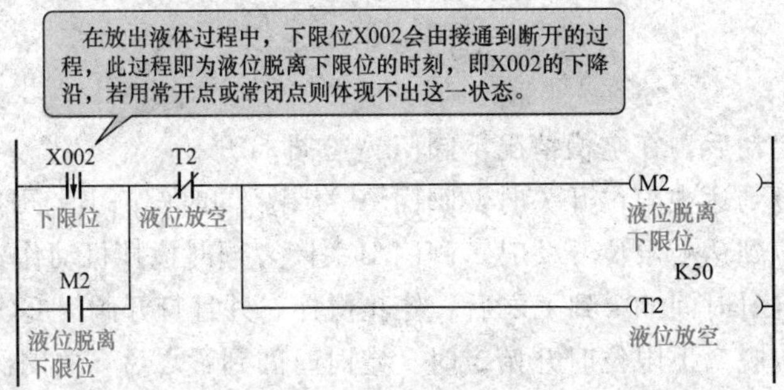

程序最后的 T2 接通，说明程序完成了一个周期，用 T2 来启动步骤 1 的程序，回到步骤 1，这样就可以循环了。

【案例 3-11】 组合机床动力头运动控制

功 能

图 3-25 所示为组合机床动力头运动控制原理图。

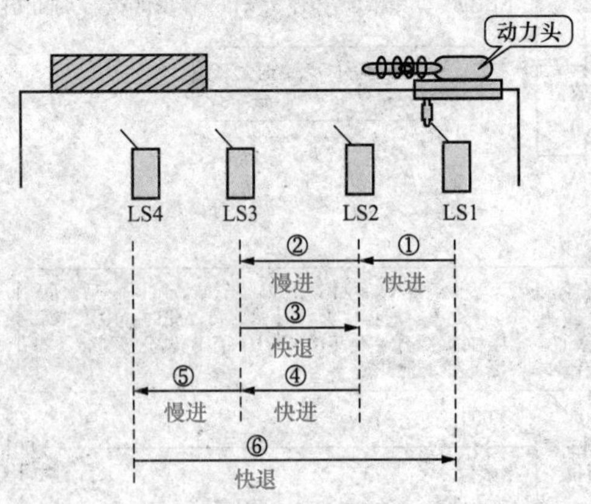

图 3-25　组合机床动力头运动控制原理图

该机床动力头运动由液压驱动，电磁阀 SV1 得电，则主轴前进，失电则后退。同时，还用电磁阀 SV2 控制前进及后退的速度，得电则快速，失电则慢速。

机床的工作流程如下：①从原始位置（LS1）开始工作。按下启动按钮，动力头先快进。②快进到行程开关 LS2 接通，转为工进（慢速前进）。③加工到一定深度，LS3 接通，开始快退。④退至 LS2 则断开（目的：排屑），开始快进。⑤快进至 LS3 接通，又转为工进。⑥加工到 LS4 接通，加工完成，快退至 LS1 位置停止。

分析

根据要求分配信号：

启动按钮——X000　　　　电磁阀SV1——Y001

行程开关LS1——X001　　　　SV2——Y002

LS2——X002

LS3——X003

LS4——X004

程序

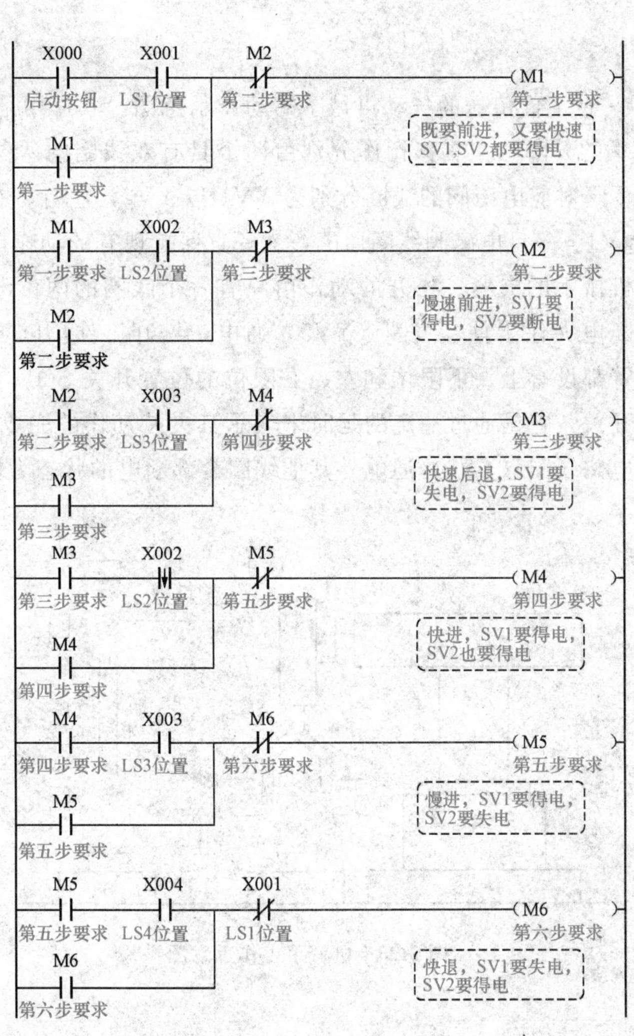

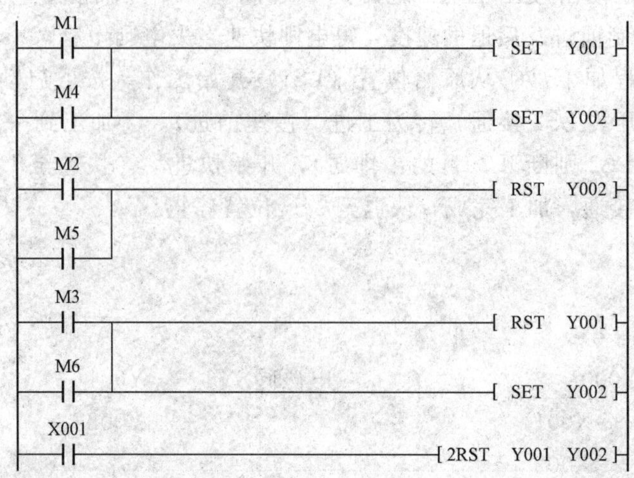

【案例 3-12】机械手及其控制

功 能

图 3-26 所示为一台工件传送的气动机械手的动作示意图。其作用是将工件从 A 点传递到 B 点。气动机械手的升降和左右移行作分别由两个具有双线圈的两位电磁阀驱动气缸来完成，其中上升与下降对应电磁阀的线圈分别为 YV1 与 YV2，左行、右行对应电磁阀的线圈分别为 YV3 与 YV4。一旦电磁阀线圈通电，就一直保持现有的动作，直到相对的另一线圈通电为止。气动机械手的夹紧、松开的动作由只有一个线圈的两位电磁阀驱动的气缸完成，线圈（YV5）断电夹住工件，线圈（YV5）通电，松开工件，以防止停电时的工件跌落。机械手的工作臂都设有上、下限位和左、右限位的位置开关 SQ1、SQ2 和 SQ3、SQ4，夹持装置不带限位开关，它是通过一定的延时来表示其夹持动作的完成。机械手在最上面、最左边且除松开的电磁线圈（YV5）通电外其他线圈全部断电的状态为机械手的原位。

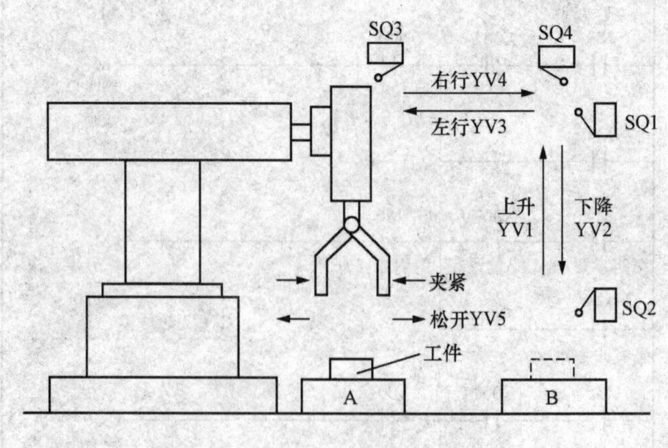

图 3-26 机械手工作示意图

机械手具有手动、单步、单周期、连续和回原位五种工作方式，用开关 SA 进行选择。手动工作方式时，用各操作按钮（SB5、SB6、SB7、SB8、SB9、SB10、SB11）来点动执行相应的各动作；单步工作方式时，每按一次起动按钮（SB3），向前执行一步动作；单周期工作方式时，机械手在原位，按下起动按钮 SB3，自动地执行一个工作周期的动作，最后返回原位（如果在动作过程中按下停止按钮 SB4，机械手停在该工序上，再按下起动按钮 SB3，则又从该工序继续工作，最后停在原位）；连续工作方式时，机械手在原位，按下起动按钮（SB3），机械手就连续重复进行工作（如果按下停止按钮 SB4，机械手运行到原位后停止）；返回原位工作方式时，按下“回原位”按钮 SB11，机械手自动回到原位状态。机械手的操作面板分布图如图 3-27 所示。

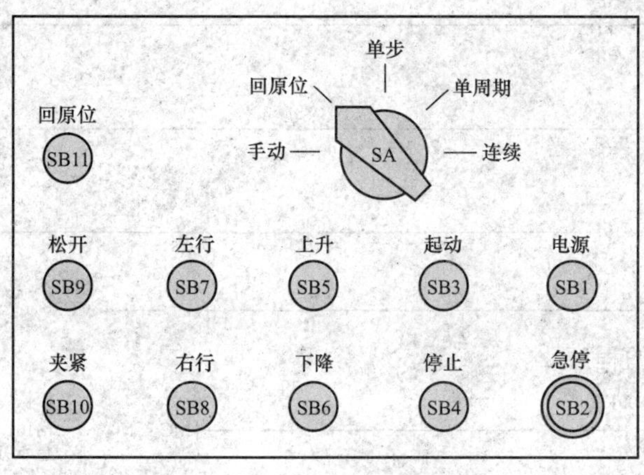

图 3-27 机械手的操作面板分布图

分 析

信号分配如下。

手动方式——X0	手动夹紧——X11	机械手左限——X20
单步方式——X1	手动松开——X12	机械手右限——X21
回原点方式——X2	原点复位——X13	机械手上限——X22
单周期方式——X3	自动启动——X14	机械手下限——X23
连续方式——X4	手动左移——X15	机械手松开限——X25
手动上升——X5		
手动下降——X6		
手动右移——X7		
机械手右移——Y0	机械手上升——Y3	
机械手左移——Y1	机械手夹紧——Y4	
机械手下降——Y2	机械手松开——Y5	

程 序

（1）手动方式的程序。

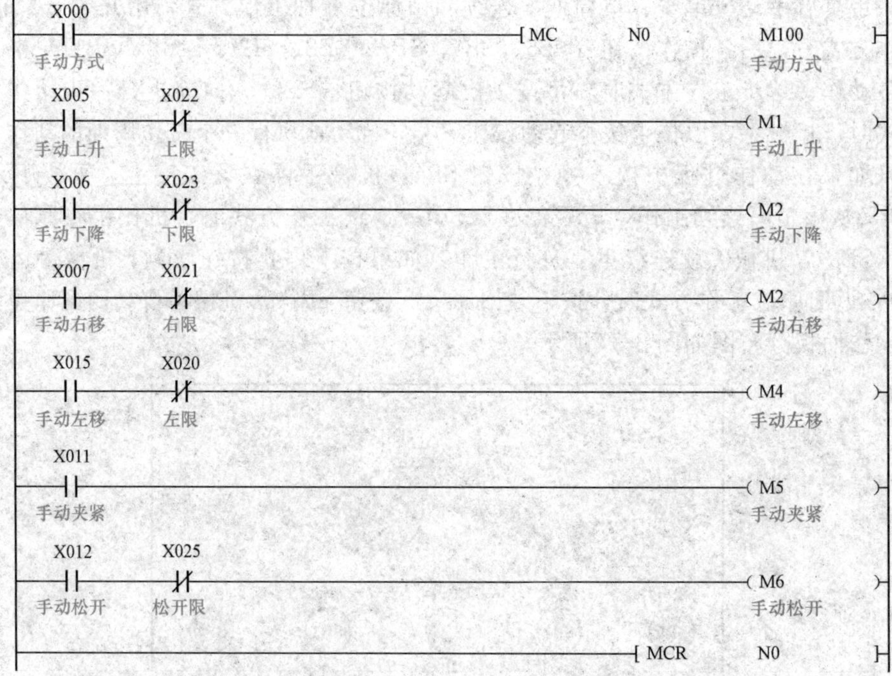
X000
手动方式
MC N0 M100
手动方式
X005 X022
手动上升 上限
M1
手动上升
X006 X023
手动下降 下限
M2
手动下降
X007 X021
手动右移 右限
M2
手动右移
X015 X020
手动左移 左限
M4
手动左移
X011
手动夹紧
M5
手动夹紧
X012 X025
手动松开 松开限
M6
手动松开
MCR N0

（2）单步方式的程序。

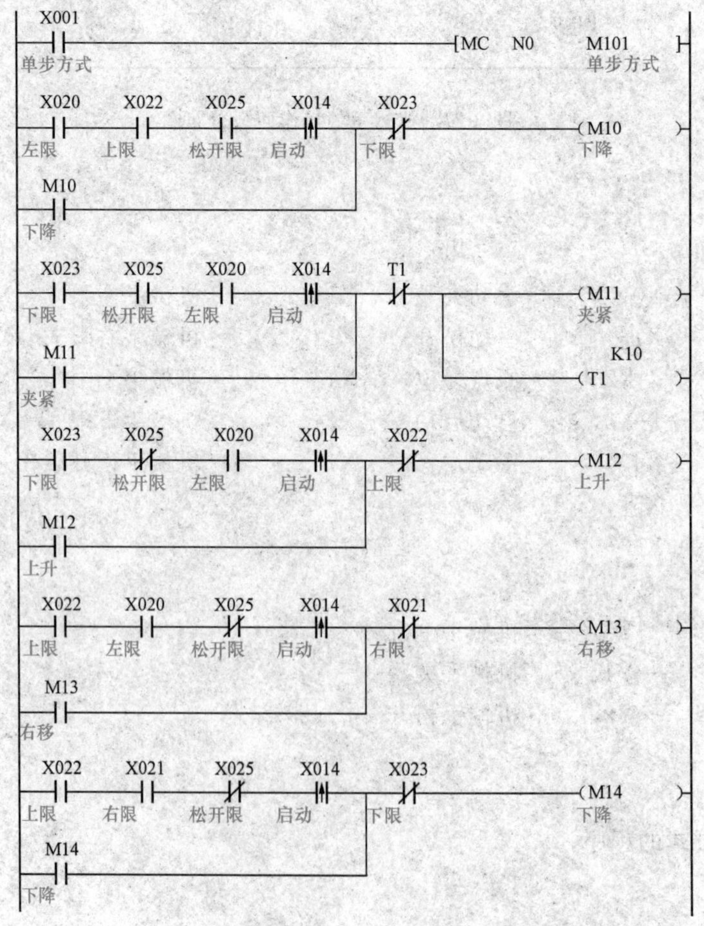
X001
单步方式
MC N0 M101
单步方式
X020 X022 X025 X014 X023
左限 上限 松开限 启动 下限
M10
下降
M10
下降
X023 X025 X020 X014 T1
下限 松开限 左限 启动
M11
夹紧
M11
夹紧
K10
T1
X023 X025 X020 X014 X022
下限 松开限 左限 启动 上限
M12
上升
M12
上升
X022 X020 X025 X014 X021
上限 左限 松开限 启动 右限
M13
右移
M13
右移
X022 X021 X025 X014 X023
上限 右限 松开限 启动 下限
M14
下降
M14
下降

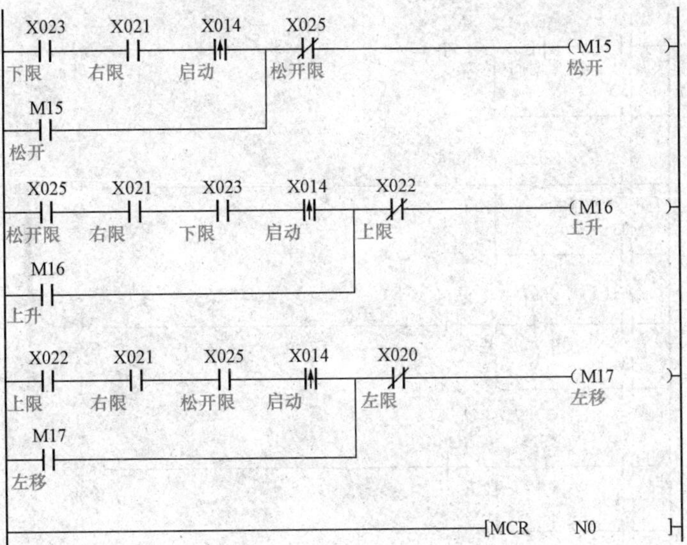

（3）回原点方式的程序。

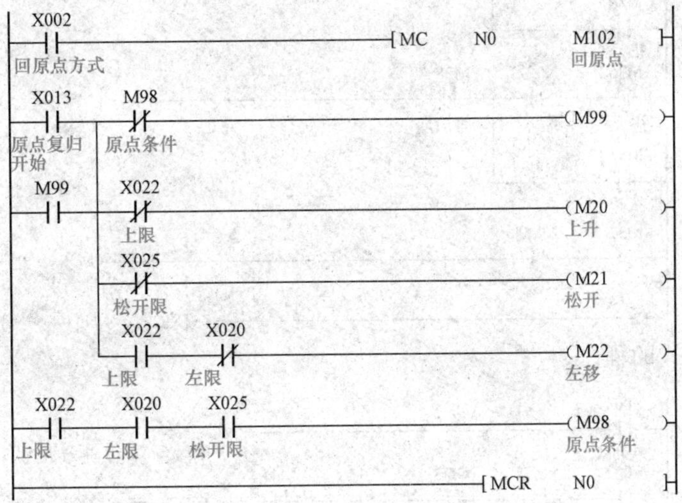

（4）单周期方式的程序。

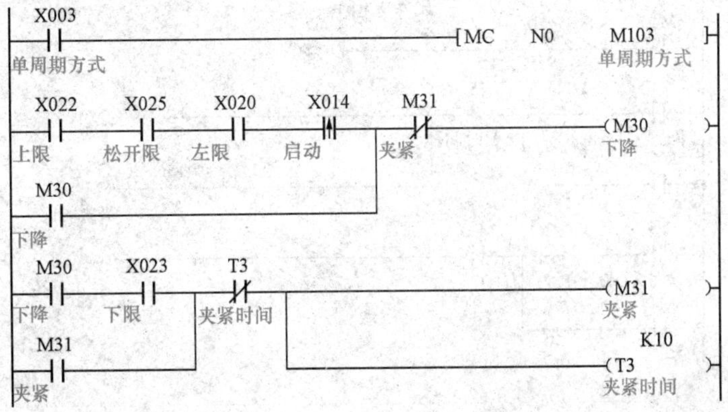

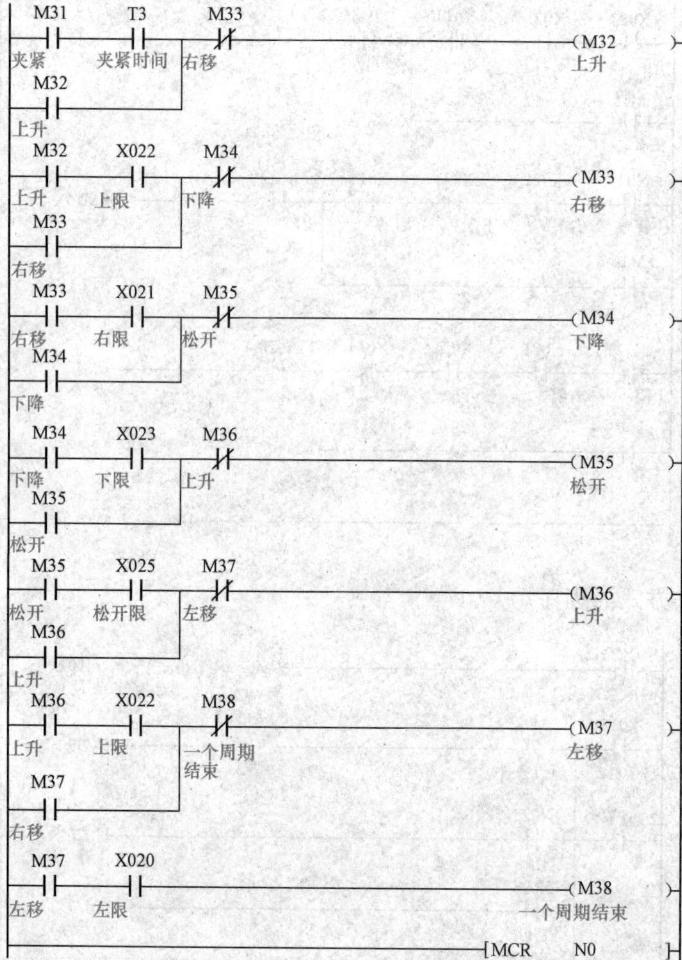
M31 T3 M33
夹紧 夹紧时间 右移
M32 上升
M32
上升
M32 X022 M34
上升 上限 下降
M33 右移
M33
右移
M33 X021 M35
右移 右限 松开
M34 下降
M34
下降
M34 X023 M36
下降 下限 上升
M35 松开
M35
松开
M35 X025 M37
松开 松开限 左移
M36 上升
M36
上升
M36 X022 M38
上升 上限 一个周期结束
M37 左移
M37
右移
M37 X020
左移 左限
M38 一个周期结束
MCR N0

（5）连续方式的程序。

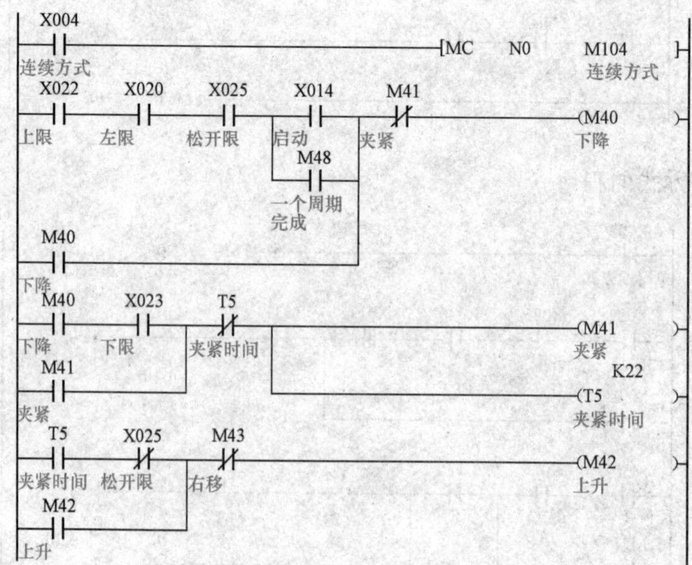
X004
连续方式
MC N0 M104 连续方式
X022 X020 X025 X014 M41
上限 左限 松开限 启动 夹紧
M40 下降
M48
一个周期完成
M40
下降
M40 X023 T5
下降 下限 夹紧时间
M41 夹紧
K22
T5 夹紧时间
M41
夹紧
T5 X025 M43
夹紧时间 松开限 右移
M42 上升
M42
上升

```
M42   X022   M44
-| |---| |-+--|/|------------------------(M43   )
上升   上限  |  下降                        右移
M43         |
-| |--------+
右移
M43   X021   M45
-| |---| |-+--|/|------------------------(M44   )
右移   右限  |  松开                        下降
M44         |
-| |--------+
下降
M44   X023   M46
-| |---| |-+--|/|------------------------(M45   )
下降   下限  |  上升                        松开
M45         |
-| |--------+
松开
M45   X025   M47
-| |---| |-+--|/|------------------------(M46   )
松开  松开限 |  左移                        上升
M46         |
-| |--------+
上升
M46   X022   M48
-| |---| |-+--|/|------------------------(M47   )
上升   上限  |  一个周期                    左移
M47         |  完成
-| |--------+
左移
M47   X020
-| |---| |-------------------------------(M48   )
左移   左限                                 一个周期完成
-----------------------------------------[MCR   N0   ]
```

（6）输出信号的程序。

```
 M1
-| |------+---------------------------------(Y003  )
手动上升  |                                  上升
 M12      |
-| |------+
上升      |
 M16      |
-| |------+
上升      |
 M20      |
-| |------+
上升      |
 M32      |
-| |------+
上升      |
 M36      |
-| |------+
上升      |
 M42      |
-| |------+
上升      |
 M46      |
-| |------+
上升

-| |------+---------------------------------(Y002  )
手动下降  |                                  下降
 M10      |
-| |------+
下降      |
 M14      |
-| |------+
下降      |
 M30      |
-| |------+
下降
```

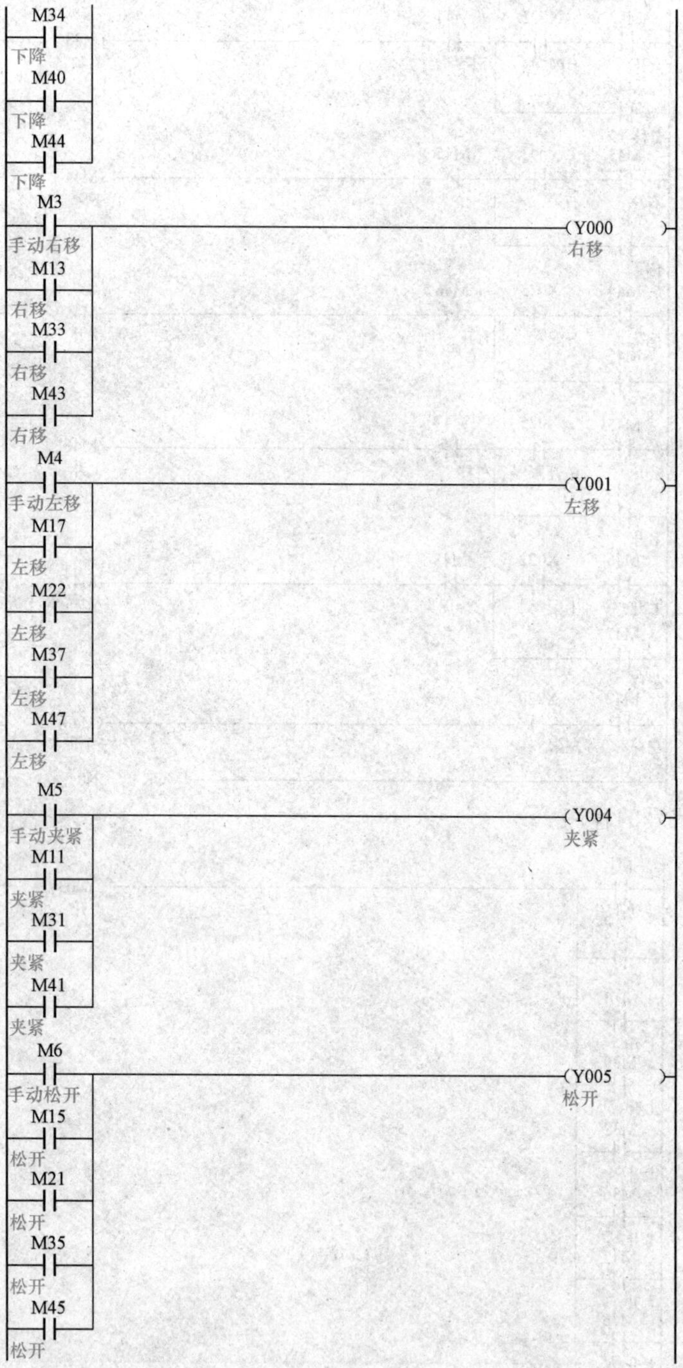

M34
下降
M40
下降
M44
下降
M3
手动右移
(Y000)
右移
M13
右移
M33
右移
M43
右移
M4
手动左移
(Y001)
左移
M17
左移
M22
左移
M37
左移
M47
左移
M5
手动夹紧
(Y004)
夹紧
M11
夹紧
M31
夹紧
M41
夹紧
M6
手动松开
(Y005)
松开
M15
松开
M21
松开
M35
松开
M45
松开

第四章

人机界面案例解析

第一节　人机界面简介

1．人机界面产品的定义

连接可编程序控制器（PLC）、变频器、直流调速器、仪表等工业控制设备，利用显示屏显示，通过输入单元（如触摸屏、键盘、鼠标等）写入工作参数或输入操作命令，实现人与机器信息交互的数字设备，由硬件和软件两部分组成。

2．人机界面产品的组成及工作原理

人机界面产品的组成及工作原理如图 4-1 所示，人机界面（Proface）产品由硬件和软件两部分组成：硬件部分包括处理器、显示单元、输入单元、通信接口、数据存储单元等，其中处理器的性能决定了人机界面产品的性能高低，是核心单元。根据产品等级不同，处理器可分别选用 8 位、16 位、32 位的处理器。人机界面软件一般分为两部分，即运行于硬件中的系统软件和运行于 PC 机 Windows 操作系统下的画面组态软件。

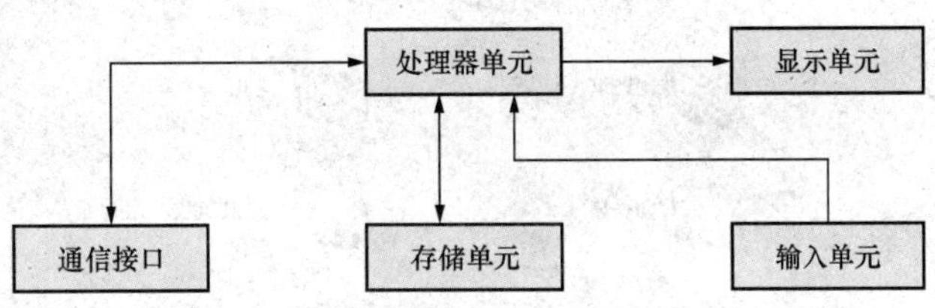

图 4-1　人机界面产品的组成及工作原理

使用者都必须先使用人机界面的画面组态软件制作“工程文件”，再通过 PC 机和人机产品的串行通信口，把编制好的“工程文件”下载到人机的处理器中运行。

3．人机界面的基本问题

（1）人机界面与人们常说的“触摸屏”有什么区别？

从严格意义上来说，两者是有本质上的区别的。因为“触摸屏”仅是人机界面产品中可能用到的硬件部分，是一种替代鼠标及键盘部分功能，安装在显示屏前端的输入设备；而人机界面产品则是一种包含硬件和软件的人机交互设备。在工业中，人们常把具有触摸输入功能的人机界面产品称为“触摸屏”，但这是不科学的。

（2）人机界面和组态软件有什么区别？

人机界面产品，常被大家称为“触摸屏”，包含 HMI 硬件和相应的专用画面组态软件，一般情况下，不同厂家的 HMI 硬件使用不同的画面组态软件，连接的主要设备种类是 PLC。而组态软件是运行于 PC 硬件平台、Windows 操作系统下的一个通用工具软件产品，和 PC 机或工控机一起也可以组成 HMI 产品；通用的组态软件支持的设备种类非常多，如各种 PLC、PC 板卡、仪表、变频器、模块等设备，而且由于 PC 的硬件平台性能强大（主要反应在在速度和存储容量上），通用组态软件的功能也强很多，适用于大型的监控系统中。

（3）人机界面产品中是否有操作系统？

任何人机界面产品都有系统软件部分，系统软件运行在 HMI 的处理器中，支持多任务处理功能，处理器中需有小型的操作系统管理系统软件的运行。基于平板计算机的高性能人机界面产品中，一般使用 WinCE，Linux 等通用的嵌入式操作系统。

（4）人机界面只能连接 PLC 吗？

人机界面产品是为了解决 PLC 的人机交互问题而产生的，但随着计算机技术和数字电路技术的发展，很多工业控制设备都具备了串口通信能力，所以只要有串口通信能力的工业控制设备，如变频器、直流调速器、温控仪表、数采模块等都可以连接人机界面产品，来实现人机交互功能。

第二节　人机界面软件包

1．软件安装

Proface 人机界面软件包主要包括软件安装档及语言安装档。首先安装 proface 软件，双击打开 GP 编程软件包 GP编辑軟件 C-Package...，出现如图 4-2 所示画面。

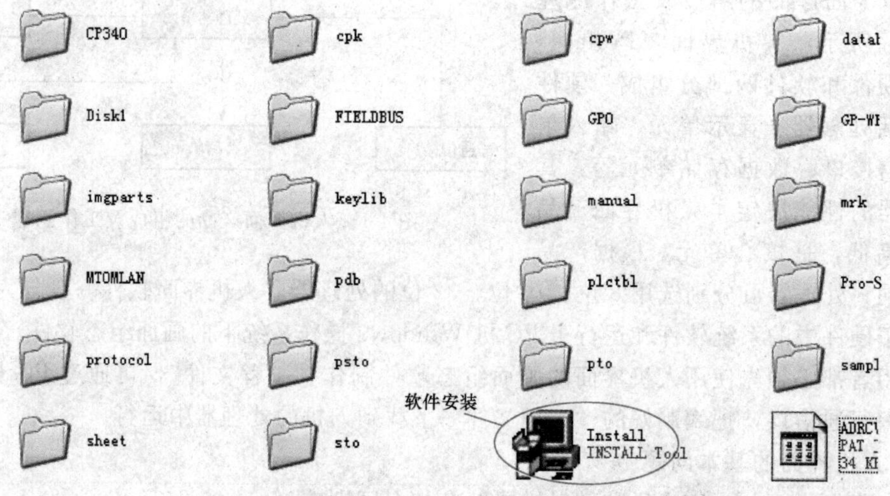

图 4-2　Proface 人机软件包

双击软件安装图标，即开始安装 Proface 软件，软件安装完毕，即可使用。但是此时的软件是英文版的，若要安装中文版，则需另外安装语言包软件，打开 GP 简体中文包文件夹“GP-PROPB C-Package03 (V7...”，则会出现如图 4-3 所示的画面。

图 4-3　中文安装界面

双击语言安装图标，即可安装简体中文语言。安装完毕后，重新打开 Proface 软件，即为简体中文版软件。

2. 软件的使用

(1) 软件使用介绍。

打开 GP 软件图标，即弹出软件的工程管理器画面，如图 4-4 所示。

“GP 设置”：则可设置软件的一些参数，如通信参数，系统参数等。

“新建”：则可以新建一个工程画面。

“打开”：则可以打开原有的制作好的工程画面。

“绘画”：则立即进入画面制作。

“报警”：则可设置一些报警信息，报警条件等。

“传输”：则是把做好的画面下载到人机里，或者把人机里的画面上传到电脑软件中。

“模拟”：则是在没有人机的情况下，在电脑软件中实现模拟操作。

(2) 新建工程。

初次使用此软件，首先要新建一个工程，单击图 4-4 中的“新建”图标或者在“工程”菜单中选择“新建”，会弹出新建工程的设置画面，如图 4-5 所示。

图 4-4 工程管理器画面

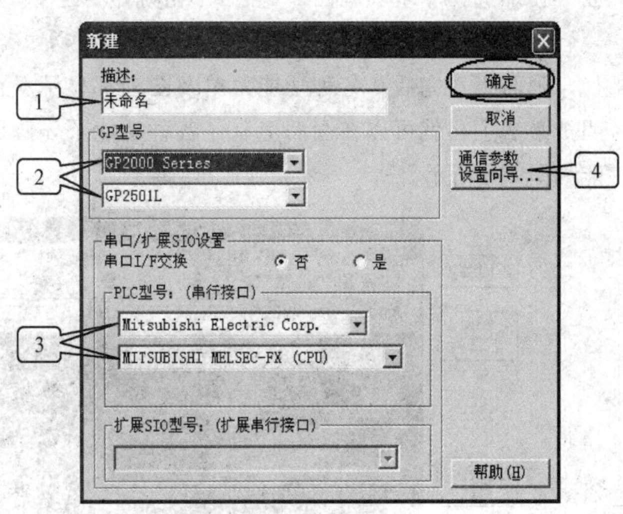

图 4-5 新建工程的设置画面

图 4-5 中，1 为设置新建工程的文字描述，说明。此处可根据需要随意描述。2 为选择所使用的人机系列及型号。此处应对照触摸屏的型号设置。3 为设置所要连接的 PLC 的型号及通信方式。4 为通信参数设置主要设置与对应 PLC 通信时的一些参数，如传送速度，数据位，停止位等。

各选项选择之后，单击“确定”按钮，则可进入画面编辑系统。

(3) 新建画面板。

工程新建完成之后，会弹出画板编辑画面，如图 4-6 所示。

图 4-6 中大部分图表都是灰色的，是没有激活的，即不能使用的。首次制作画面时，先要新建一个画面，在上图中，点击新建画面快捷图标“ ”，或在画面菜单里选择“新建”，

此时会弹出画面选择菜单，如图 4-7 所示。

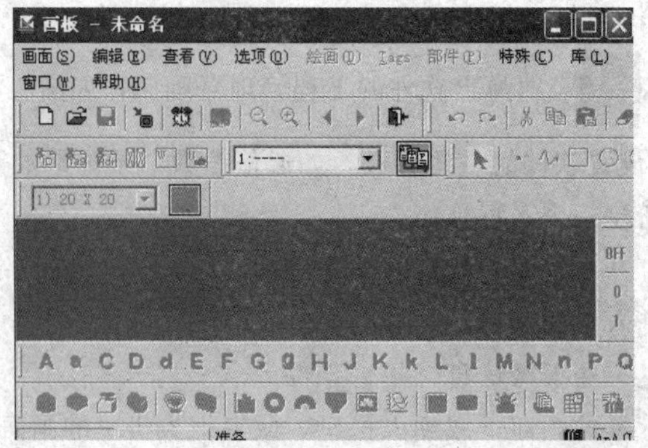

图 4-6　画板编辑画面

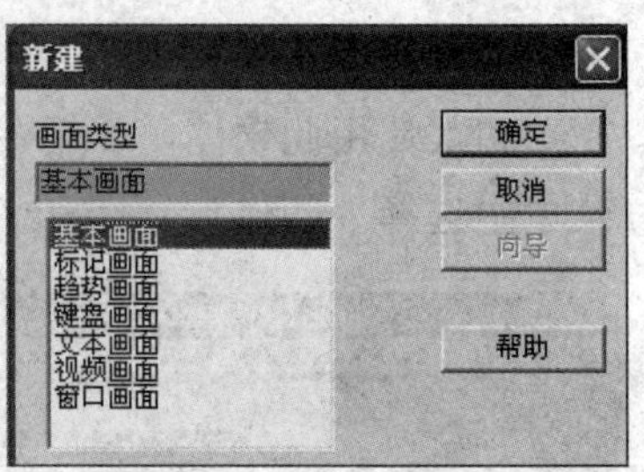

图 4-7　新建工程画面

几乎全部的功能都能在“基本画面”里实现，而像“标记画面”、“趋势画面”等只是实现某个特定功能的画面。所以一般都选择“基本画面”，然后单击确定。

（4）画面面板说明。

画面板建完后，各种功能菜单及图表都显示颜色了，说明被激活了，就可以在画面上制作各种功能了，画面主要功能如图 4-8 所示。

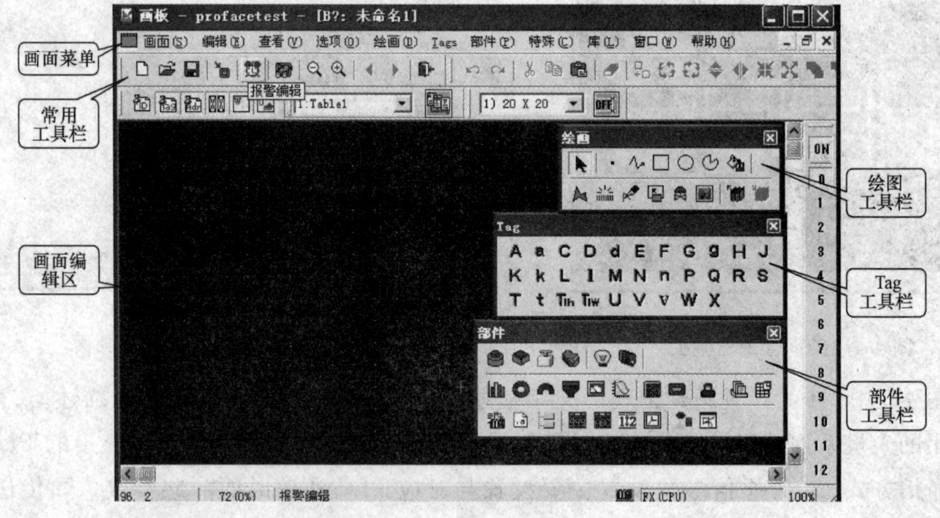

图 4-8　主要功能

菜单栏如图 4-9 所示。

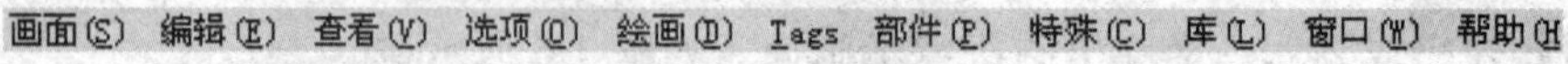

画面(S)　编辑(E)　查看(V)　选项(O)　绘画(D)　Tags　部件(P)　特殊(C)　库(L)　窗口(W)　帮助(H)

图 4-9　菜单栏

画面：主要用于打开、关闭、保存画面等常规操作。

编辑：对图形对象的编辑功能菜单。

察看：画面编辑器的编辑环境的设置，例如工具栏的显示/关闭等。

选项：画面编辑选项，对画面的一些属性设置。

绘画：绘画的基本工具，如点、线、圆等。

Tags：每个 Tag 都具有一个特定的功能，画面制作时要用到。

部件：各种不同功能的部件，(如指示灯、按钮等)，画面制作时用。

特殊：特殊功能，例如编辑一些脚本程序等。

库：图形库管理功能，可以调用各种图形，也可以保存某些图形。

窗口：多个窗口文件可以排列顺序。

帮助：有关本软件的帮助。

(5) 绘画的应用。

在 GP 软件中，可以使用绘画工具，直线、矩形、椭圆等各种丰富多彩的图形，如图 4-10所示，通过这些绘图工具的组合使用，可绘制各种不同的图形。

图 4-10　绘画工具

(6) 部件的类型及概要。

人机界面制作时常用的部件见表 4-1。

表 4-1　人机界面制作时常用的部件

图　标	名　称	功　　能
	位开关	用于改变一个 PLC 位的状态，有置位、复位、瞬动、状态转换等功能
	字开关	用于改变一个 PLC 字地址（寄存器）的数据。有设置数值、数据加/减、数位加 1、数位减 1 等操作
	功能开关	用于显示画面切换、GP 复位，以及文档数据显示、记录显示功能中的控制开关设定
	拨动开关	用于切换 PLC 位的 ON/OFF 状态
	灯	通过改变灯的颜色，显示所对应的 PLC 位的 ON/OFF 状态
	棒图	用棒图表示 PLC 字地址（寄存器）数值的大小，可以以绝对值或相对值方式表示

续表

图　标	名　称	功　　能
	饼图	用饼图表示 PLC 字地址（寄存器）数值的大小，可以以绝对值或相对值方式表示
	半饼图	用半饼图表示 PLC 字地址（寄存器）数值的大小，可以以绝对值或相对值方式表示
	水槽图	用水槽图表示 PLC 字地址（寄存器）数值的大小，可以以绝对值或相对值方式表示
	仪表	用模拟仪表图表示 PLC 字地址（寄存器）数值的大小，可以以绝对值或相对值方式表示
	趋势图	用折线表示 PLC 字地址（寄存器）数据的采样值，有普通方式和笔记录方式
	键盘	用于向 PLC 字地址（寄存器）写入数据的键盘
	键盘输入显示	显示键盘输入的数据，指定键盘输入数据对 PLC 的写入对象
	报警显示	当监视位转为 ON 时，显示在报警编辑器中记录的“基本”报警摘要信息
	文档数据显示	使用数据配方功能时，在文档数据编辑器中作成数据文件。此部件用于显示已注册于指定的文件号的文档数据
	记录显示	显示由数据记录功能指定的对 PLC 数据块的采样数据
	数字显示	显示 PLC 字地址的数据值
	信息显示	根据 PLC 字地址数据的变化，显示预先注册的信息。在一个信息显示器中，最多可显示 16 条信息
	日期显示	根据 GP 内部日历时钟，显示当前日期。（年份可用 4 位数表示）
	时间显示	根据 GP 内部日历时钟，显示当前时间（时/分）
	图片显示	根据 PLC 字地址数据的变化，显示在图库中注册的图形。最多 16 幅库图能在一个图片显示器中交替显示

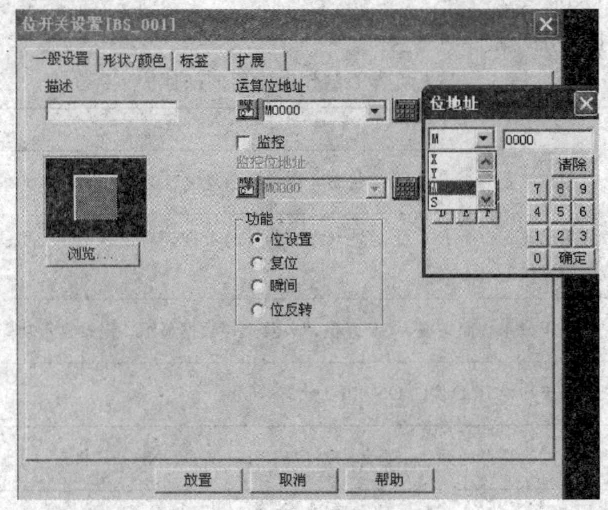

图 4-11　位开关

1）位开关。

在部件菜单下选中“位开关”，会弹出如图 4-11 的画面。

在开关设置画面的顶部有四个菜单：“一般设置”、“形状/颜色”、“标签”、“扩展”。

一般设置：在一般设置中，主要设置次开关所对应的地址及开关的功能，在“运算位地址”下选择与 PLC 对应的位地址类型及地址号，位地址可以是输入 X，输出 Y，辅助继电器 M 等。通过小键盘可以输入对应的地址号。在“功能”下面有四个功能类型可选，“位设置”、“复位”、“瞬间”、“位反转”选择所需要的开关功能类型，每个功能的用法如图 4-12 所示。

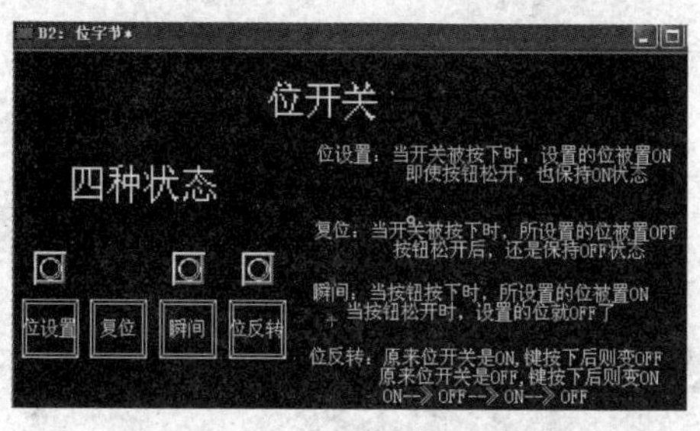

图 4-12　一般设置的功能

形状颜色设置：可以在“形状/颜色”菜单栏里，选择开关的形状及颜色，达到更好的视觉效果，如图 4-13 所示。单击“浏览”按钮，则系统会弹出很多按钮的形状，如图 4-13 所示，选择所要的形状，单击“确定”，则形状选择完成。然后再选择所喜欢的边框颜色，前景、背景颜色。

标签：在“标签”菜单里，可以为开关设置名称，作为标签，在看画面时帮助记忆。具体操作如图 4-14 所示，首先选择“标签”菜单栏，然后在“文本”下面的图框内输入所要设置的标签，图 4-14 设置的为“启动按钮”，设置完成后，在画面开关上就能显示相应的标签了。

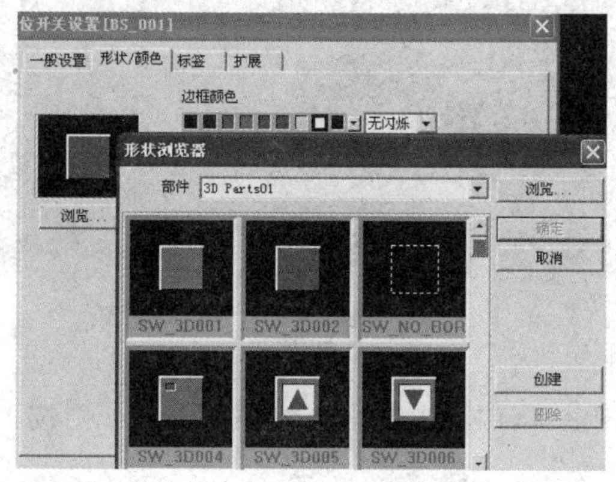

图 4-13　形状颜色设置界面

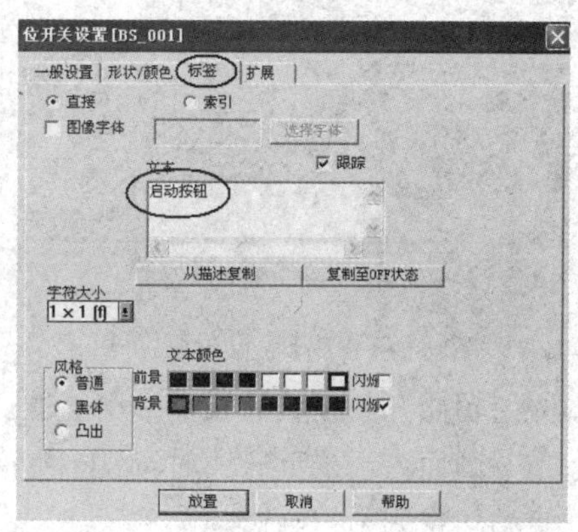

图 4-14　标签画面

扩展：扩展部分主要设置互锁对象及蜂鸣器，可根据需要选择使用。当选择互锁时，要输入互锁的地址，并且选择开或关有效；当选择“开”时，则一定要当地址接通时，按下此开关，才会有动作信号；当选择“关”时，则一定要当地址断开时，按下此开关，才会有动作信号。

在设置画面的底部有“放置”、“取消”“帮助”按钮，当按钮的基本设定都完成后，点击放置，移动鼠标，把此开关放在想要的地方。

2）字开关。

字开关主要对一些数据进行设置的开关，在“部件”菜单中选中字开关后会弹出如图 4-15 所示的画面。

选择字开关后，首先在“字地址”下面选择所要用的字的型号及地址号。“常量”可以通过“上下”箭头设置实际的数值。然后在“功能”下面选择一个所要的功能。

字设置：当按钮按下时，常数所设置的值写入指定的地址中。

加/减：按钮每按下一次，指定的地址中的数据就和常量设置的值进行相加，相加的结果写入该地址中。如果常量设置的是负数，则进行减法运算。

数字加：每当按下字开关，指定的地址的数据的位加 1，但不进位。数据形式可以是 BIN（二进制）也可以是 BCD。例如原数据为 BCD 数 9，加 1 后变成 0。原数据是 BIN 数 F，加 1 后变成 0。

数字减：对指定的地址数据位减 1。

比如字地址设置为 D100，常数设置为 3，功能选择了“加/减”，则每按下一次该开关，D100 内的数据就加 3。

3）功能开关。

选择功能开关后，弹出如图 4-16 的画面。

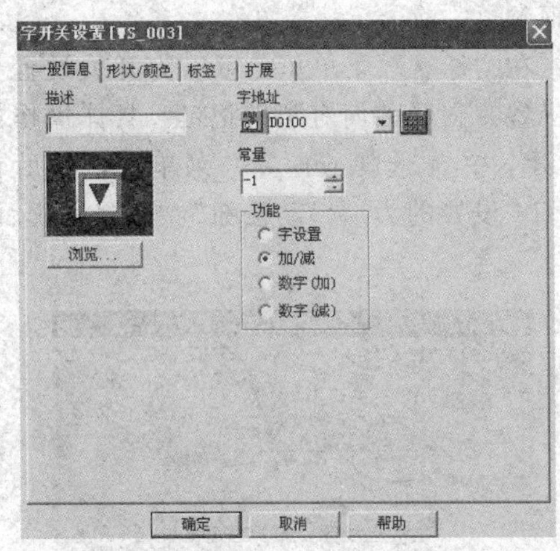

图 4-15　字开关设置画面

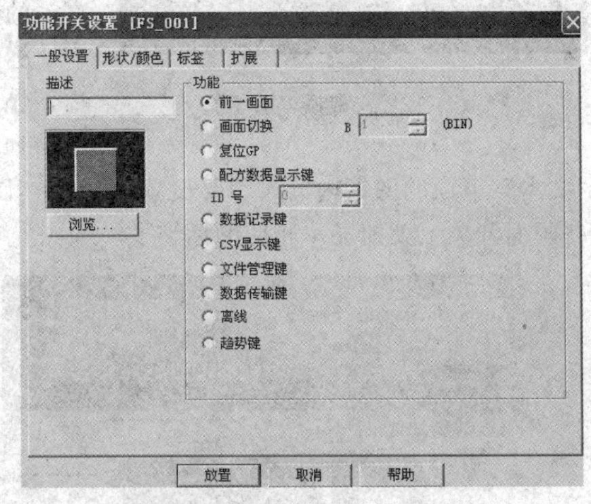

图 4-16　功能开关设置画面

介绍功能开关设置的几个常用功能。

前一画面：当按下开关时，GP 跳转到前一幅画面。若当前在第二画面，则按下次按钮，自动切换到第一画面。

画面切换：选择画面切换后，画面选择就被激活，可以通过上下键选择所要切换的画面。若选择画面 3，则按下开关后，GP 跳转到第 3 幅画面。

复位 GP：当按下开关后，GP 就被复位。要使 GP 启动，则需重新运行 GP。

离线：当按下开关后，GP 就与所连接的 PLC 断开。

数据传输键：当按下开关后，自动进行数据的传输。

4）拨动开关。

拨动开关用于将指定的位地址置位或复位，其功能相当于一个两位置的转换开关。当 GP 没有与 PLC 连接时，此开关在 GP 画面上是不显示的，只有当 GP 与 PLC 建立连接后，才能被显示。设置时，首先设置演算位地址，即此开关控制的地址。监控位地址主要是用来监控此开关的状态。拨动开关设置画面如图 4-17 所示。

5）指示灯。

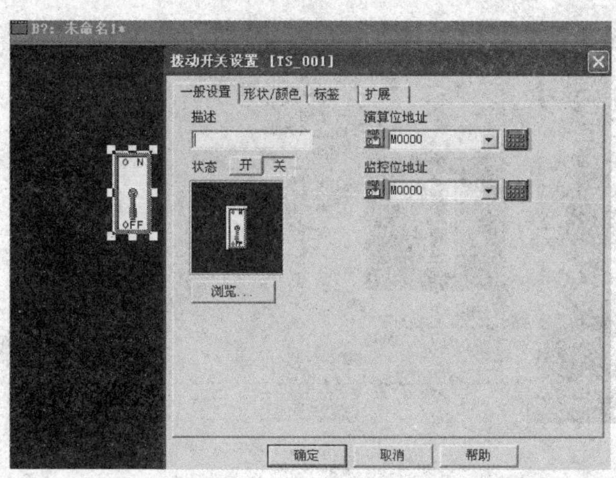

图 4-17 拨动开关设置画面

指示灯用来监视对应的 PLC 的位地址的 ON 与 OFF 的状态。当 GP 没有与 PLC 建立连接时，指示灯在 GP 上不被显示。指示灯设置画面如图 4-18 所示。

6）四态指示灯。

四态指示灯与普通指示灯用法功能差不多，只不过它指定的是 2 个地址的状态，指定地址 1 和地址 2，指示灯的状态会根据地址 1 和地址 2 的状态显示不同内容。四态指示灯设置画面如图 4-19 所示。

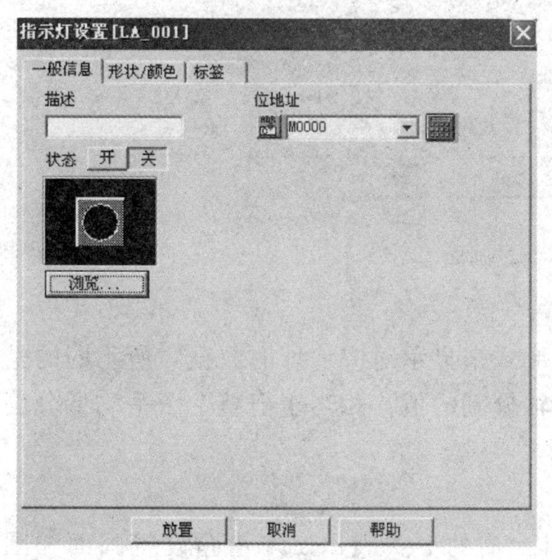

图 4-18 指示灯设置画面

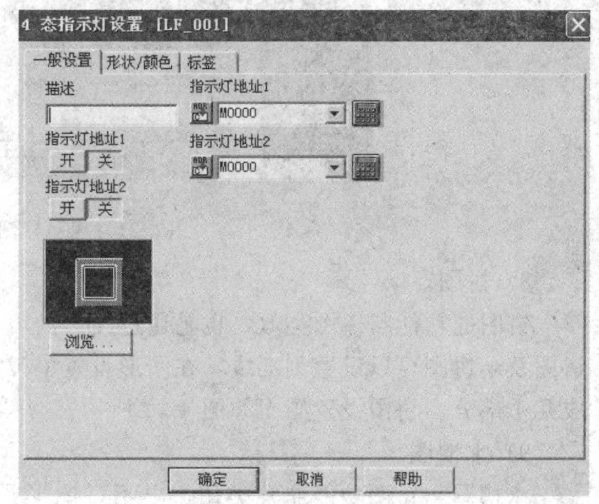

图 4-19 四态指示灯设置画面

7）棒图形。

棒图形用于以绝对值或相对值的形式显示 PLC 地址的数据。图形中的填充的比例随着 PLC 地址数据的变化而变化。棒图形设置画面如图 4-20 所示。

绝对：当选择绝对时，指定地址的数据被指定为 0～+100 之间，此时若对应的地址数据为 50 时，则填充升到图形的一半。当把“显示模式+/1”勾选时，数值范围为－100～+100。此时若对应地址的数据为 50 时，则填充上升到图形的 3/4。

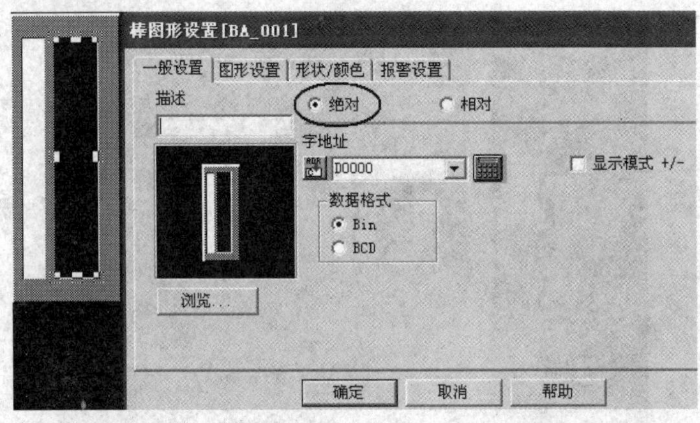

图 4-20　棒图形设置画面

相对：当选择相对时，GP 会弹出如图 4-21 所示的画面，输入对应的最大值及最小值，数据条的变动就依据所设置的最大值及最小值变化。

图 4-21　相对棒图形设置画面

8）饼图。

饼图的功能与棒图类似，也是通过图形的填充形式来显示对应地址的数据，所不同的是饼图及半饼图可以设置刻度线，在图形设置里设置轴分割的值，相当于把整个图平均形分割成几个部分。饼图设置画面如图 4-22 所示。

9）水槽图。

水槽图与饼图功能非常类似，只不过图形是以水槽的形式表示。水槽图设置画面如图 4-23 所示。

10）键盘输入显示。

若要在 GP 上设置 PLC 地址的数据，则需要有一个键盘来进行操作，键盘输入显示器能实现自动弹出键盘的功能。键盘输入显示设置如图 4-24 所示。

首先设定字地址，当键盘输入数据时，数据就保存在此地址中。如果要按下此按钮就能弹出键盘，输入数据设置：在地址下面有两个选项："触摸"、"位"，当选择触摸时，按下此开关，就能激活键盘。若选择"位"，则触发位地址激活（置 ON）后，输入相应的位地址，此时按此按钮无效，要通过设置的位置 ON 后，键盘才能激活。在弹出选项中选择"存在"，

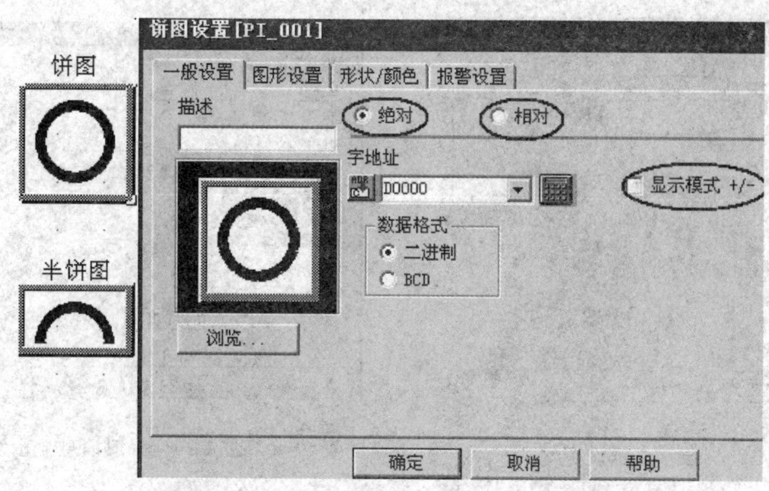

图 4-22 饼图设置画面

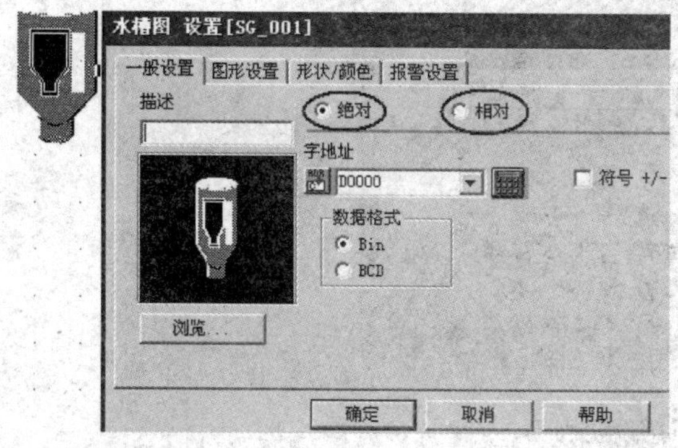

图 4-23 水槽图设置画面

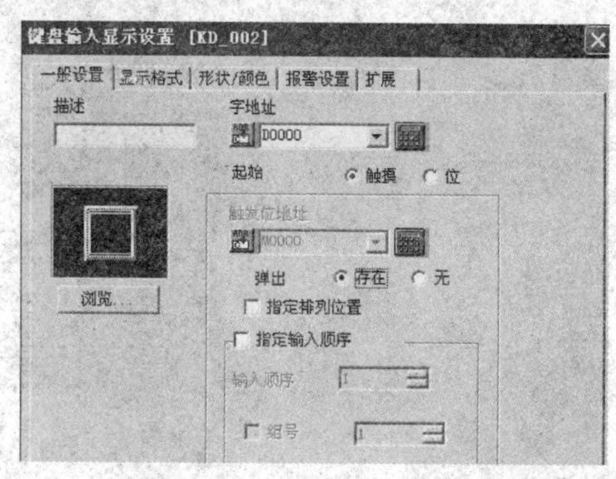

图 4-24 键盘输入显示设置

则当键盘激活后，就能出现键盘，若选择“无”，则说明系统没有键盘，即使键盘被激活，也不会弹出键盘。

11）数字显示。

数字显示就是以绝对值形式显示 PLC 地址的数据，只需在字地址中输入所要显示的字地址就可以了。数字显示设置如图 4-25 所示。

12）消息显示。

消息显示就是根据 PLC 地址数据的变化，显示不同的信息。在一个信息显示区，可以显示 16 条信息。

一般信息里面设置地址号，可以是字也可以是位，如果是字，则最多能显示 16 个信息，如果是位，则只能显示 2 个信息。一般消息显示设置如图 4-26 所示。

消息里面可以通过改变消息号来改变消息的数量，在消息下面最多有 16 个数字（0～15）每个数字对应一个消息，消息的文字输入在“选择消息”下面输入，当点击 0 号消息时，输入相应的文字，单击 1 号消息时，输入另外的文字，依次输入每个消息号对应的文字信息，输入完毕后，通过改变地址的数据，就可以看到相应的消息了，消息设置画面如图 4-27 所示。

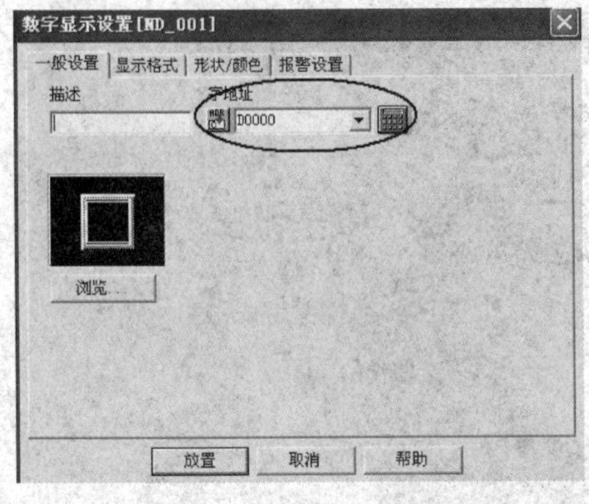

图 4-25 数字显示设置

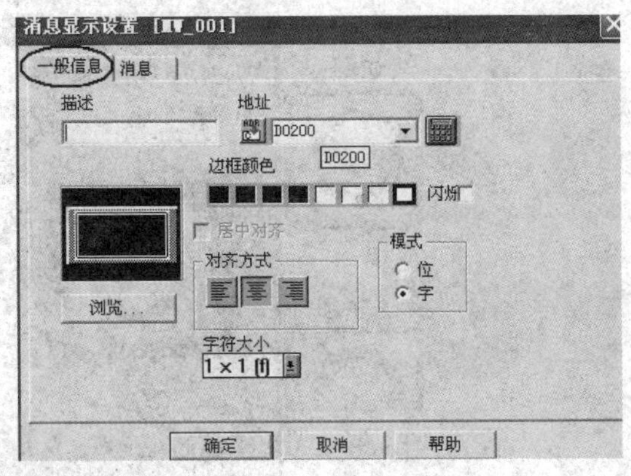

图 4-26 一般消息显示设置

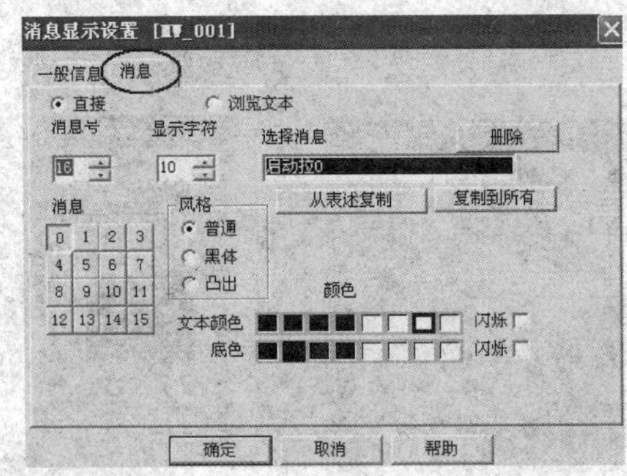

图 4-27 消息设置画面

第三节 工程的传输

如果要把电脑中制作的工程画面传输到人机中，或者把人机中的工程读出来，则需要进行传输工作。如图 4-28 所示，在画面工具栏中有一个图标“ ”，点击传输图标，或者在“画面”菜单下，有一个“传输”项，选择传输，都可以进行画面的传输。

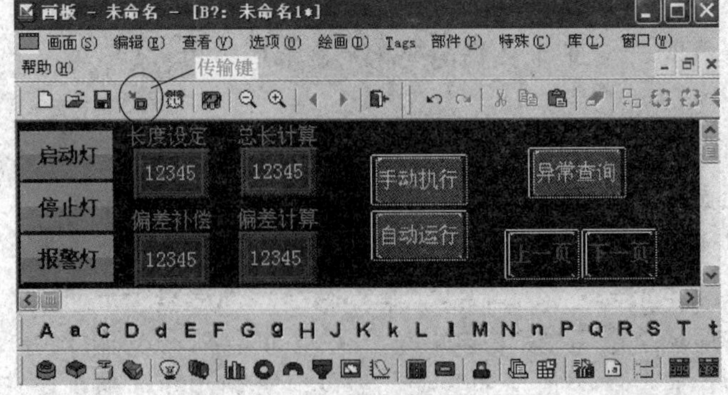

图 4-28 工程的传输

单击完成后，系统就会弹出如图 4-29 的画面。

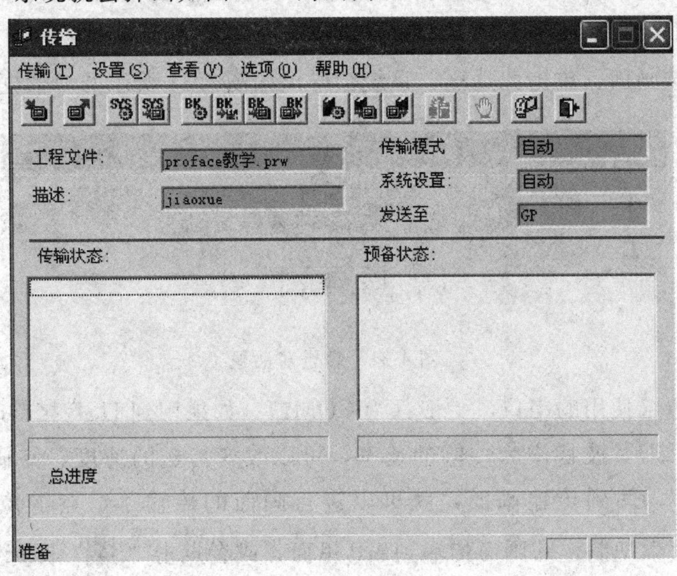

图 4-29 传输画面

图 4-29 中首先可在“设置”菜单中设置传输的参数，在“设置”菜单下选择“传输设置”，则会弹出如图 4-30 所示的画面。

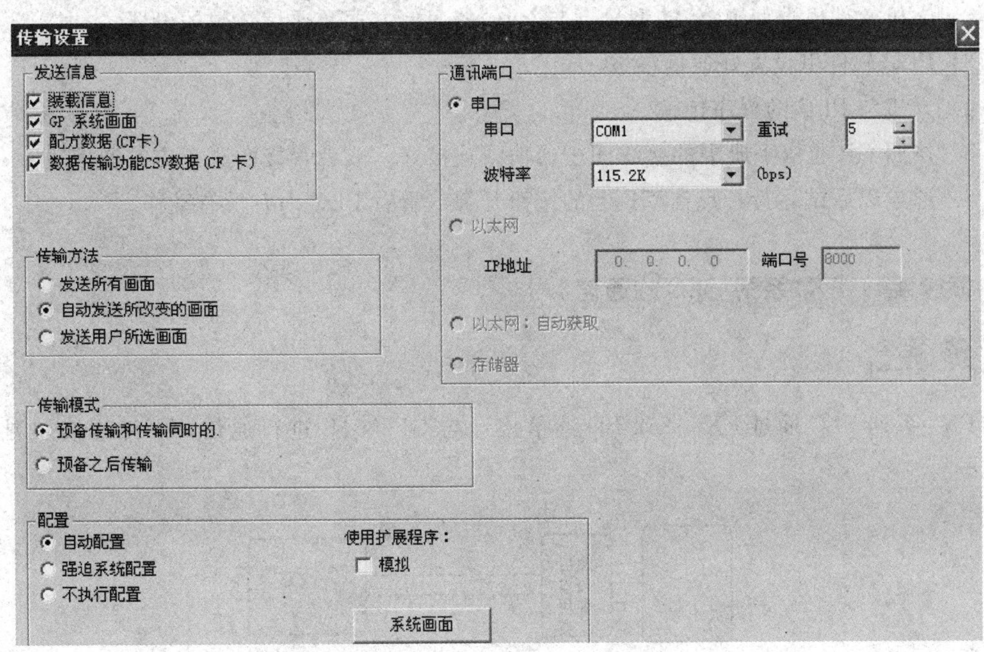

图 4-30 传输设置画面

在发送信息下面有四个选项，一般都自动勾选的，默认都选择的，不要去更改，除非某些功能不要时再取消。

在传输方法下面有 3 个选项：

发送所有画面：即把工程中的所有画面都传送到 GP 中。

自动发送所改变的画面：即 GP 原有的画面与现在电脑的画面作对比，相同的画面就不用再传送了，只有不用的画面才传送，这样可以节省传送的时间。

发送用户所选画面：单击此选项，系统会弹出如图 4-31 所示的对话框。

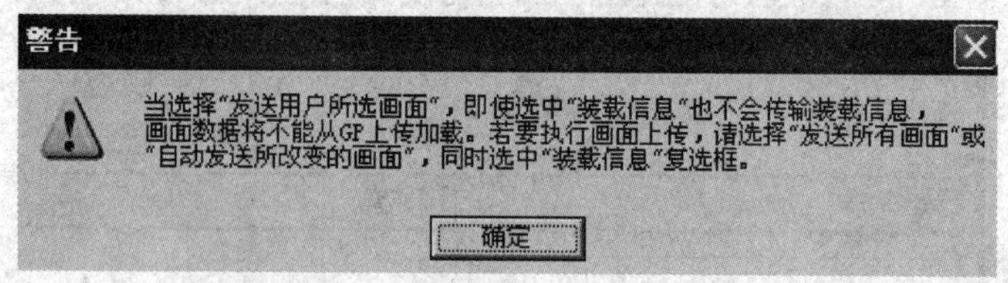

图 4-31 警告对话框

通信端口为电脑使用的串口，一般都为 COM1，（如果用到 USB 接口时，保持串口与电脑的 USB 接口一致），波特率为传输的速率，可以改变传送的速度。传输的参数设置完成后，点击"确定"，回到传输画面，就可以进行画面的传输了，点击传输画面左上角的" "图标，就可以把制作的画面传输到 GP 里面，或者点击" "图标，把 GP 中原有的画面上传到电脑里面。

GP 的通信：若要使 GP 和 PLC 之间建立通信，要遵循以下几点：

1）查看通信手册，确定 GP 与 PLC 的通信方式。

2）人机软件里选好 PLC 的型号、与 PLC 的通信方式及通信参数的设置。

3）PLC 软件里设置好通信参数。

4）人机与 PLC 的程序传输。

5）按照 GP 通信手册中的接线图把通信线连接好，或者直接购买相应的通信线。

6）通电以后试运行，点击 GP 上的按钮开关，看看 PLC 内有没有动作。

【案例 4-1】 FX_{2N} 系列 PLC 的通信

FX_{2N} 系列 PLC 通过 FX_{2N}-232-BD 通信接口与 GP2501L 进行通信，硬件连接如图 4-32 所示。

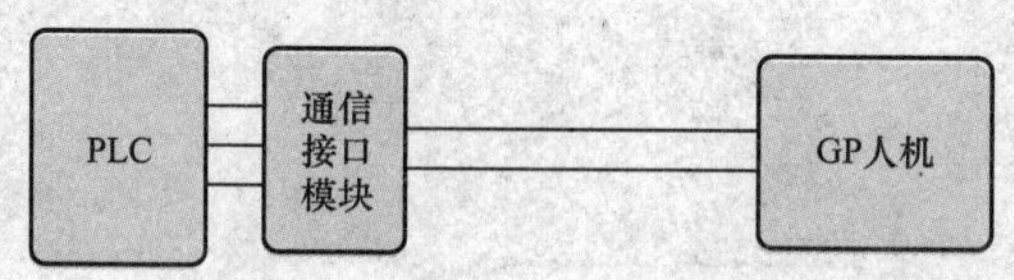

图 4-32 PLC 与人机通信硬件连接

在 GP 通信手册内查找 FX_{2N} 系列 PLC 通过 FX_{2N}-232-BD 通信的方式，见表 4-2。

表 4-2　　　　FX_{2N}系列 PLC 通过 FX_{2N}-232-BD 通信的方式

系列名	CPU	Link 模组	在 PRO/PBIII 选择的 PLC 型式	注解
MELSEC-FX	FX_{2N}	FX_{2N}-232-BDO	MITSUBISHI MELSEC-FX2 (LINK)	接线图 1
		FX_{2N}-485-BD FX_{0N}-485ADP+ FX_{2N}-CNV-BD		接线图 2
	$FX_{2N}C$ $FX_{1N}C$	FX_{0N}-232ADP		接线图 3
		FX_{0N}-485ADP		接线图 2
	FX_{1N}	FX_{1N}-232-BD		接线图 1
		FX_{1N}-485-BD FX_{0N}-485ADP+ FX_{2N}-CNV-BD		接线图 2

表 4-3 中：

“CPU”：即为 PLC 与 GP 通信时可选用的 PLC。

“LINK 模组”：即为 PLC 与 GP 通信时的通信接口模块。

“在 PRO/PBIII 选择的 PLC 形式”：即为 PLC 与 GP 通信时 GP 编辑软件内所选择的通信协议。

“接线图”：即为 PLC 的通信接口模块与 GP 通信时的接线图。

PLC 与 GP 通信时，首先把硬件连接好。①通信时的硬件准备好。②参照接线图把线路接上。③GP 侧通信接口与 PLC 侧的通信接口模块的接线图如图 4-33 所示。

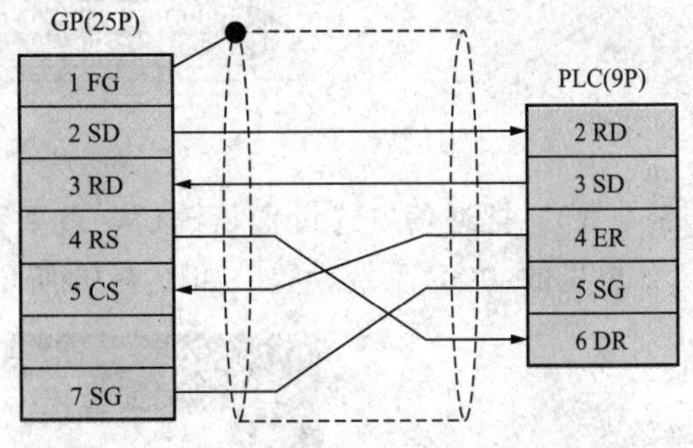

图 4-33　PLC 与 GP 通信硬件接线图

硬件连接完后，进行软件设置：

通信方式设定，即 PLC 与人机通信何种方式通信。在 GP 编辑软件中选型为表 4-3 中的“MITSUBISHI MELSEC-FX2（LINK）”。

图 4-34　工程管理器设置界面

具体操作步骤如下：

（1）在 GP 的工程管理器的“工程”菜单中点击“GP 型号变更”或 PLC 型号变更，如图 4-34 所示。

（2）单击后，将会弹出如图 4-35 所示的对话框，然后在 PLC 型号下面选择手册中给出的通信方式：“MITSUBISHI MELSEC-FX2（LINK）”。

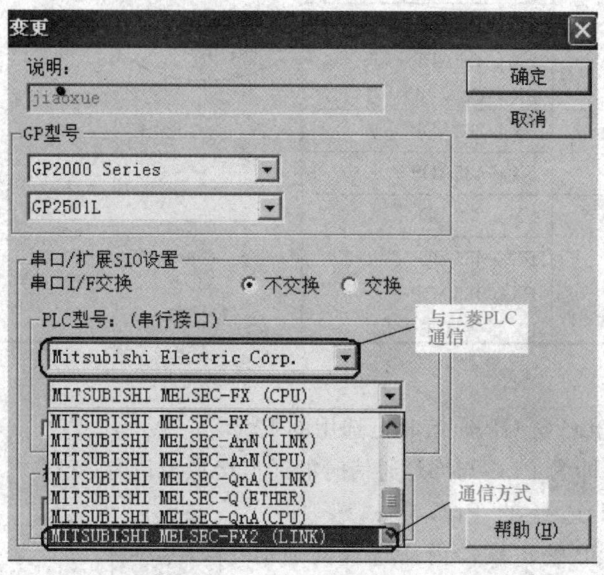

图 4-35　变更界面

（3）把通信方式设置正确后，就要设置通信的参数，打开工程管理器的“画面/设置”菜单里的“GP 系统设置”如图 4-36 所示。

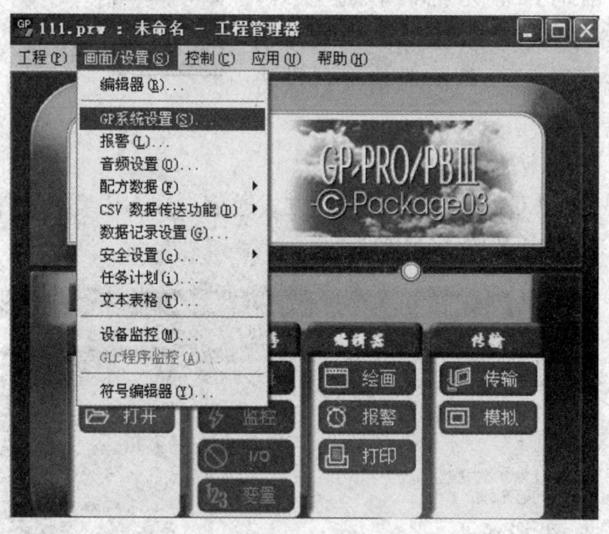

图 4-36　GP 系统设置

单击后，会弹出一个系统画面，然后选择“通信设置”项，如图 4-37 所示。

此界面是设置 GP 与 PLC 通信时的通信参数，具体设置根据表 4-3 设定。

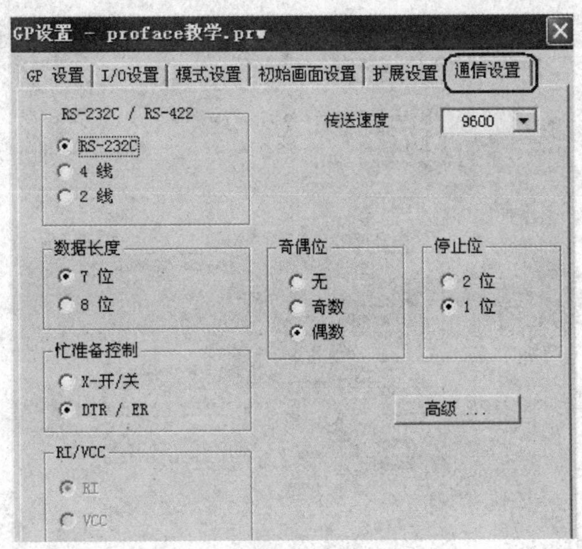

图 4-37　通信设置画面

表 4-3　　GP 与 PLC 通信时的通信参数

GP Setup		Interface Settings	
Baud Rate	19200	Baud Rate	19200
Data Length	7 bits	Data Length	7 bits
Stop Bit	2 bit(fixed)	Stop Bit	2 bit(fixed)
Parity Bit	Even	Parity Bit	Even
Data Flow Control	ER Control		
Communication Format(RS-232C)	RS-232C	Computer Link	RS-232C I/F
Communication Format(RS-422)	4-Wire type	Computer Link	RS-485(RS422)I/F
Unit No.	0	Station Number	0
		Sum Check	Yes
		Protocol	0
		Control Method	4
		Header	No
		Terminator	No

表 4-3 左边是对应的 GP 软件的设置，右边是 PLC 软件要设置的参数。主要参数有波特率、数据长度、停止位、奇偶校验位、通信形式等对照着设置就可以了。

图 4-37 中选择“RS-232C”，数据长度选择“7”，奇偶位选择“偶”，停止位选择“2”，忙准备控制选择“DTR/ER”，传输速度选择“19200”。

在三菱软件中设置参数如图 4-38 所示。所有参数设置 OK 之后，就可以把程序输入 GP，然后连上数据线，试运行。

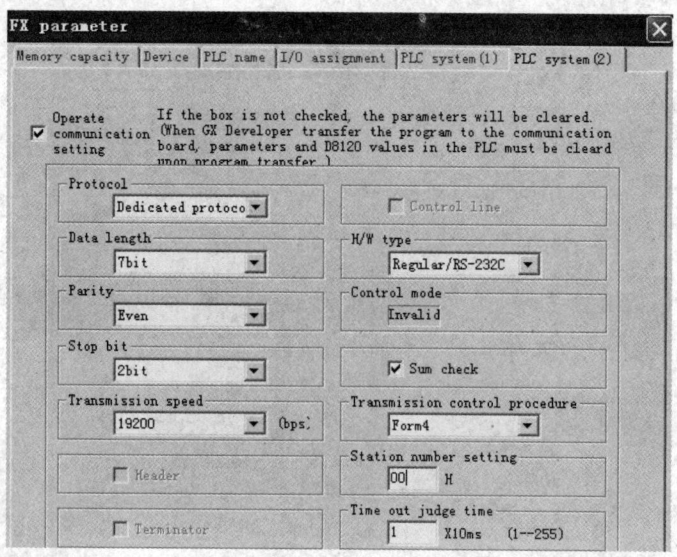

图 4-38 三菱软件中设置参数

第五章

模拟量控制系统案例解析

【案例 5-1】通过变频器的模拟输出接口测出变频器频率

材 料

FX_{2N}系列 PLC 一个，FX_{2N}-2AD 模拟量输入模块一个，带模拟量输出的变频器一个（台达 VFD-M 系列），其中变频器输出参数为，电压输出范围：0～10V，对应设定的最高频率为 60Hz，输出端子为 GND 及 AFM。

操 作

(1) 首先进行变频器参数设置：设置最高操作频率（设置为 60Hz），模拟信号的大小正比于变频器的频率，最高操作频率相当于＋10V 电压输出，频率为 0Hz 时，对应的电压也是 0V。

(2) 正确安装及接线。将变频器的模拟量输出接口接入 FX_{2N}-2AD 模块的电压输入端子上。如图 5-1 所示。

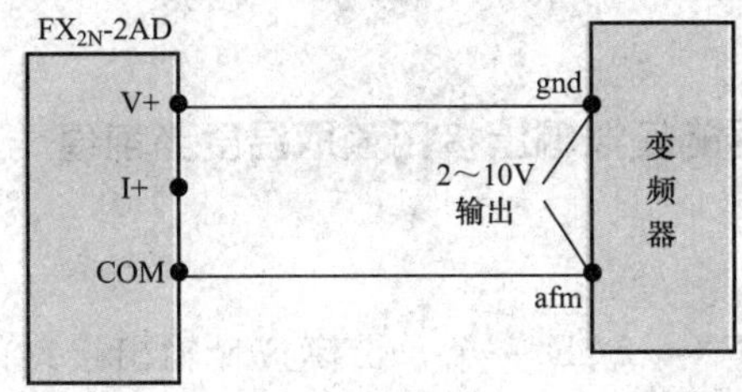

图 5-1 接线示意图

(3) PLC 程序如下（假设变频器的信号接到 FX_{2N}-2AD 模块的第一个通道）：

```
M8013
--| |----+----[T0      K0     K17     K0      K1    ]   * <BFM#17写入0，选择通道1
         |
         +----[T0      K0     K17     K2      K1    ]   * <BFM#17的b1位写入1，通道1A/D转换>
         |
         +----[FROM    K0     K0      K2M0    K1    ]   * <读取BFM#0的前8位数据
         |
         +----[FROM    K0     K1      K1M8    K1    ]   * <读取BFM#1的前4位数据
         |
         +----------------[MOV    K3M0    D100      ]   * <12数据组合后，传送到D100
```

说明

数字到频率的换算如下。

FX_{2N}-2AD 模块的 0～10V 电压输入特性如图 5-2 所示。

由图 5-2 可知，当模拟值是 10V 时，对应 PLC 读取的数字量是 4000，对应变频器的频率是 60Hz。当模拟值是 0V 时，对应的数字量是 0，对应变频器的频率是 0Hz。也即数字量是 0 时，对应的频率是 0Hz，数字量是 4000 时，对应的频率是 60Hz。

根据以上分析，可以得出一个的比例关系，如图 5-3 所示。

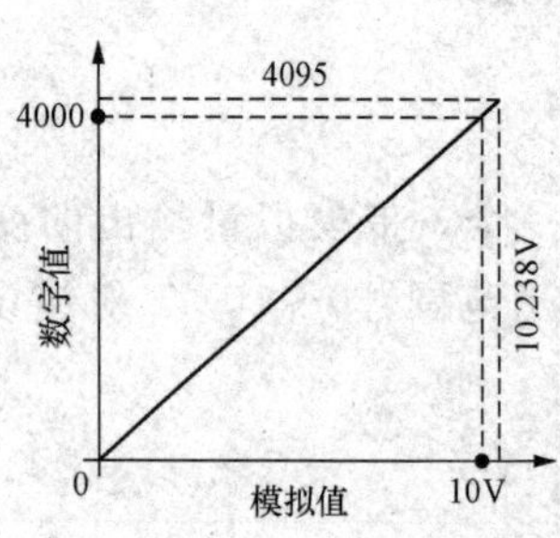

图 5-2　FX_{2N}-2AD 模块的 0～10V 电压输入特性图

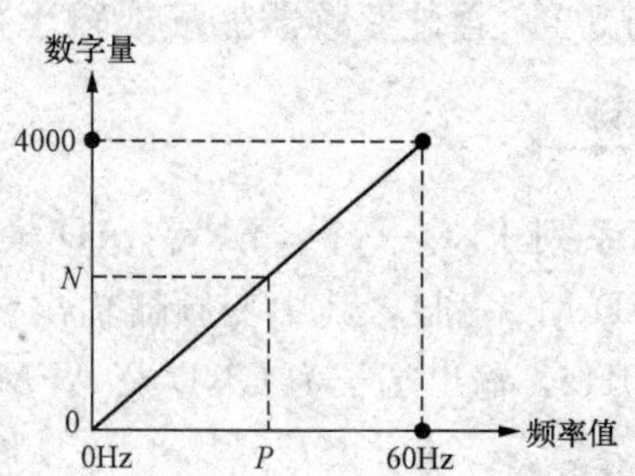

图 5-3　模拟量与数据量比例关系

假设 PLC 读到的数字量是 N，对应的变频器的频率是 P，则数字量 N 与变频器频率 P 关系为

$$\frac{N}{4000}=\frac{P}{60}\Rightarrow P=\frac{60N}{4000}$$

【案例 5-2】通过温控器的模拟输出接口读取温度当前值

材料

FX_{2N}系列 PLC 一个，FX_{2N}-2AD 一个，带模拟量输出接口的温控器一个，温控器输出参数为电流输出范围，4～20mA，对应的设定的最高温度 100°C，对应的设定的最低温度为 0°C，输出端子为 1 及 2。

操作

(1) 正确安装及接线，将温控器的模拟连输出接口接入 FX_{2N}-2AD 模块，如图 5-4 所示。

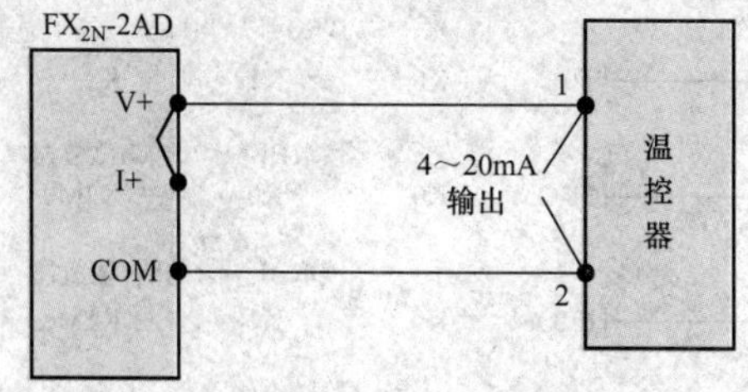

图 5-4　FX_{2N}-2AD 与此温控器模拟量输出端子的接线示意图

（2）PLC 程序如下（假设温控器的信号接到 FX_{2N}-2AD 模块的第二个通道上）。

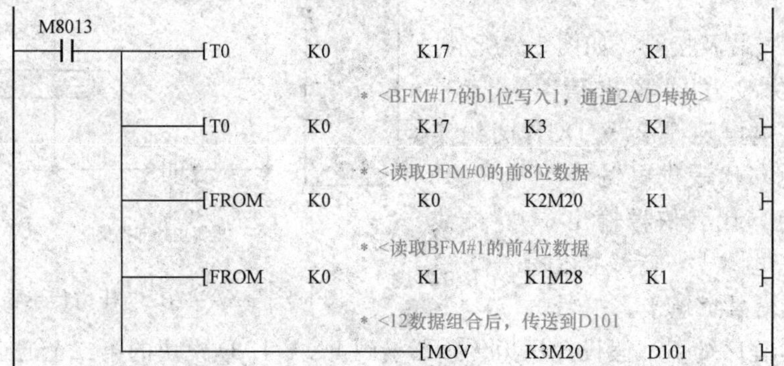

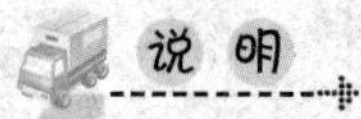

（3）数字到温度的换算如下。FX_{2N}-2AD 模块的 4～20mA 电流输入特性如图 5-5 所示。

当模拟值是 20mA 时，对应 PLC 读取的数字是 4000，对应温控器的温度是 100℃。当模拟值是 4mA 时，对应的数字量是 0，对应温控器的温度是 0℃，也即数字是 0 时，对应的温度是 0℃，数字是 4000 时，对应的温度是 100℃。

根据以上分析，可以得出一个的比例关系，如图 5-6 所示。

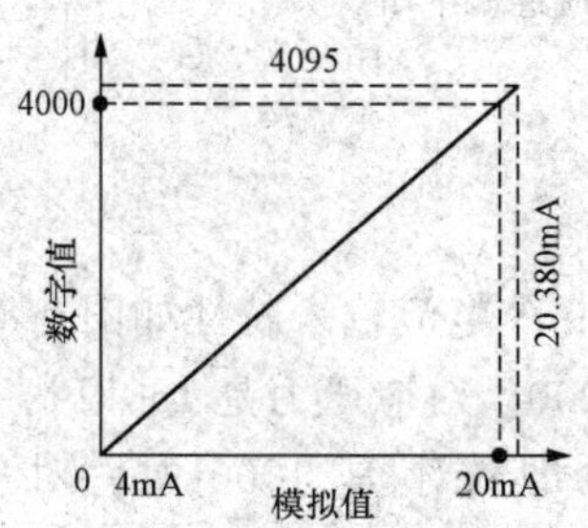

图 5-5　FX_{2N}-2AD 模块的 4～20mA 电流输入特性

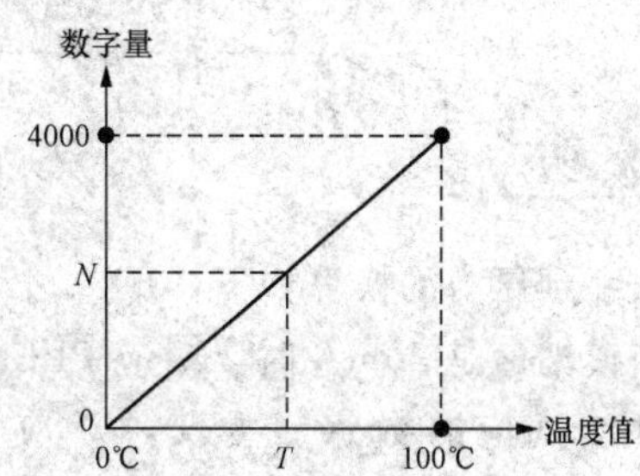

图 5-6　模拟量与数据量比例关系

假设 PLC 读到的数字量是 N，对应的温控器的温度是 T，则数字量 N 与温控器温度 T 有如下关系：

$$\frac{N}{4000}=\frac{T}{100}\Rightarrow T=\frac{N}{40}$$

【案例 5-3】通过模拟量模块测量管道内的压力值

材 料

FX_{2N}系列 PLC 一个，FX_{2N}-4AD 模拟量输入模块一个，压力传感器一个，其中压力传感器参数为，压力范围为 0～160000Pa，输出信号为 4～20mA，输出线是 2 线制输出。

操 作

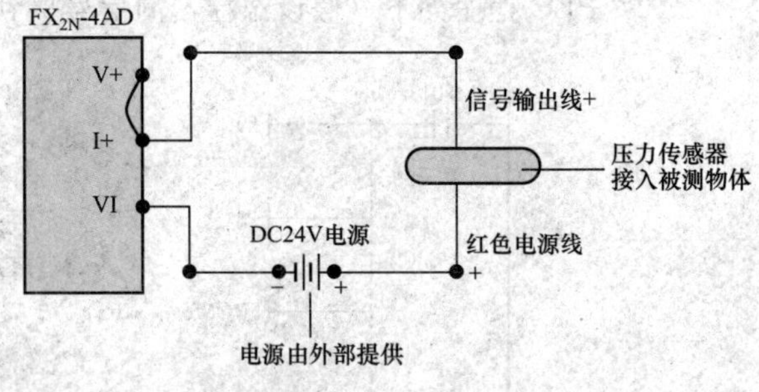

图 5-7　FX_{2N}-4AD 与压力传感器的接线图

（1）正确安装及接线，如图 5-7 所示。两线制的压力变送器输出信号一般是 4～20mA，供电电压是 24V DC，两线实际是一根红色（代表供电的 24V＋），一根黑色或蓝色（代表信号输出＋），接线方法是红线接电源＋，蓝线接信号＋，然后把电源负和信号负短接。

（2）PLC 程序如下（假设此压力传感器接到 FX_{2N}-4AD 模块的第二个通道上）。

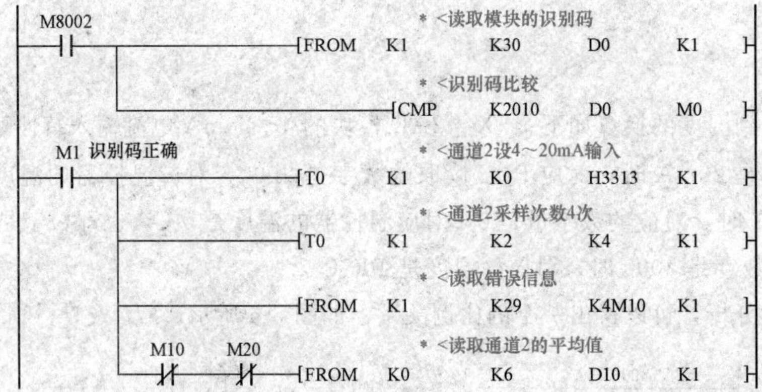

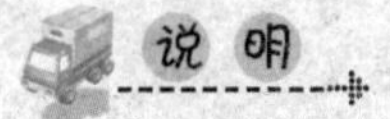
说 明

数字到压力的换算如下，FX_{2N}-4AD 模块的 4～20mA 电流输入特性如图 5-8 所示。

当模拟值是 20mA 时，对应 PLC 读取的数字是 1000，对应压力是 160kPa。当模拟值是 4mA 时，对应的数字量是 0，对应压力是 0Pa。也即数字是 1000 时，对应的温度是 160kPa，数字是 0 时，对应的压力是 0Pa。

根据以上分析，可以得出一个的比例关系如图 5-9 所示。

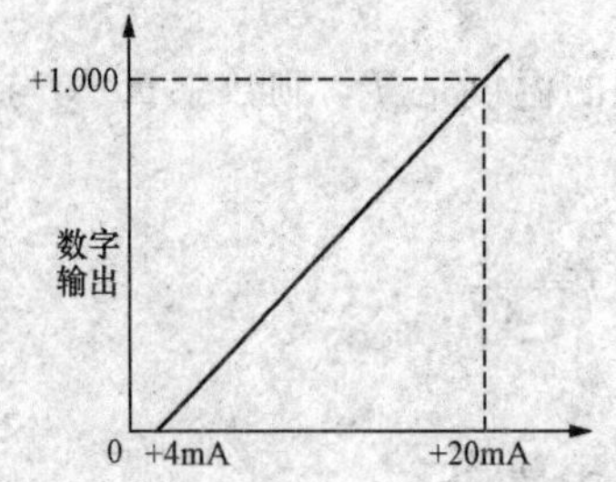

图 5-8　FX_{2N}-4AD 模块的 4～20mA 电流输入特性

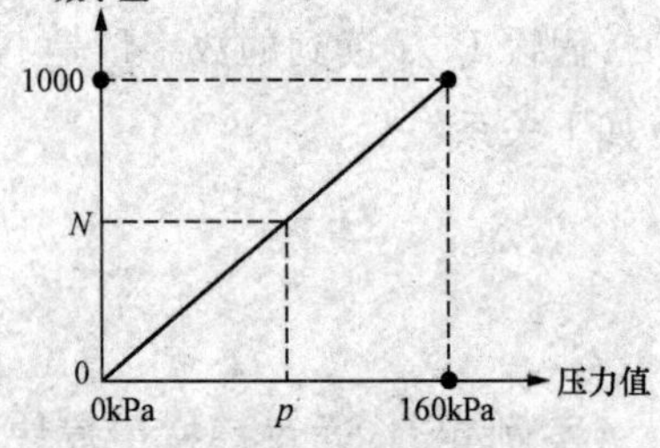

图 5-9　模拟量与数据量比例关系

假设 PLC 读到的数字量是 N，对应的压力是 p，则数字量 N 与压力 p 关系为

$$\frac{N}{1000}=\frac{p}{160}\Rightarrow p=\frac{4}{25}N$$

【案例 5-4】通过 4AD－PT 温度模块测设备的温度

FX_{2N}系列 PLC 一个，FX_{2N}-4AD-PT 温度模块一个，温度传感器 PT100 一个。

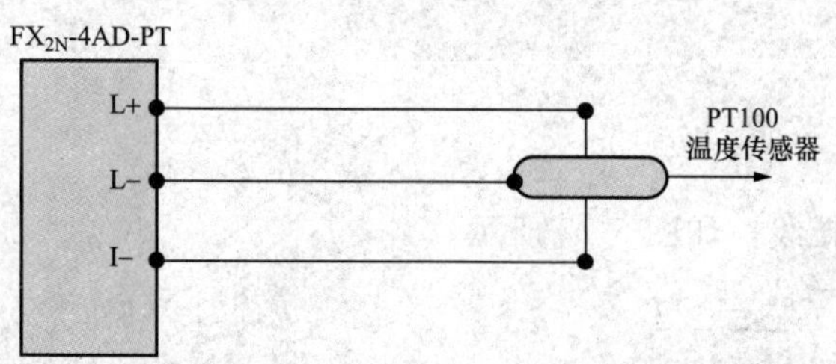

图5-10　FX_{2N}-4AD-PT 与温度传感器 PT100 的接线图

（1）正确安装及接线，如图 5-10 所示。

（2）PLC 程序如下（假设传感器信号接到 FX_{2N}-4AD-PT 模块的第三个通道上）。

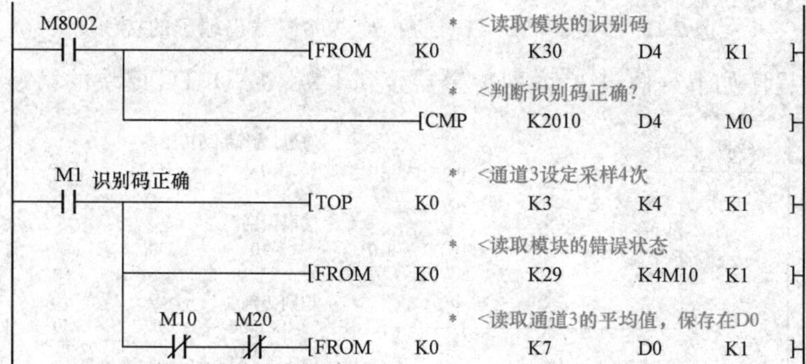

说 明

数字到温度的换算，FX_{2N}-AD-PT 的转换特性如图 5-11 所示。

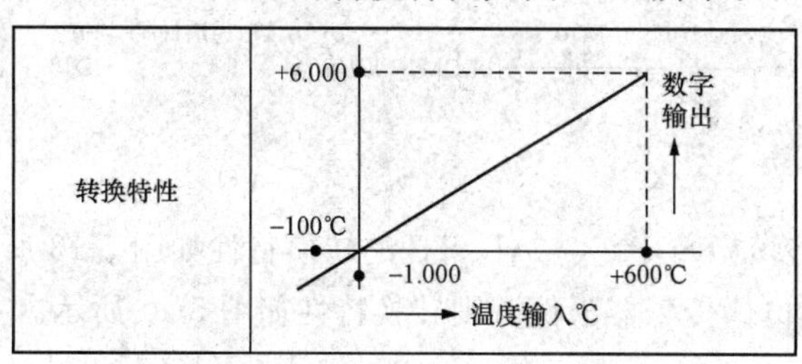

图 5-11　FX4AD－PT 的转换特性

当实际温度为 600℃时，对应的数字量是 6000，当实际温度为 0℃时，对应的数字量是 0。假设 PLC 读取的数字量为 N，对应的实际温度为 T。则存在如下比例关系。

读取的数字量（N）　实际温度（T）

$$\frac{N}{T}=\frac{6000}{600}\Rightarrow T=\frac{N}{10}$$

上述计数公式中，假设 PLC 读取的数字量为 320，则计算出实际的温度 T 为 32℃。

【案例 5-5】通过 4AD-TC 温度模块测设备的温度

材 料

FX_{2N}系列 PLC 一个，FX_{2N}-4AD-TC 温度模块一个，温度传感器 K、J 热电偶传感器一个。

操 作

（1）正确安装及接线，如图 5-12 所示。

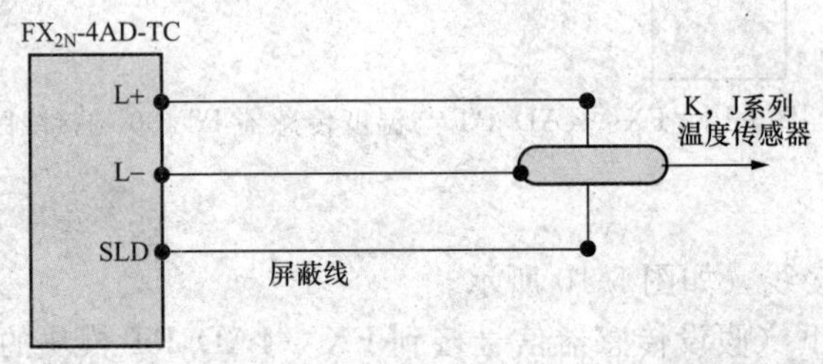

图 5-12　FX_{2N}-4AD-TC 与温控器模拟量输出端子的接线图

（2）PLC 程序如下（假设 K 系列传感器接到 FX_{2N}-4AD-TC 模块的第一个通道上）。

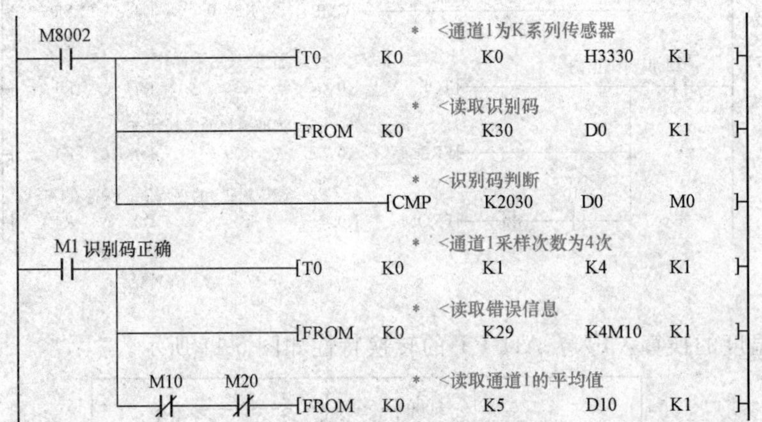

说 明

数字到温度的换算如下。FX_{2N}-4AD-TC 的转换特性如图 5-13 所示。

如果以 K 系列热电偶传感器为例，则转换特性如图 5-14 所示。

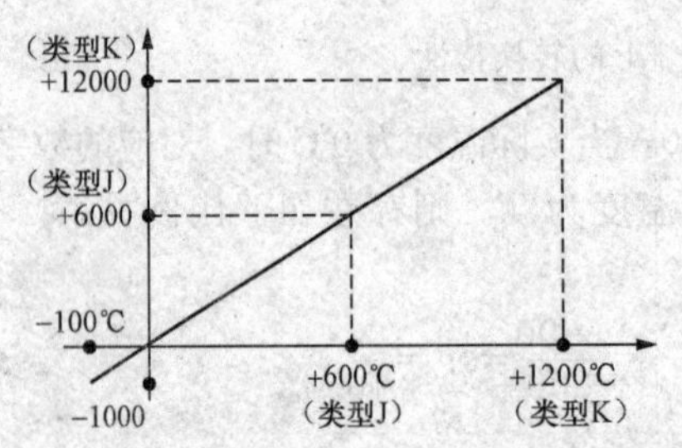

图 5-13　FX_{2N}-4AD-TC 的转换特性

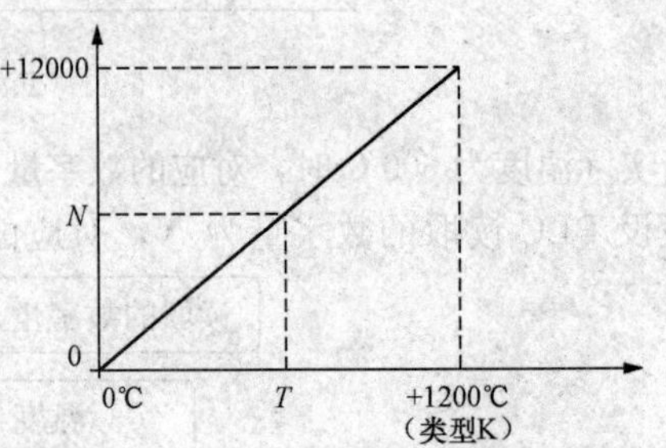

图 5-14　K 系列热电偶传感器转换特性

当实际温度为1200°C时，对应的数字量是12000，当实际温度为0°C时，对应的数字量是0。

假设PLC读取的数字量为N，对应的实际温度为T。

则

$$\frac{N}{C}=\frac{12000}{1200}\Rightarrow T=\frac{N}{10}$$

（读取的数字量 → N；实际温度 → C）

比如假设PLC读取的数字量为245，则计算出实际的温度T为24.5℃。

【案例5-6】通过模拟量输出模块测控制变频器频率

材 料

FX_{2N}系列PLC一个，FX_{2N}-2DA模拟量输 出模块一个，带模拟量输入接口的变频器一个（台达VFD-M系列）。

操 作

（1）设置变频器：①参数P00（频率控制方式）：设置为频率由模拟信号0～10V控制（AVI端子），②P03（最高操作频率选择）：根据实际情况设定，设置为60Hz。③增益，偏置默认值，不做修改。

（2）正确安装及接线，如图5-15所示。

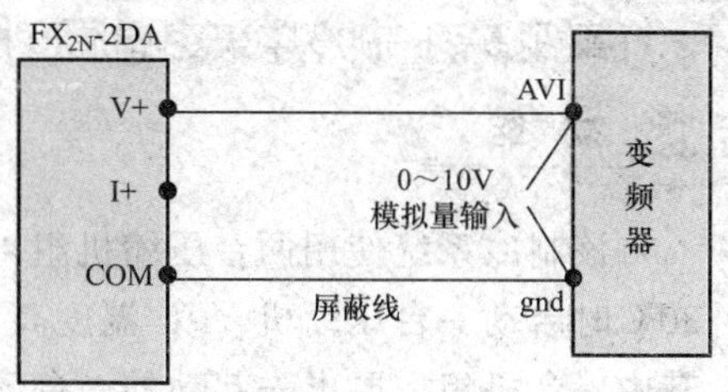

图5-15　FX_{2N}-2DA与变频器的接线图

（3）PLC程序如下（利用2DA的通道2）。

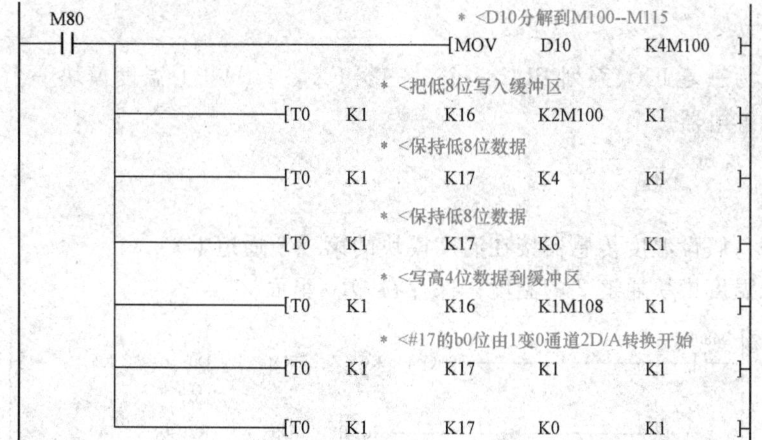

说 明

数字输出与频率的对应关系如下。FX_{2N}-2DA模块的0～10V电压输入特性如图5-16所示。

当PLC输出的数字是4000时，对应模拟电压输出为10V，对应变频器的输出频率为60Hz。当PLC输出的数字是0时，对应模拟电压输出为0V，对应变频器的输出频率为0Hz。也即数字量输出是0时，对应的变频器输出频率是0Hz，数字量是4000时，对应的变频器输出频率是60Hz。

根据以上分析，可以得出一个的比例关系如图 5-17 所示。

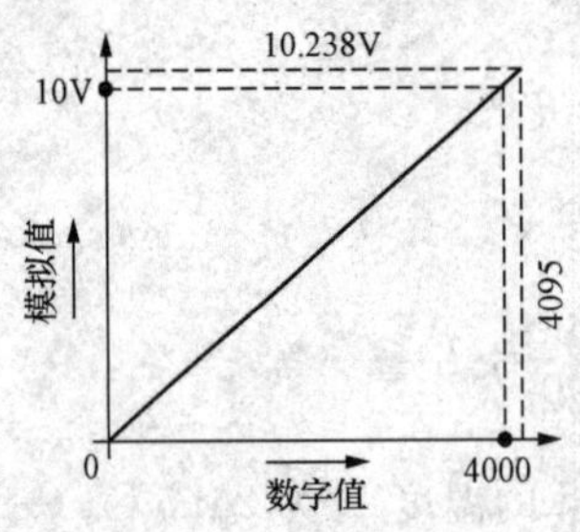

图 5-16　FX_{2N}-2DA 模块的 0～10V 电压输入特性

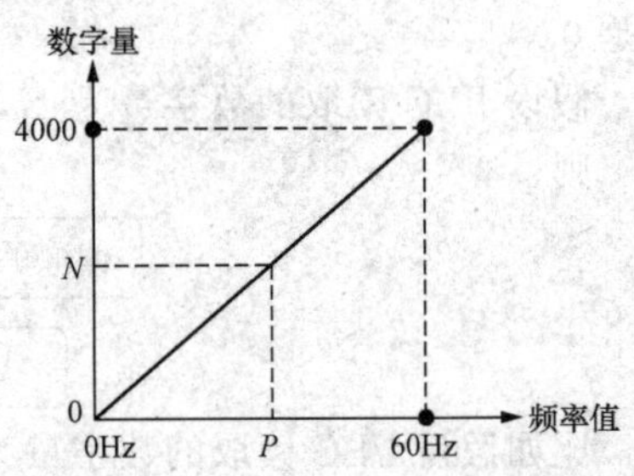

图 5-17　模拟量与数据量比例关系

假设变频器频率要以 P 运行，则 PLC 输出的数字量应该是 N，则变频器频率 P 与数字量 N 有关系为

$$\frac{N}{4000}=\frac{P}{60}\Rightarrow N=\frac{4000\times P}{60}$$

【案例 5-7】制冷中央空调温度控制

功 能

该制冷系统使用两台压缩机组，系统要求温度在低于 25℃时不起动机组，在温度高于 30℃时启动一台压缩机 Y0，温度高于 36℃时，启动另外一台 Y1。温度降低到 30℃时停止其中一台机组。要求先起动的一台停止，温度降到 26℃时两台机组都停止，温度低于 23℃时，系统发出超低温报警 Y2。

材 料

硬件配置为三菱 FX_{2N}系列 PLC 一个，三菱 FX_{2N}-4AD-PT 温度模块一个，PT100 温度传感器一个，继电器一个。

程 序

程序如下（假设温度传感器接在温度模块的第二个通道上）

（1）读取温度模块通道 2 的温度，保存在 D10 里面。

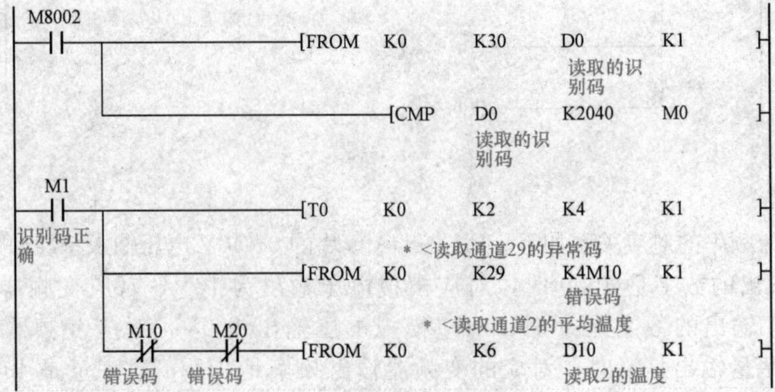

（2）与要求的温度比较，控制相应设备的动作

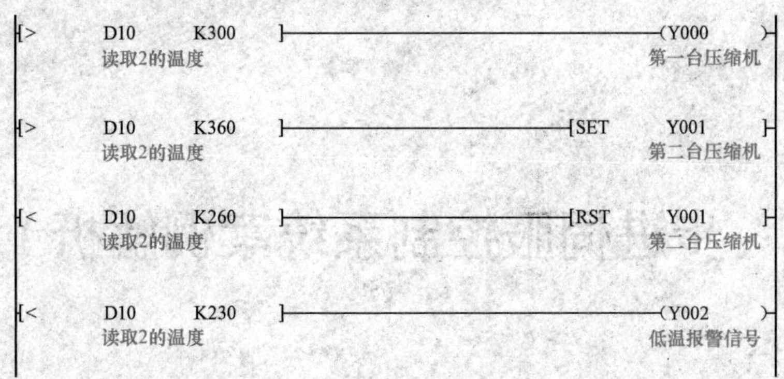

第六章

步进伺服控制系统案例解析

【案例 6-1】步进电机的点动控制

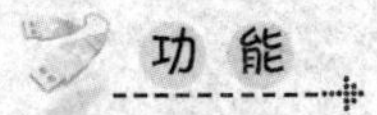

功 能

某步进电机控制系统，按下正转按钮，步进电动机正转，按下反转按钮，步进电动机反转，如图 6-1 所示。点动速度是 1rad/s。

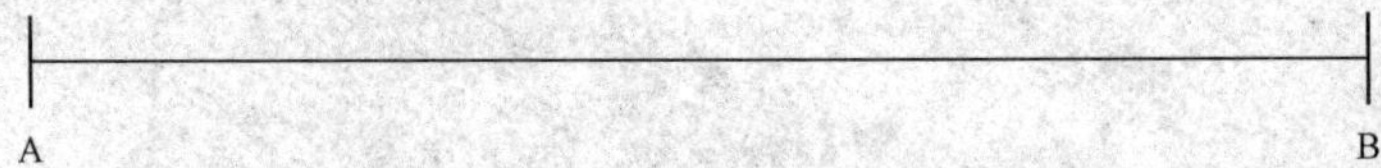

图 6-1　步进电机的电动控制

分 析

1. 信号分配

正转按钮：X1；

反转按钮：X2；

脉冲输出点：Y000；

脉冲方向 Y002（假设 Y002 断开正转，接通反转）；

步进电动机驱动器的细分：2000 脉冲/转。

2. 计算脉冲频率

已知速度是 1rad/s，细分是 2000 脉冲/转，设脉冲频率为 X 脉冲/s，

则：

$$\frac{X\text{脉冲/s}}{2000\text{脉冲/转}}=1\text{rad/s}\Rightarrow X=2000$$

因此得到脉冲频率设为 2000。

程 序

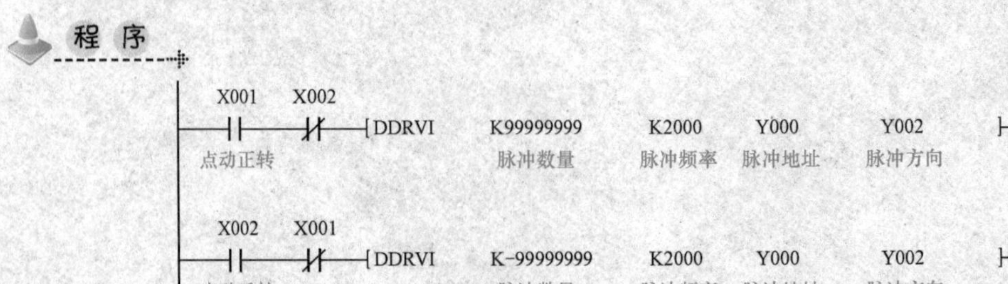

脉冲数量不一定如上程序中设为 99999999，只要设定的数值够大就可以了，因为点动时对脉冲数量不确定，只要按下按钮，电动机就会转动，若脉冲数量值设定的比较小，则按下按钮后，脉冲走完了，电动机就会停止，因此只要保证脉冲数量够大，按下按钮后，电动机就一直会转，松开按钮就会停止。

【案例 6-2】步进电机的来回控制

功 能

步进电机的来回控制如图 6-2 所示，步进电机起始点在 A 点，AB 之间是 2000 脉冲的距离，BC 之间是 3500 脉冲的距离。控制要求：①按下启动按钮，步进电动机先由 A 移动到 B，此过程速度为 60r/min。②电动机到达 B 点后，停 3s，然后由 B 移动到 C，此过程速度为 90r/min。③电动机到达 C 点后，停 2s，然后由 C 移动到 A，此过程速度为 120r/min。

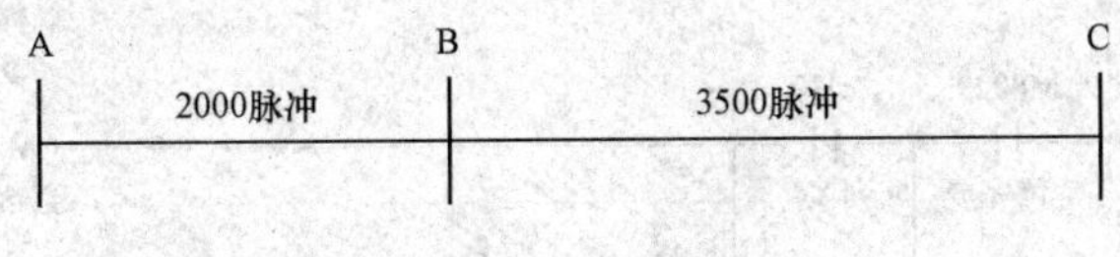

图 6-2 步进电机的来回控制

分 析

1. 信号分配：

启动按钮：X000

脉冲输出点：Y000

脉冲方向 Y002（假设 Y002 断开正转，接通反转）。

2. 设定步进驱动的细分数为 2000 步/转，假设脉冲频率应为 XHz，实际运行的转速为 Nr/min

则有

$$\frac{X\text{脉冲/s}}{2000\text{脉冲/r}}=\frac{N\text{r/min}}{60}\Rightarrow X=\frac{2000\times N}{60}\text{Hz}$$

由上式得到，①当速度是 60r/min 时，频率应为 2000Hz；②当速度是 80r/min 时，频率应为 3000Hz；③当速度是 120r/min 时，频率应为 4000Hz。

程 序

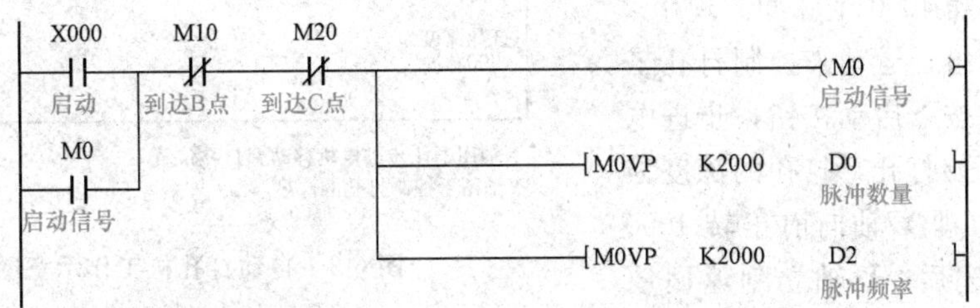

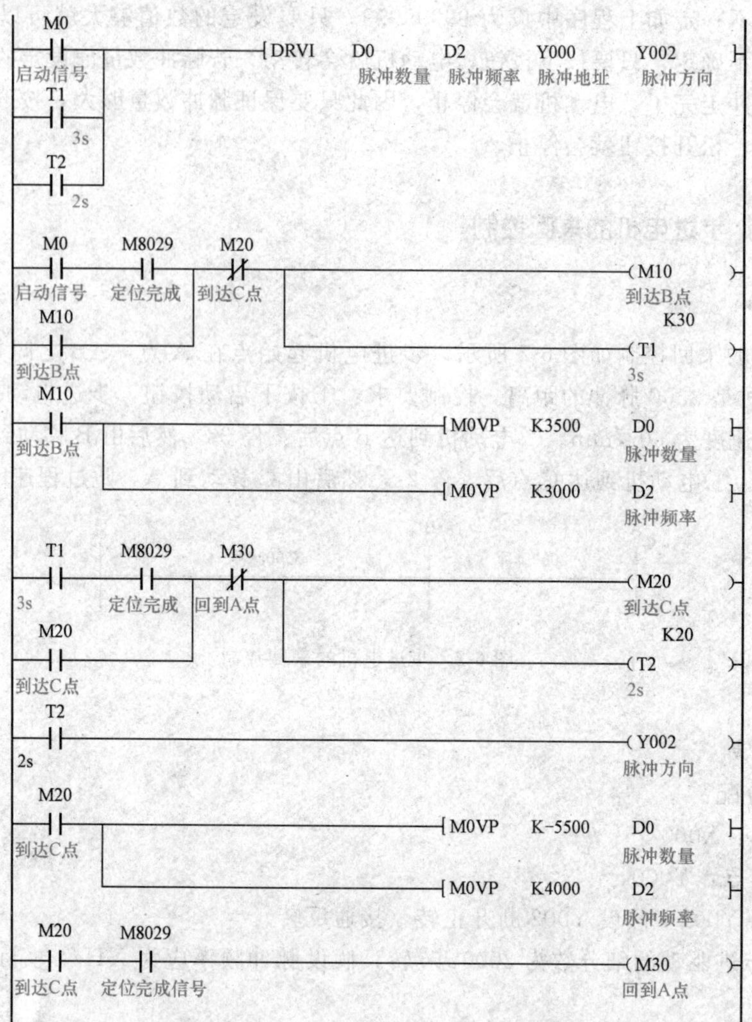

【案例 6-3】自动打孔机控制系统

功能

图 6-3 所示为自动打孔机工作示意图，铁板上有 5 个位置需要打孔，孔与孔之间间隔 4000 个脉冲。现用 2 个步进电机的组合运动来控制打孔工作。在起点时按下启动按钮，步进电机 *Y* 轴动作开始打孔，打孔的深度为 1000 个脉冲（即 *Y* 轴向前正转 1000 个脉冲），打完后，*Y* 轴立刻返回原点。接着 *X* 轴向前运动一个孔距，然后 *Y* 轴又接着打孔，如此动作。当打完最后一个孔后，步进电机回到初始位置。要求 *X* 轴的运行速度为 30r/min，*Y* 轴的运行速度为 12r/min。

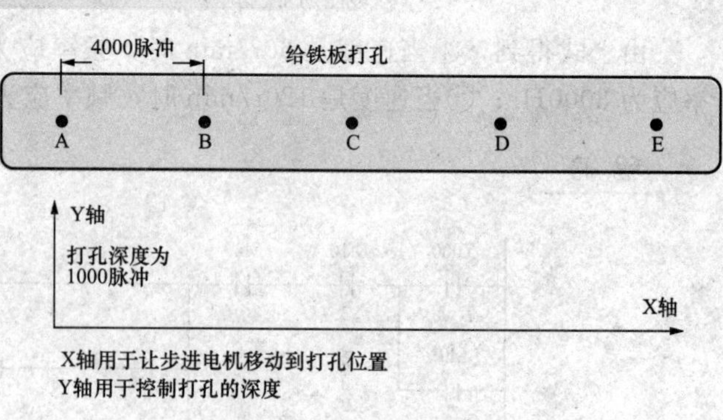

图 6-3 自动打孔机工作示意图

分 析

1. 信号分配：

启动按钮：X000

X 脉冲输出点 Y000　　脉冲方向 Y2

Y 脉冲输出点 Y001　　脉冲方向 Y3

2. 设定步进驱动的细分数为 2000 步/r，假设脉冲频率应为 *X*Hz，实际运行的转速为 *N*r/min。

则有

$$\frac{X\text{ 脉冲/s}}{2000\text{ 脉冲/r}}=\frac{N\text{r/min}}{60}\Rightarrow X=\frac{2000\times N}{60}\text{Hz}$$

由上式得到，①*X* 轴的运转速度是 30r/min 时，频率应为 1000Hz；②*Y* 轴的运转速度是 12r/min 时，频率应为 400Hz。

3. 设计控制流程图如图 6-4 所示。

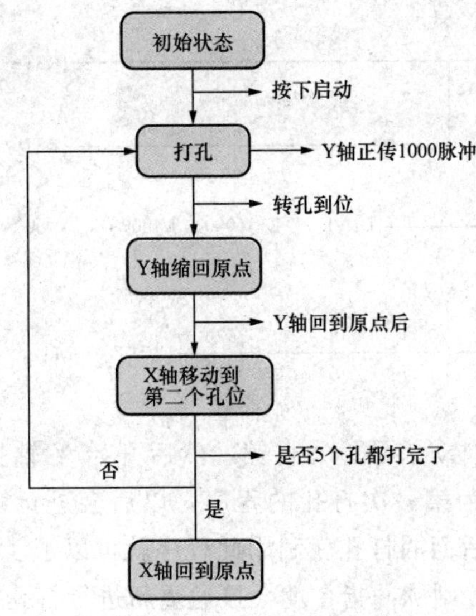

图 6-4　控制流程图

程 序

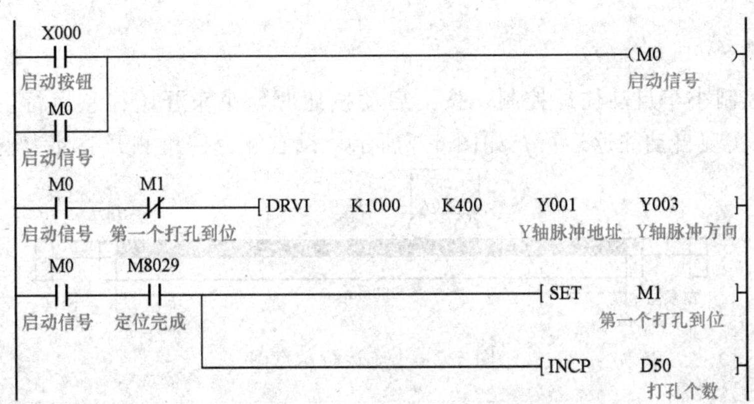

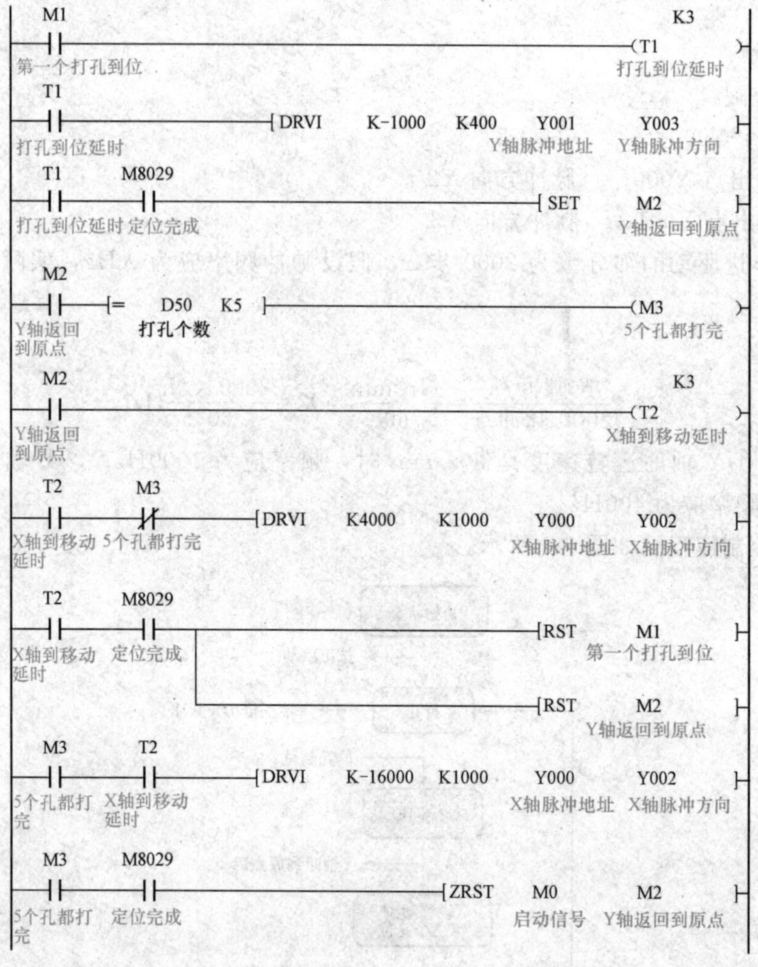

按下启动按钮后，输出启动信号，并自锁。然后开始 Y 轴打孔，打完后，记录一次并把脉冲指令断开。以上程序为第一次打孔的程序，以后会进行第二次，第三次直到打孔结束，因此第二次，第三次等后面的打孔就利用此程序就可以了。因为当满足第二次打孔的条件后，只要把 M1 复位断开，则脉冲指令就会接通重新进行打孔操作。

【案例 6-4】基于 PLC 与步进电动机的位置检测控制

功 能

用 PLC 控制小车自动往返控制，按下启动按钮时，小车开始往左运行，然后在左、右极限的范围内实现自动往返运行，如图 6-5 所示，设右侧返回检测开关处为坐标原点。

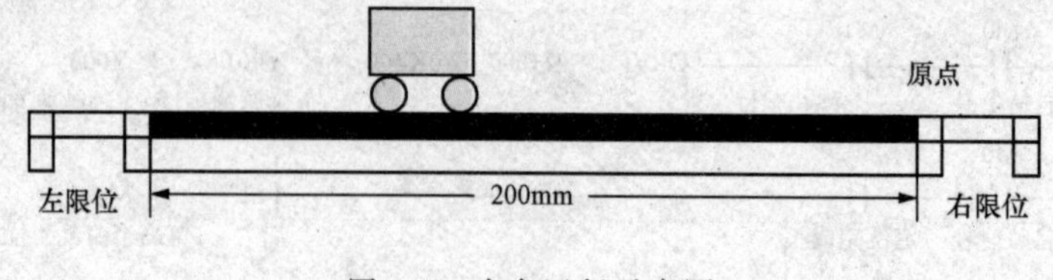

图 6-5 小车运行示意图

分 析

PLC 的 I/O 分配与接线如图 6-6 所示。

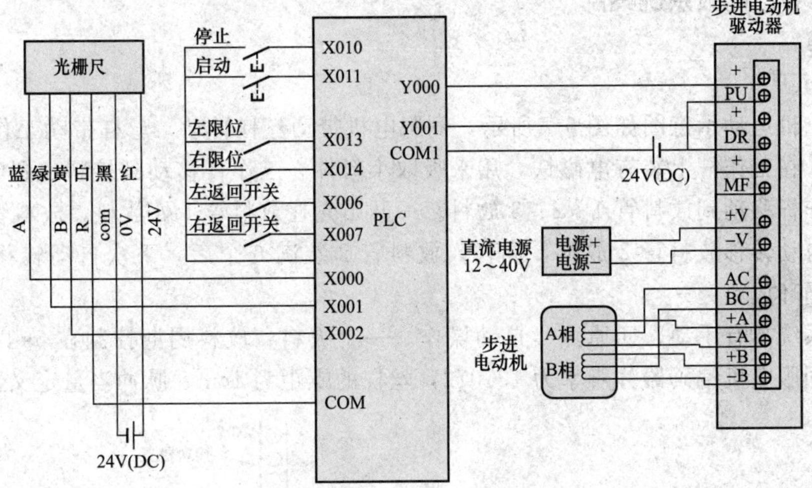

图 6-6 信号分配

程 序

```
0   M8002
    ─┤├─────────────────────────[ ZRST  Y000  Y001 ]
6   X011
    ─┤├──┬──────────────────────[ SET         M0   ]
    X007 │
    ─┤├──┴──────────────────────[ RST         M1   ]
10  X006
    ─┤├──┬──────────────────────[ SET         M1   ]
         └──────────────────────[ RST         M0   ]
13  X010
    ─┤├──┬──────────────────────[ ZRST  M0    M1   ]
    X013 │
    ─┤├──┤
    X014 │
    ─┤├──┘
21  M0
    ─┤├──┬──────────────────────[ RLSY  K1000  K0  Y000 ]
    M1   │
    ─┤├──┘
30  M1
    ─┤├─────────────────────────( Y001 )
32  X007
    ─┤├─────────────────────────[ RST   C251 ]
35  M0                            K1000000
    ─┤├──┬──────────────────────( C251 )
    M1   │
    ─┤├──┘
42  ────────────────────────────[ END ]
```

用 C251 高数计数器对光栅尺输出的 A/B 相脉冲进行双相计数，则通过分析 C251 的当前数据即可得小车当前运行所在的位置坐标。

【案例 6-5】伺服系统案例

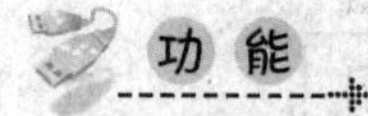

功能

伺服电机运动示意图如图 6-7 所示，伺服电机带动丝杠转动，丝杠带动工作杆作前进后退的运动。在工作杆上装有电磁铁，用来吸取小料件。工作杆移动到接料位置吸料，吸料 1 秒后，工作杆移动到放料管 1、2、3 放料。一开始先在放料管 1 处放料，放料管 1 装满 6 个后，下次自动转移放料管 2 放料，同样，放料管 2 装满 6 个后，下次自动转移放料管 3 放料，如此循环放料。

整个系统具有手动、回原点、自动操作。一个吸料、放料周期控制在 5s 以内。已知系统参数：伺服电机编码器分辨率为 131072，丝杠的螺距为 1cm，脉冲当量定义为 1μm。

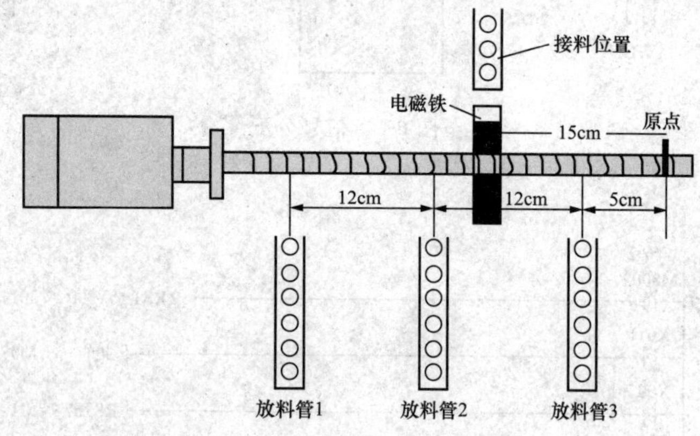

图 6-7　伺服电机运动示意图

分析

(1) 此系统采用伺服位置控制方式，上位机采用 FX_{1S}-30MT 的 PLC 来控制。因此各工位间的距离通过 PLC 发出的脉冲数量来控制，速度由脉冲频率控制。

(2) 控制面板或人机画面布置如图 6-8 所示。

信号分配如下。

输入信号分配：

手动位置开关——X000
回原点位置开关——X001
自动位置开关——X002
手动吸料按钮——X003
手动放料按钮——X004
手动左行按钮——X005
手动右行按钮——X006
自动启动按钮——X010
自动停止按钮——X011
回原点按钮——X012
原点接近信号——X013

输出信号分配：

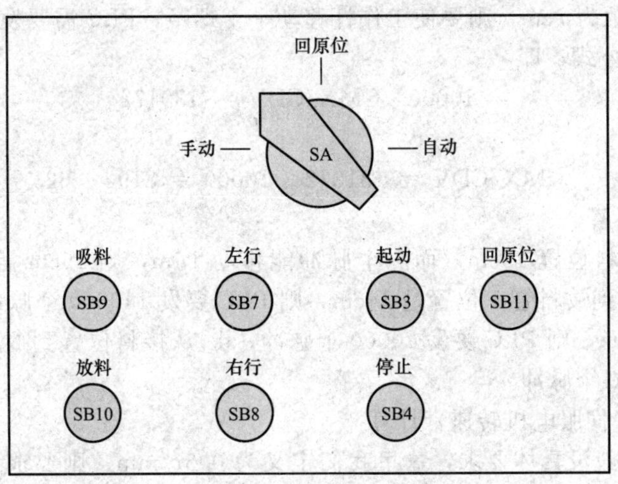

图 6-8　控制面板示意图

脉冲输出信号——Y000

脉冲方向信号——Y002

吸料信号——Y003

(3) 伺服系统配线如图 6-9 所示。

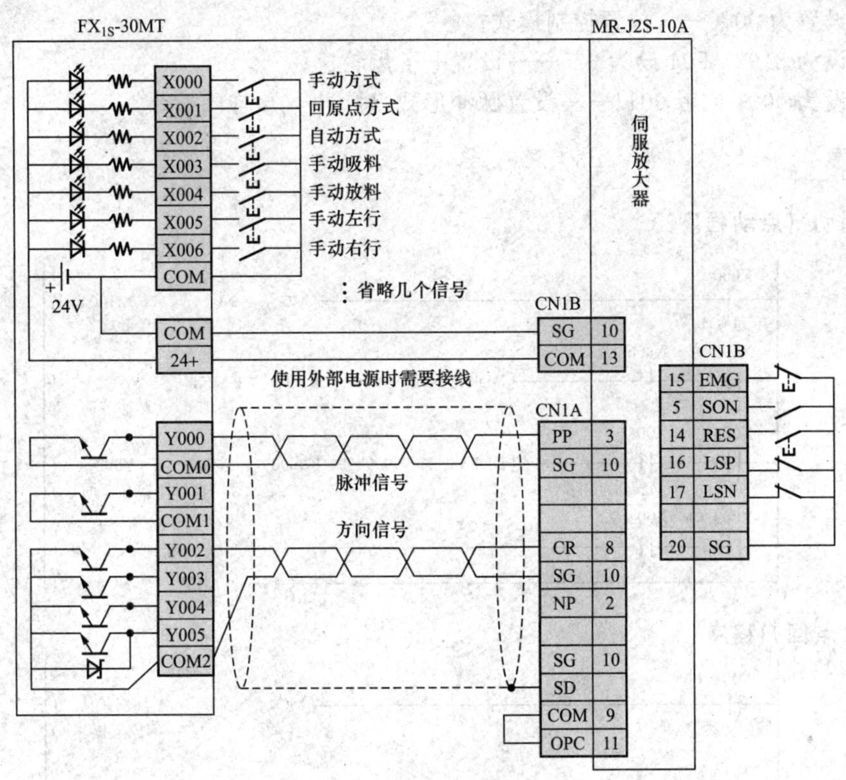

图 6-9　伺服系统配线

(4) 伺服系统计算。

1) 电子齿轮比计算：已知脉冲当量为 1μm，则 PLC 发出一个脉冲，工作杆可以移动

1μm。已知丝杠螺距为 1cm，则要使工作杆移动一个螺距，PLC 需要发出 10000 个脉冲。

按照电子齿轮公式，即

$$10000 \times CMX/CDV = 130172$$

则有

$$CMX/CDV = 131072 / 10000 = 8192 / 625$$

2）脉冲距离计算。

a. 从原点到接料位置 15cm，而一个脉冲能移动 1μm，则 15cm 需要发出 150000 个脉冲；b. 从接料位置到放料管 1 位置是 14cm，则 PLC 要发 140000 个脉冲；c. 从接料位置到放料管 2 位置是 2cm，则 PLC 要发 20000 个脉冲；d. 从接料位置到放料管 3 位置是 10cm，则 PLC 要发 100000 个脉冲。

3）脉冲频率（伺服电机转速）计算

a. 点动速度一般没具体要求，这里我们定义为 0.5r/min，则要求点动时的脉冲频率为 $0.5 \times 10000 = 5000$Hz；b. 原点回归高速：定义为 0.75r/min，低速（爬行速度）为 0.25r/min，则要求原点回归高速频率为 7500Hz，低速为 2500Hz；c. 自动运行速度：因为要求中，工作周期为 5s，因此定义自动运行频率为 40000Hz，即 1 秒钟 4 转，1 秒就能走 4cm，则能满足要求。

（5）伺服驱动器参数设置如下。

P00 设置为 0000——位置控制模式；

P03 设为 8192，P04 设为 625——设置电子齿轮比；

P21 设为 0001 或者 0011——设置脉冲形式（脉冲+方向）。

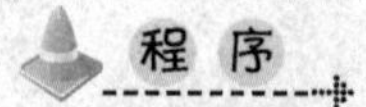

1. 手动（点动程序）

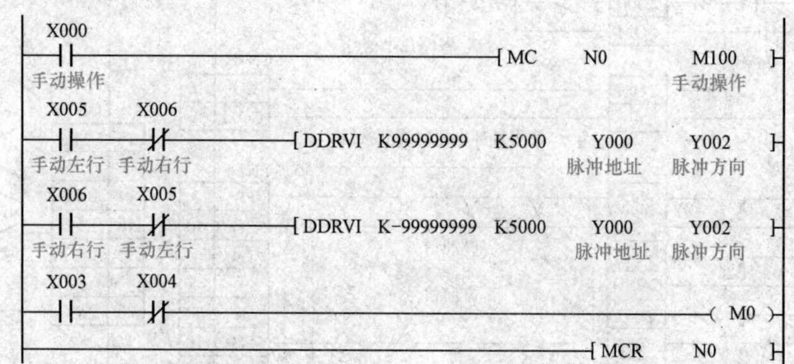

2. 原点回归程序

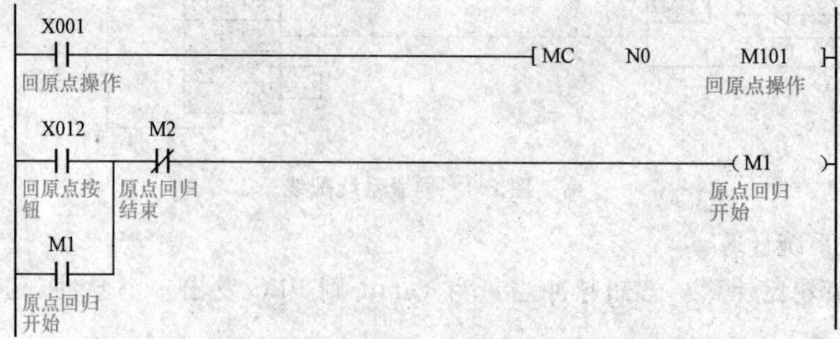

```
 M1          M2
─┤├──────────┤/├──────────────────[ZRN  K7500  K2500  X013     Y000    ]
原点回归    原点回归                               近点信号  脉冲地址
开始        结束
 M8029
─┤├──────────────────────────────────────────────[SET   M2      ]
定位完成                                                原点回归
信号                                                    结束
─────────────────────────────────────────────────[MCR   N0      ]
```

3. 自动运行程序

```
 X002
─┤├──────────────────────────────────[MC   N0   M102    ]
自动操作                                        自动操作
 X010        M2
─┬┤├──┬──────┤├──────────────────────────────────(M10    )
 │自动启动  原点回归                                 自动操作
 │    │     结束                                     开始
 │M10 │
─┴┤├──┘
自动操作
开始
 M10
─┤├─────────────────────[DDRV1  K15000  K40000  Y000     Y002    ]
自动操作                                        脉冲地址  脉冲方向
开始
 M8029
─┤↑├──┬───────────────────────────────────[SET   M5      ]
定位完成│                                        到达接料
信号    │                                        位置
        └───────────────────────────────────[RST   M2      ]
                                                 原点回归
                                                 结束
 M5
─┤├───┬────────────────────────────────────────(Y003    )
到达接料│                                          吸料
位置    │                                       K7
        └────────────────────────────────────────(T1      )
                                                 吸料时间
 T1
─┤├─────────────────────[DDRV1  K14000  K40000  Y000     Y002    ]
吸料时间                                        脉冲地址  脉冲方向
 M8029
─┤↑├──────────────────────────────────────[SET   M6      ]
定位完成                                         到达接料
信号                                             位置1
 M6
─┤├───┬───────────────────────────────────[RST   M5      ]
到达接料│                                        到达接料
位置1   │                                        位置
        ├───────────────────────────────────[INCP  D50     ]
        │                                     放料计数器
        │                                       K5
        └────────────────────────────────────────(T2      )
                                                 放料时间
 T2
─┤├─────────────────────[DDRV1  K-14000  K40000  Y000     Y002    ]
放料时间                                        脉冲地址  脉冲方向
```

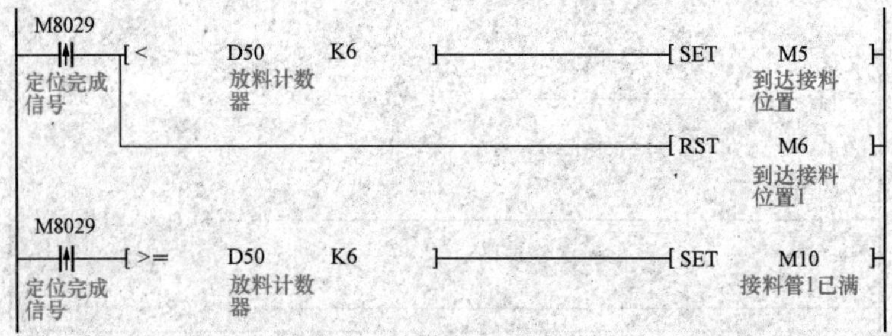

放料管 2 及放料管 3 的程序，读者可根据上述程序自行编写。架构一模一样。

第七章

PLC 控制系统通信案例解析

PLC 与 PLC、PLC 与计算机、PLC 与人机界面以及 PLC 与其他智能装置间的通信，可提高 PLC 的控制能力及扩大 PLC 控制领域；可便于对系统监视与操作；可简化系统安装与维修；可使自动化从设备级，发展到生产线级，车间级，甚至于工厂级，实现在信息化基础上的自动化（e 自动化），为实现智能化工厂、透明工厂及全集成自动化系统提供技术支持。图 7-1 所示为工厂自动化的网络通信示意图。

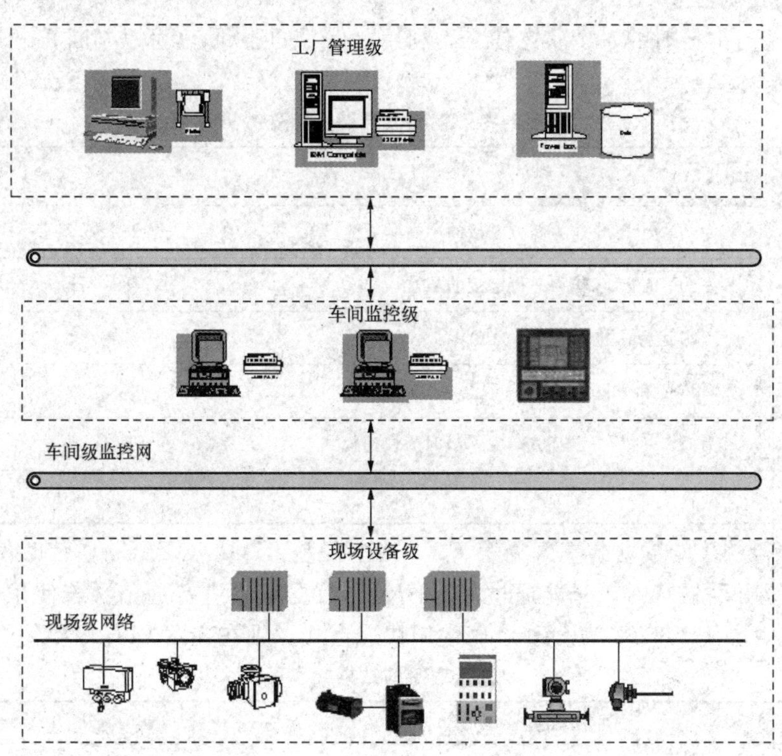

图 7-1　工厂自动化的网络通信示意图

底层是 PLC 与现场仪器、仪表间的数据通信；中层是 PLC 与现场监控设备间的数据通信；上层是上位机网络之间的通信。

【案例 7-1】并联链接

功能

连接 2 台同一系列的 FX 系列 PLC，进行软件间相互链接，信息互换。①2 个 FX_{2N} 系列

PLC 进行并联链接；②按下主站 PLC 的 X0 控制从站的 Y0 一直亮；③按下从站的 X3，控制主站的 Y1 闪烁。图 7-2 所示为 2 个 FX_{2N} 系列 PLC 进行并联连接示意图。

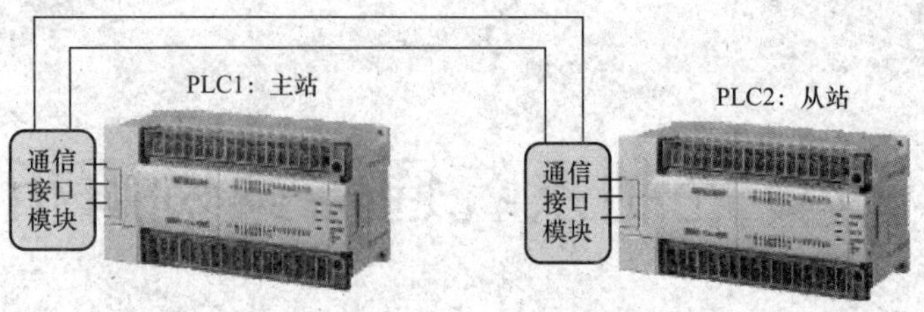

图 7-2　2 个 FX_{2N} 系列 PLC 进行并行链接示意图

（1）并行链接的特殊辅助继电器及特殊数据寄存器见表 7-1 所示。确定 PLC1 为主站，PLC2 为从站，则在 PLC1 中要使 M8070 为 ON，PLC2 中要使 M8071 为 ON，M8072 及 M8073 作为并行链接时的一个状态信号，利用此信号的通/断，可以判断 2 个 PLC 是否正在并行链接状态。

表 7-1　并行链接的特殊辅助继电器及特殊数据寄存器

元件名	操　作
M8070	为 ON 时 PLC 作为并行链接的主站
M8071	为 ON 时 PLC 作为并行链接的从站
M8072	PLC 运行在并行链接时为 ON
M8073	M8070 和 M8071 任何一个设置出错时为 ON
M8162	为 OFF 时为标准模式，为 ON 时为快速模式
D8070	并行链接的监视时间

（2）并行链接的数据共享区见表 7-2。共享区是 PLC1 及 PLC2 通信时使用的数据区，PLC 之间建立并联链接时，只能通过共享区内的数据范围进行通信。若使用标准模式，则在主站 PLC 内要使 M8162 为 OFF，若使用快速模式，则在主站 PLC 内要使 M8162 为 ON。

表 7-2　并行链接的数据共享区

模式	通信设备	FX_{2N}（C）FX_{1N}	
标准模式	主站共享区	M800－M899 D490－D499	
	从站共享区	M900－M999 D500－D509	
快速模式	主站共享区	D490，D491	
	从站共享器	D500，D501	

（3）适用于 FX 系列 PLC 进行并行链接的通信设备，有 232/422/485 通信板，适配器等，表 7-3 列出了并行链接的 PLC 及通信设备的组合使用。

表 7-3　　并行链接的 PLC 及通信设备

FX 系列	通信设备（选件）	总延长距离
 FX$_{0N}$	 FX$_{2NC}$–485ADP (欧式端子排) 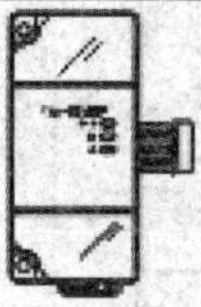 / FX$_{0N}$–485ADP (端子排)	500m
 FX$_{1S}$	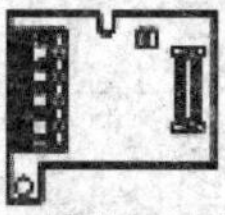 FX$_{1N}$–485-B0 (欧式端子排)	50m
	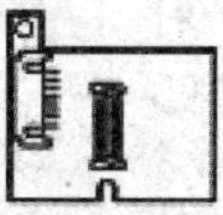 FX$_{1N}$–CNV–BD  + FX$_{2NC}$–485ADP (欧式端子排) 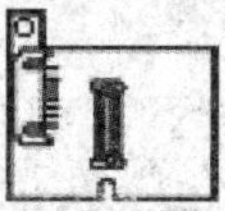 / FX$_{1N}$–CNV–BD 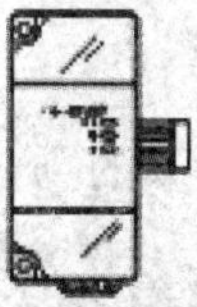 + FX$_{0N}$–485ADP (端子排)	500m
 FX$_{1N}$	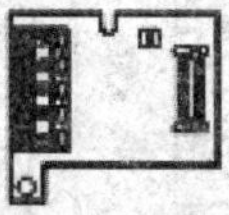 FX$_{1N}$–485-B0 (欧式端子排)	50m
	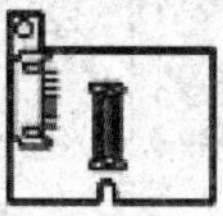 FX$_{1N}$–CNV–BD  + FX$_{2NC}$–485ADP (欧式端子排) 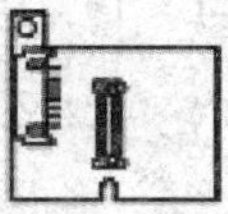 / FX$_{1N}$–CNV–BD 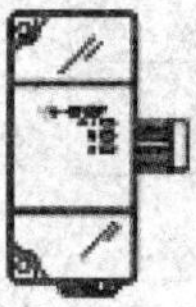 + FX$_{0N}$–485ADP (端子排)	500m
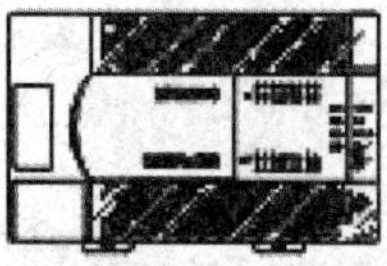 FX$_{2N}$	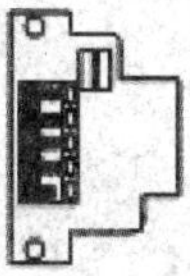 FX$_{2N}$–485–BD	50m
	 FX$_{2N}$–CNV–BD  + FX$_{2NC}$–485ADP (欧式端子排) 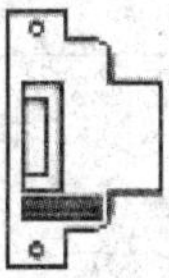 / FX$_{2N}$–CNV–BD 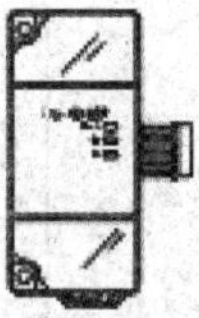 + FX$_{0N}$–485ADP (端子排)	500m

（4）并行链接通信的接线。

1）1 对接线的场合，如图 7-3 所示。

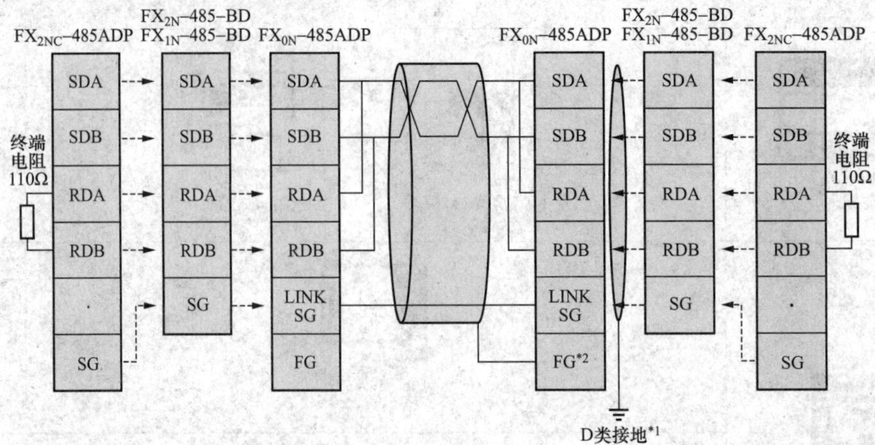

图 7-3 1 对接线的场合

2）2 对接线的场合，如图 7-4 所示。

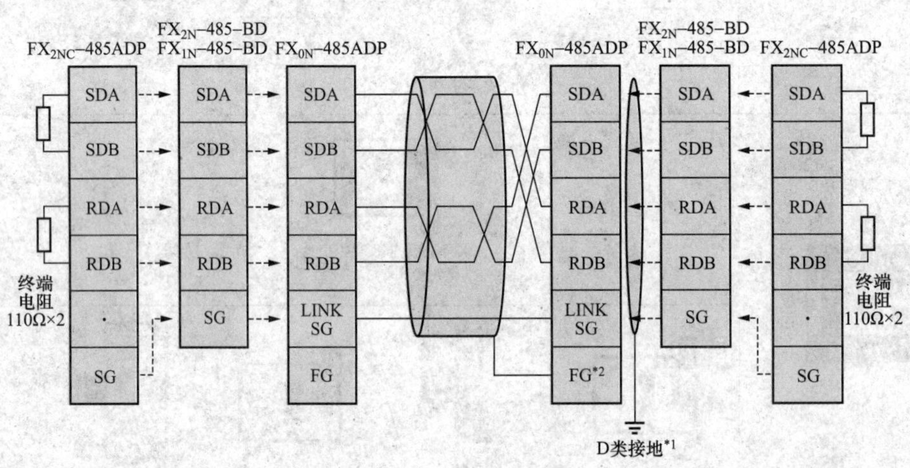

图 7-4 2 对接线的场合

PLC1 主站程序：

把主站的 X0 的状态送入主站的共享区 M800 内；从站中用 M800，即为主站的 M800，也即主站的 X0 的状态。M900 为从站共享区，主站中用它，也就是用了从站的数据。

PLC2 从站程序：

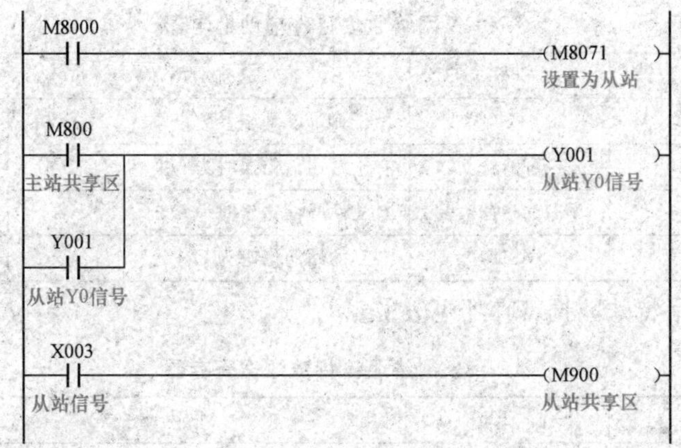

M800 是主站中的数据，用它来控制从站的 Y000。M900 是从站的数据，主站中用它，就是从站的数据，也就是从站的 X3 信号。

【案例 7-2】 N：N 网络连接

功 能

N：N 网络通信就是在最多 8 台 FX 系列 PLC 之间，通过 RS－485 通信连接，进行软元件信息互换的功能。其中一台为主机，其余为从机（即主站与从站），如图 7-5 所示，即为 N：N 网络通信示意图。

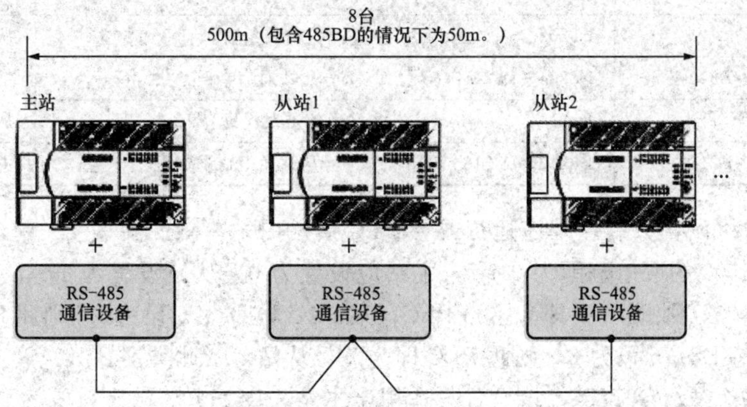

图 7-5　N：N 网络通信示意图

分 析

N：N 网络通信时，也需要确定主站及从站。不是所有的 FX 系列 PLC 都具有并行链接的功能。FX0S，FX1，FX2（C）系列 PLC 不能进行网络链接功能。在每台 PLC 的辅助继电器和数据寄存器中分别有一片系统制定的数据共享区，在此网络中的每台 PLC 都被指定分配自己的一块数据区。对于某一台 PLC 来说，分配给它的一块数据区会自动地传送到其他站的相同区域，同样，分配给其他 PLC 的数据区，也会自动地传送到此 PLC。

N：N 网络通信特殊辅助继电器见表 7-4，M8038 是设置 N：N 网络链接的特殊继电器。

表 7-4　N：N 网络通信特殊辅助继电器

属性	FX_{1S}	FX_{1N}　FX_{2N}（C）	描述	响应类型
只读	M8038		用于 N：N 网络参数设置	主\从站
只读	M504	M8183	有主站通信错误时为 ON	主站
只读	M505～M511	M8184～M8190	有从站通信错误时为 ON	主\从站
只读	M503	M8191	有别的站通信时为 ON	主\从站

N：N 网络通信特殊数据寄存器见表 7-5。

表 7-5　N：N 网络通信特殊数据寄存器

属性	FX_{1S}	FX_{1N}　FX_{2N}（C）	描述	响应类型
只读	D8173		保存自己的站号	主\从站
只读	D8174		保存从站个数	主\从站
只读	D8175		保存刷新范围	主\从站
只写	D8176		设置站号	主\从站
只写	D8177		设置从站个数	主
只写	D8178		设置刷新模式	主
读/写	D8179		设置重试次数	主
读/写	D8180		设置通信超时时间	主
只写	D201	D8201	网络当前扫面时间	主\从站
只写	D202	D8202	网络最大扫描时间	主\从站
只写	D203	D8203	主站通信错误条数	从站
只写	D204～D210	D8204～D8210	1～7 号从站通信错误条数	主\从站
只写	D211	D8211	主站通信错误代码	从站
只写	D212～D218	D8212～D8218	1～7 号从站通信错误代码	主\从站

N：N 网络设置只有在程序运行或者 PLC 启动时才有效。在表 7-5 中，设置工作站号（D8176），D8176 的取值范围为 0～7，主站应设置为 0，从站设置为 1～7。比如：某 PLC 将 D8176 设为 0，则此 PLC 即为主站 PLC；某 PLC 将 D8176 设为 1，则此 PLC 即为 1 号从站；某 PLC 将 D8176 设为 2，则此 PLC 即为 2 号从站，依此类推。

设置从站个数（D8177），该设置只适用于主站，D8177 的设定范围为 1～7，默认值为 7。假设系统有 1 个主站，3 个从站，则在主站 PLC 中将 D8177 设置为 3。

设置刷新范围（D8178），刷新范围是指主站与从站共享的辅助继电器和数据寄存器的范围。刷新范围由主站的 D8178 来设置，可以设为 0、1、2 值，对应的刷新范围如表 7-6 所示。N：N 网络链接中，必须确定刷新模式，否则通信用的共享继电器及寄存器都无法确定，默认情况下，刷新模式为“模式 0”。

表 7-6　　刷 新 范 围

通信元件	刷新范围		
	模式 0	模式 1	模式 2
	FX_{0N}，FX_{1S}，FX_{1N}，FX_{2N}（C）	FX_{1N}，FX_{2N}（C）	FX_{1N}，FX_{2N}（C）
位元件	0 点	32 点	64 点
字元件	4 点	4 点	8 点

共享辅助继电器及数据寄存器见表 7-7。

表 7-7　　共享辅助继电器及数据寄存器

站号	模式 0		模式 1		模式 2	
	位元件	4 点字元件	32 点位元件	4 点字元件	64 点位元件	8 点字元件
0	—	D0～D3	M1000－M1031	D0～D3	M1000－M1063	D0～D7
1	—	D10～D13	M1064－M1095	D10～D13	M1064－M1127	D10～D17
2	—	D20～D23	M1128－M1159	D20～D23	M1128－M1191	D20～D27
3	—	D30～D33	M1192－M1223	D30～D33	M1192－M1255	D30～D37
4	—	D40～D43	M1256－M1287	D40～D43	M1256－M1319	D40～D47
5	—	D50～D53	M1320－M1351	D50～D53	M1320－M1383	D50～D57
6	—	D60～D63	M1384－M1415	D60～D63	M1384－M1447	D60～D67
7	—	D70～D73	M1448－M1478	D70～D73	M1448－M1511	D70～D77

适用于 FX 系列 PLC 进行网络连接的通信设备见表 7-8。

表 7-8　　不同 FX 系列 PLC 适用的不同通信硬件设备

FX 系列	通信设备（选件）	总延长距离
 FX_{0N}	 FX_{2NC}-485ADP（欧式端子排） 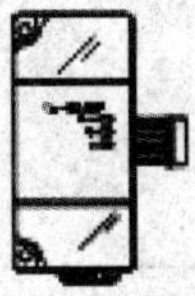 / FX_{0N}-485ADP（端子排）	500m
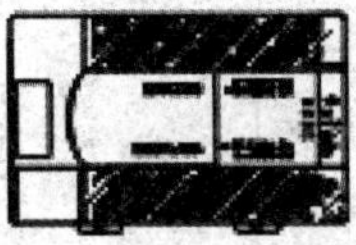 FX_{2N}	 FX_{2N}-485-BD	50m
	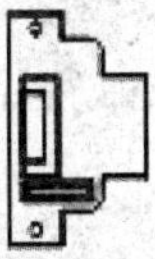 FX_{2N}-CNV-BD  + FX_{2NC}-485ADP（欧式端子排）  / FX_{2N}-CNV-BD 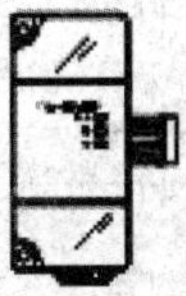 + FX_{0N}-485ADP（端子排）	500m

N：N 网络的接线采用 1 对接线方式，如图 7-6 所示。

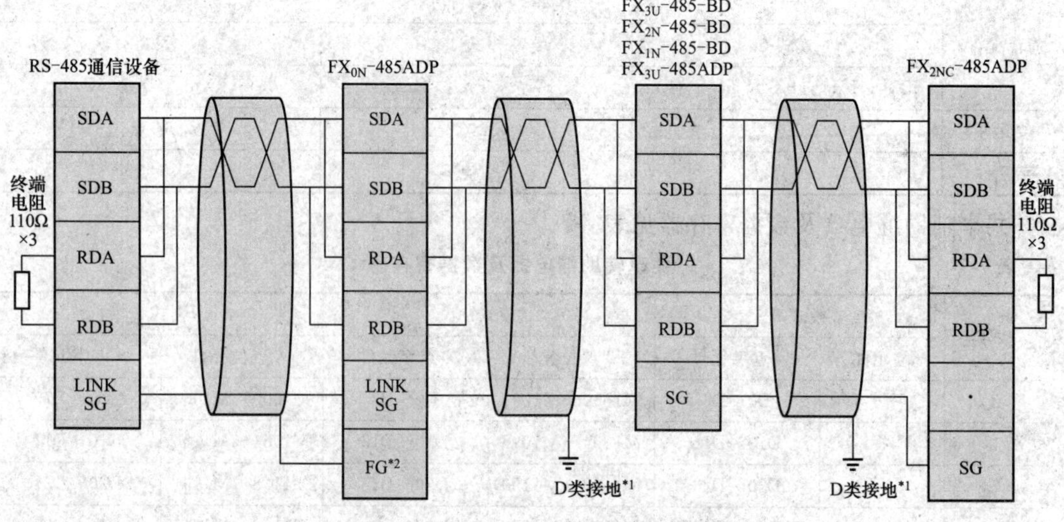

图 7-6　N：N 网络的接线

程　序

若有 3 台 FX_{2N} 系列 PLC 通过 N：N 网络交换数据，以下程序可实现：①主站的 X0－X3 来控制 1 号从站的 Y0－Y3；② 1 号从站的 X0－X3 来控制 2 号从站的 Y14－Y17；③2 号从站的 X0－X3 来控制主站的 Y20－Y23。

（1）主站程序：

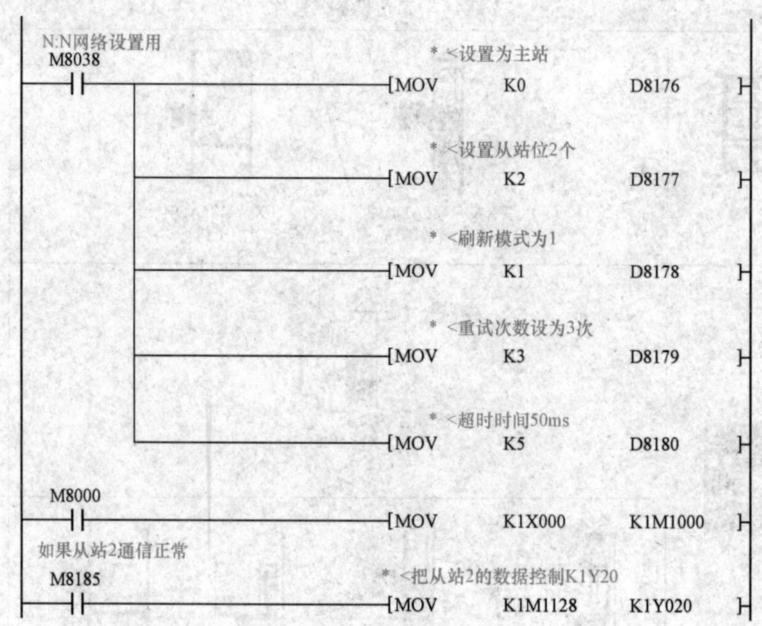

（2）从站 1 程序：

```
M8038
──┤├────────────────────────[MOV    K1        D8176    ]
N:N网络设置                                  设置为1号从站

                           * <主站的M1000~M1003控制从站1的K1Y0
M8183
──┤├────────────────────────[MOV    K1M1000   K1Y000   ]
主站通信正常

                           * <从站1的K1X0传给从站2的K1M1064
M8185
──┤├────────────────────────[MOV    K1X000    K1M1064  ]
2号从站通信正常
```

(3) 从站 2 程序：

```
M8038
──┤├────────────────────────[MOV    K2        D8176    ]
N:N网络设置用                                设置为2号从站

                           * <从站2的X0~X3传送到K1M1128
M8183
──┤├────────────────────────[MOV    K1X000    K1M1128  ]
主站通信正常

                           <从站1的K1M1064控制从站2的K1Y14
M8184
──┤├────────────────────────[MOV    K1M1064   K1Y014   ]
1号从站通信正常
```

【案例 7-3】 CC-Link通信

功 能

如图 7-7～图 7-9 所示，CC-Link 是 Control & Communication Link 的简称，是一种可以同时高速处理控制数据和信息数据的现场网络系统，可以提供高效、一体化的工厂和过程自动化控制。

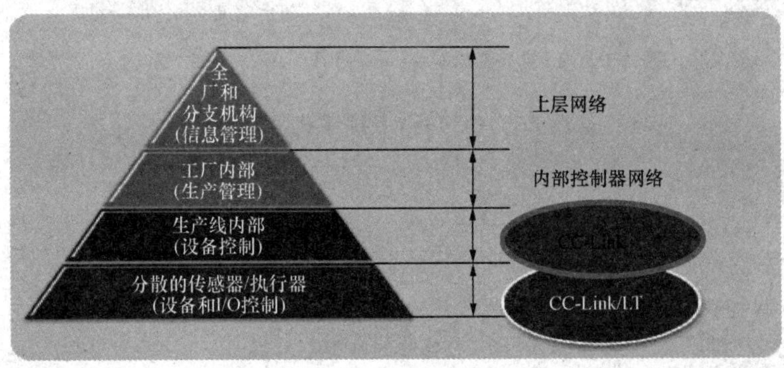

图 7-7　CC-Link 示意图

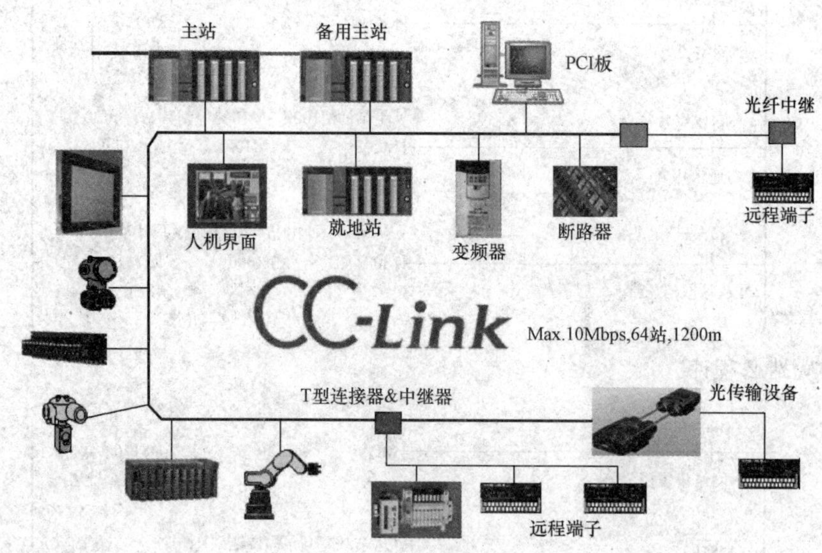

图 7-8 CC-Link 示意图

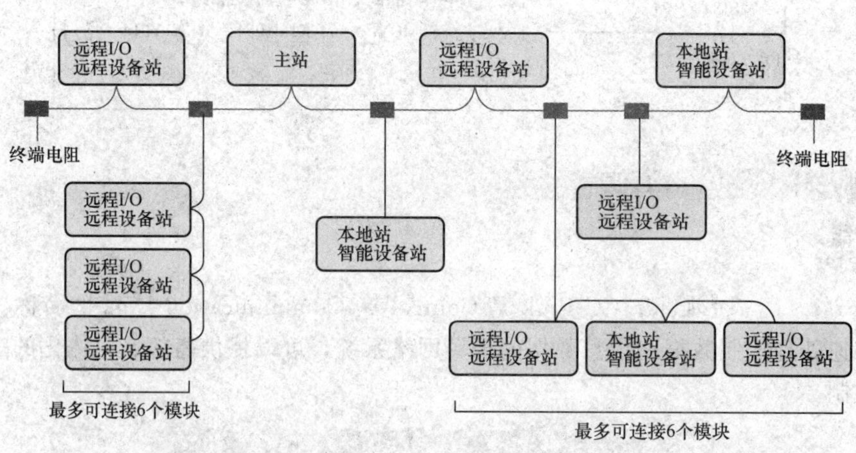

图 7-9 CC-Link 系统 T 型分支结构

分析

CC-Link 系统配置示例如图 7-10 所示。

(1) 各站的种类见表 7-9。

表 7-9 各站的种类

类型	描述
主站	需有 PLC CPU，负责控制所有远程站、智能设备站和本地站。每一个 CC-Link 网络架构，只能有一个主站

续表

类　型	描　述
本地站	需有 PLC CPU，可与主站通信，以及读取其他站（本地站、远程站、智能设备站）的信号
远程 I/O 站	不需有 PLC CPU，只能与主站做 bit 元件（RX RY）的通信，信号也可被本地站读取
远程设备站	不需有 PLC CPU，能与主站做 bit 元件（RX RY）和 Word 元件（RWw、RWr）的通信，信号也可被本地站读取
智能设备站	不需有 PLC CPU，基本功能与远程站一样，但具有较特殊的通信功能，如 AJ65BT－R2、AJ65BT－G4－S3 等，可以执行瞬时传送
备用主站	需有 PLC CPU，在未取得控制权时，其功能如同本地站一样，但在主站发生问题时，可通过网络特殊继电器的检测和程序的切换，来代替主站作控制

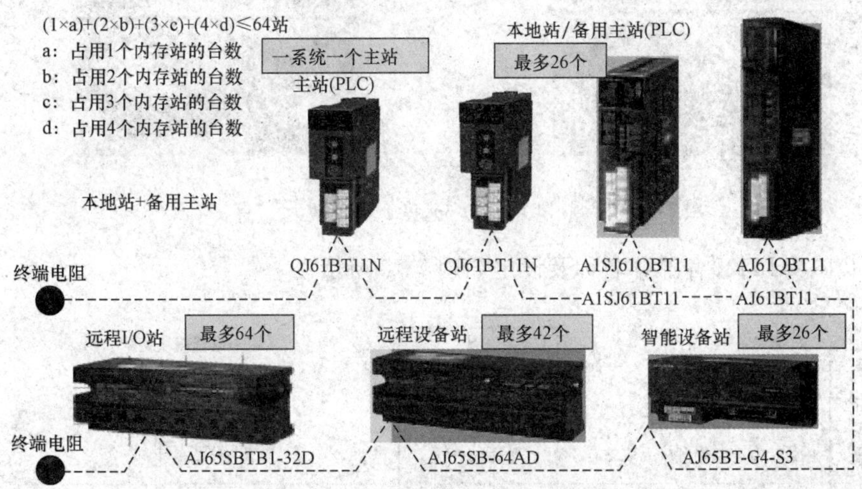

图 7-10　CC－Link 系统配置图

（2）主站/本地站模块如图 7-11 所示。

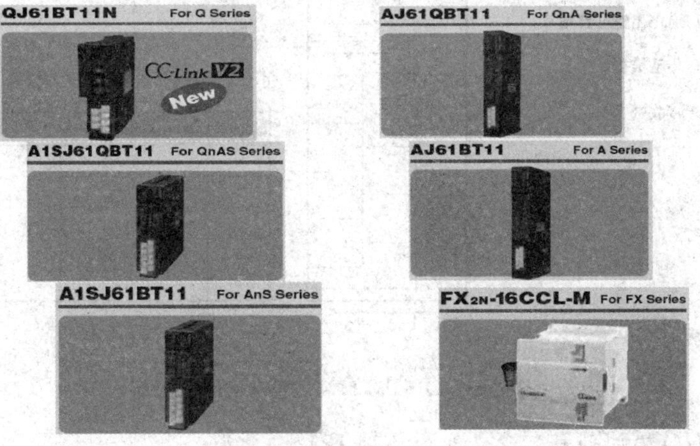

图 7-11　主站/本地站模块

(3) 远程 I/O 模块如图 7-12 所示。

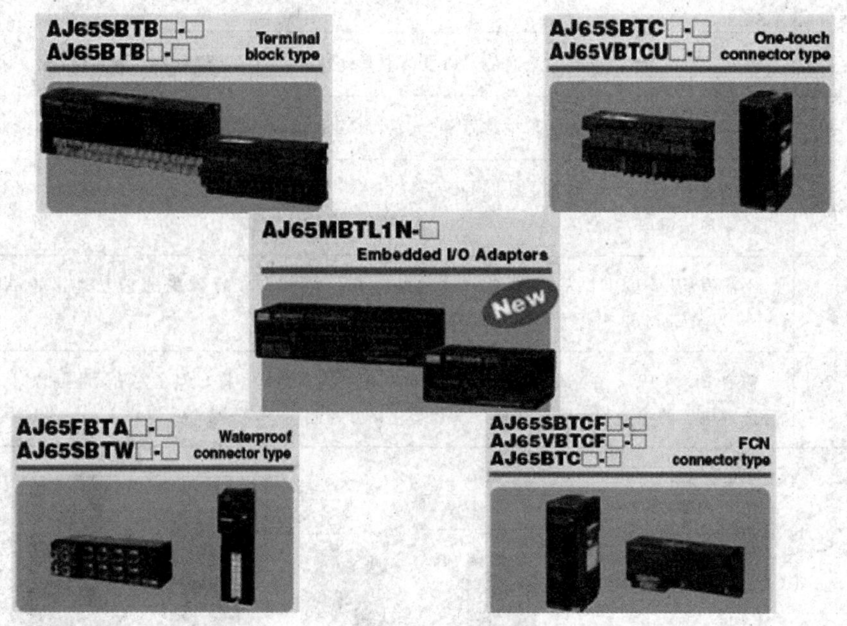

图 7-12　远程 I/O 模块

(4) QJ61BT11N 各部分名称及设定如图 7-13 所示。

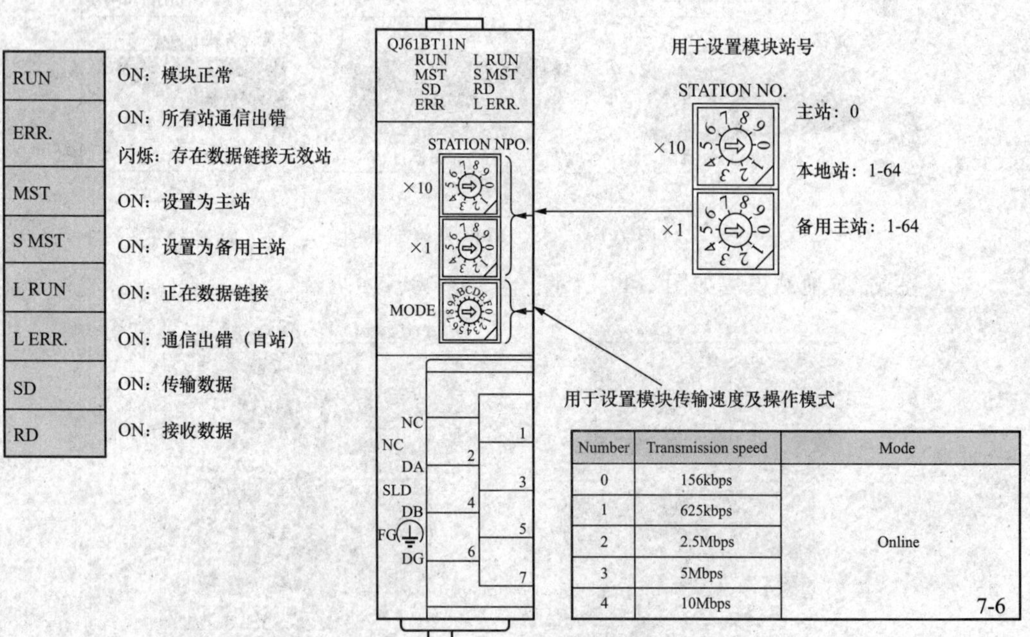

Number	Transmission speed	Mode
0	156kbps	Online
1	625kbps	
2	2.5Mbps	
3	5Mbps	
4	10Mbps	

7-6

图 7-13　QJ61BT11N 各部分名称及设定

(5) 远程 I/O 模块型号名含义如图 7-14 所示。

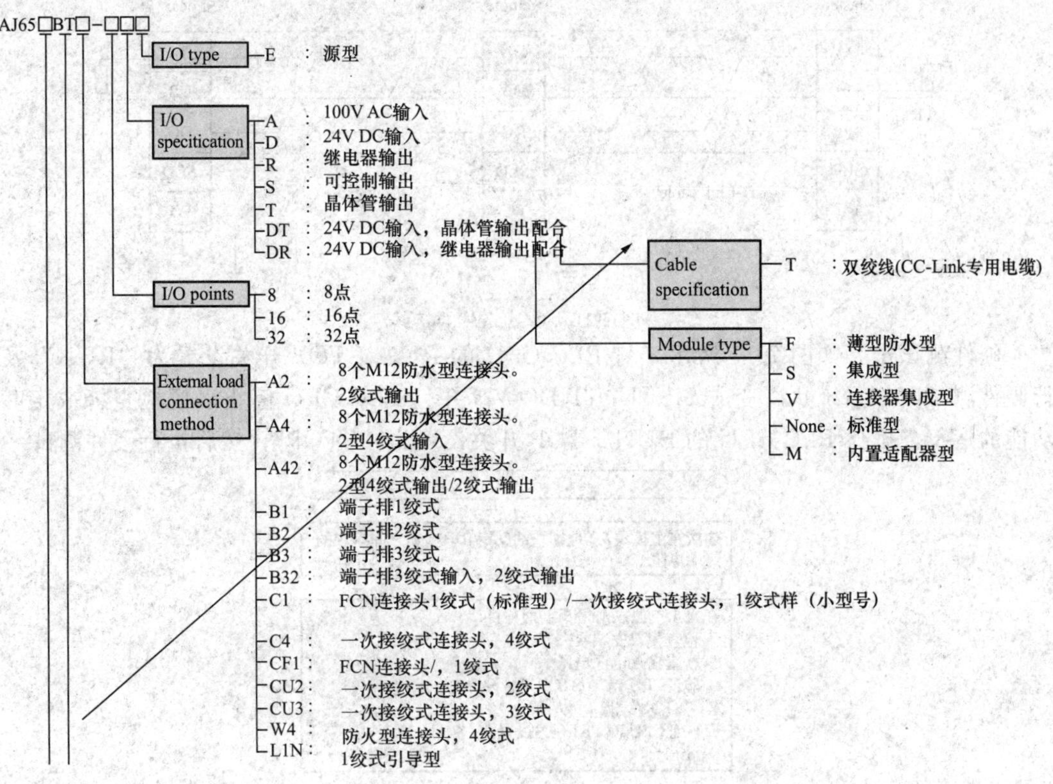

图 7-14　远程 I/O 模块型号名含义

外部配线如图 7-15 和图 7-16 所示。

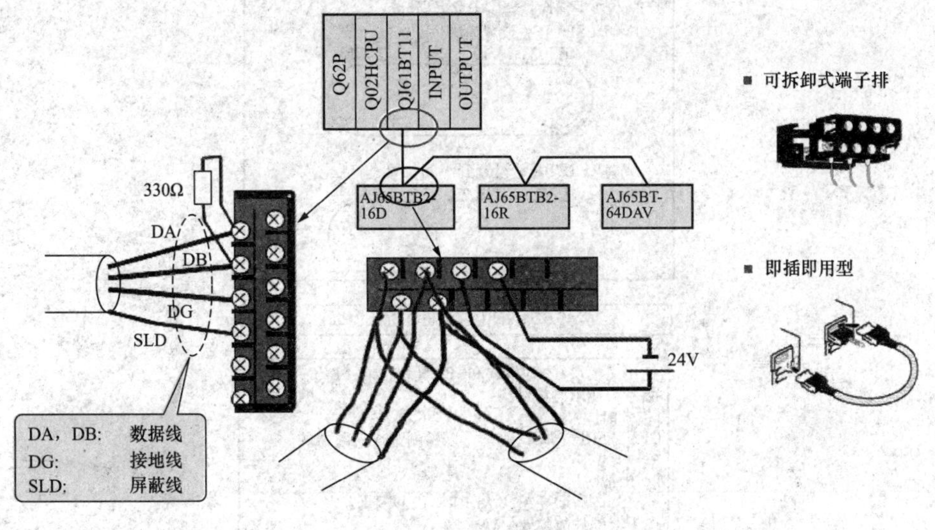

图 7-15　外部配线

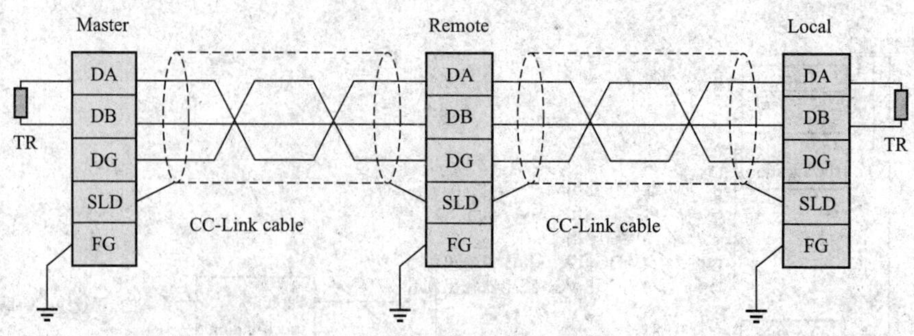

图 7-16　CC-Link 的接线

硬件测试步骤如图 7-17 所示。将 PLC CPU 的 RUN/STOP 开关设置为“RUN”及进行硬件测试时，系统状态变成 SP. UNIT DOWN 并且 PLC CPU 停止以便检查警戒定时器功能的运行。确保 PLC CPU 的 RUN/STOP 开关设置为“STOP”，然后执行硬件测试。

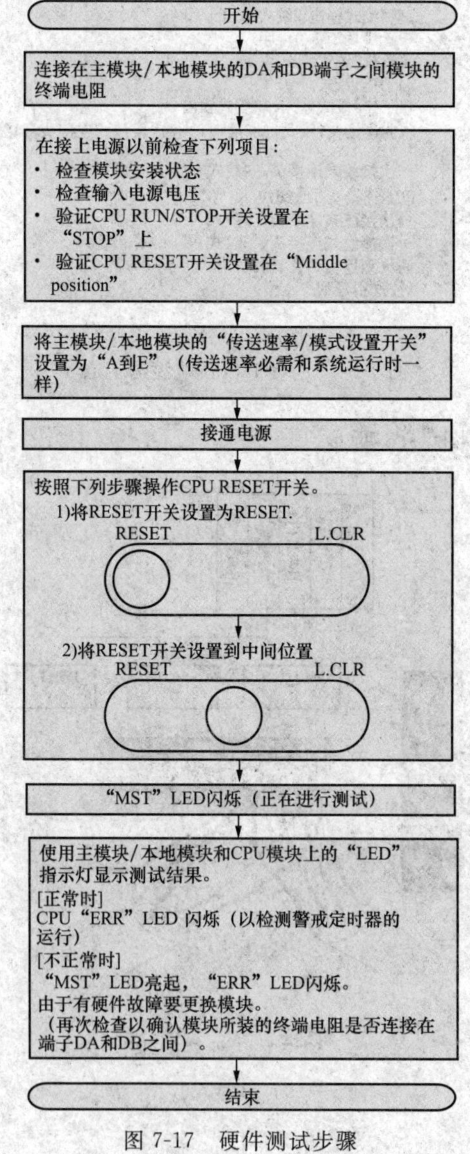

图 7-17　硬件测试步骤

线路测试如图 7-18 所示，线路测试 1，检查连接状态以及和远程站/本地站/智能设备站/备用主站的通信状态。

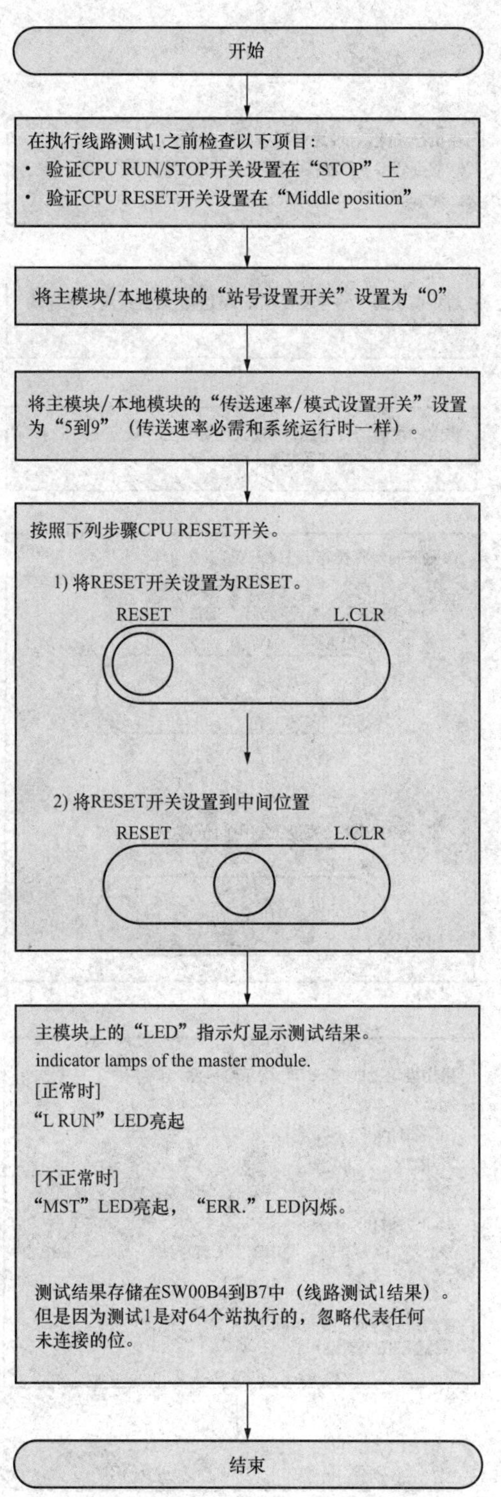

图 7-18　线路测试 1

线路测试 2 如图 7-19 所示，检查与指定的远程站/本地站/智能设备站/备用主站的通信状态。

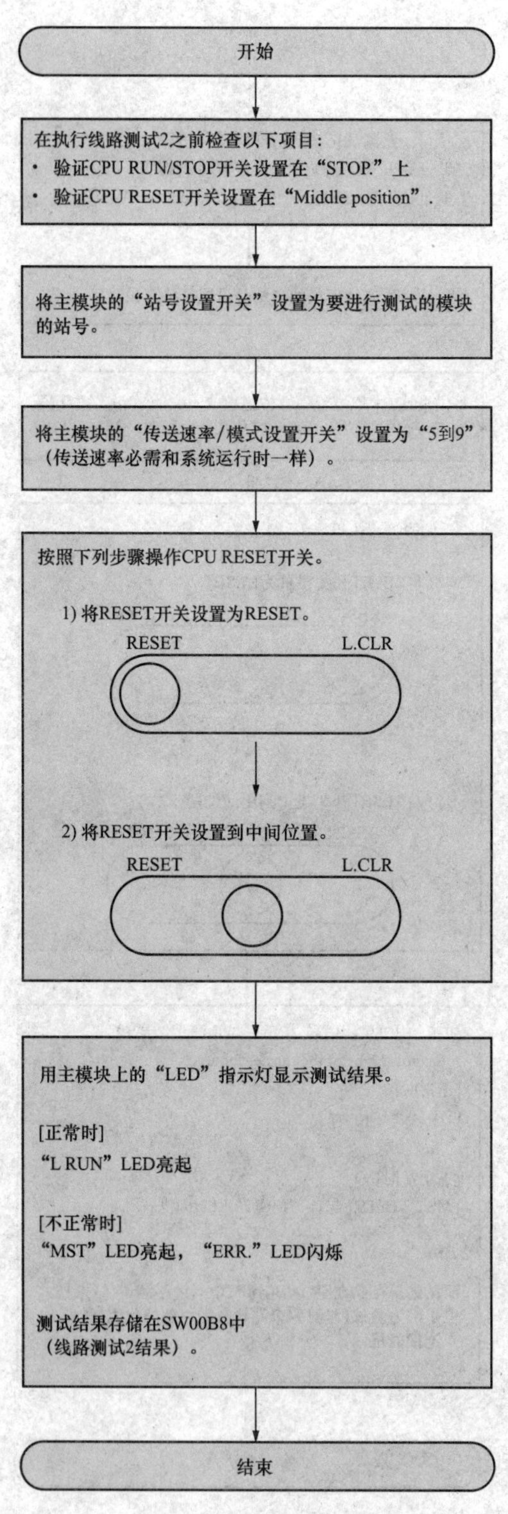

图 7-19　线路测试 2

内部通信架构图如图 7-20～图 7-22 所示。

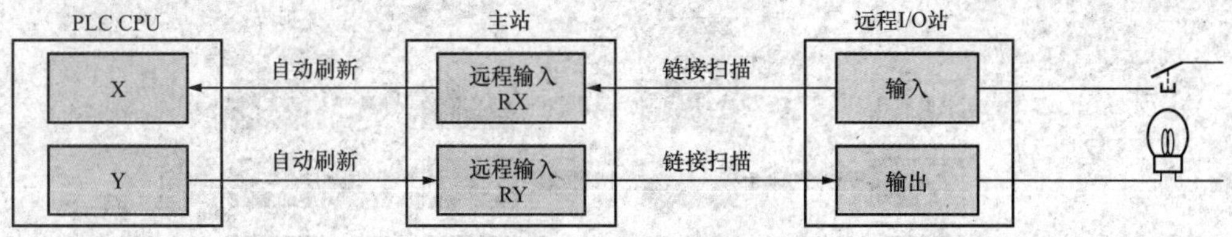

图 7-20　内部通信架构图 1

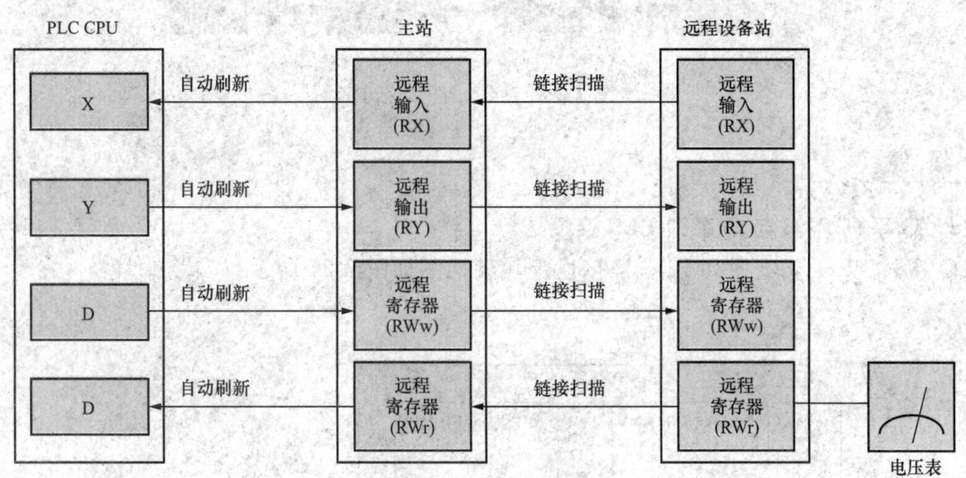

图 7-21　内部通信架构图 2

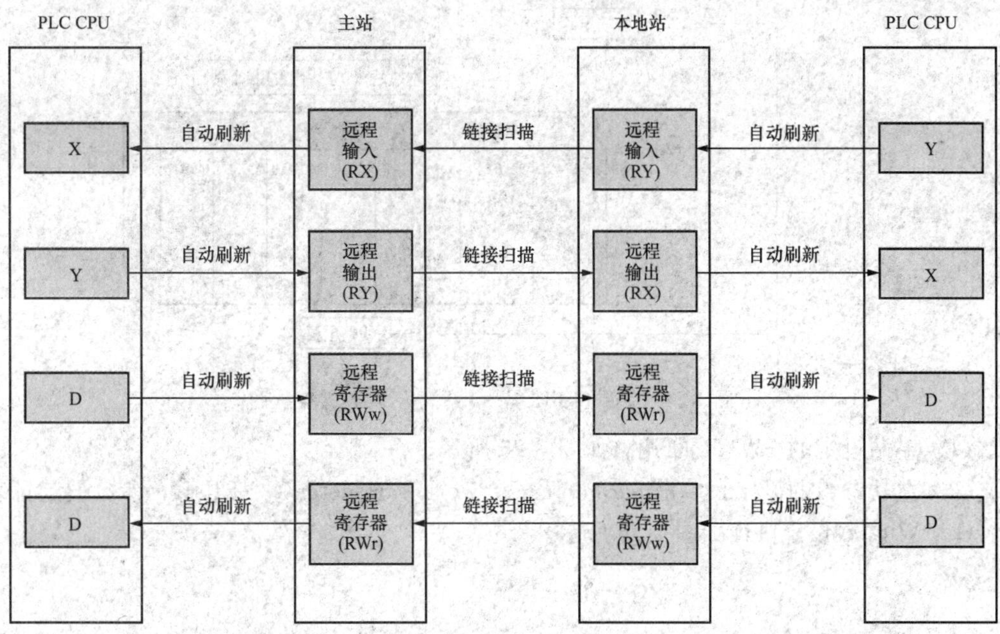

图 7-22　内部通信架构图 3

通信元件传送方向如图 7-23 所示。

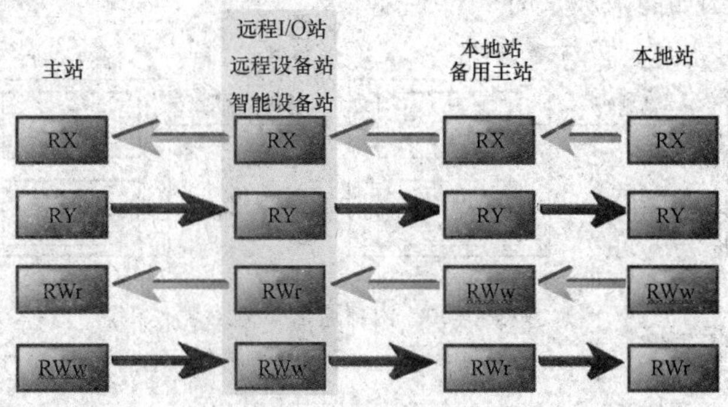

图 7-23　通信元件传送方向

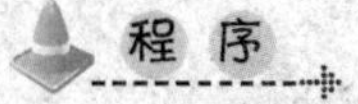

1. Q 系列 PLC 与 Q 系列 PLC 连接

Q 系列 PLC 与 Q 系列 PLC 连接设定，架构图如图 7-24 所示。

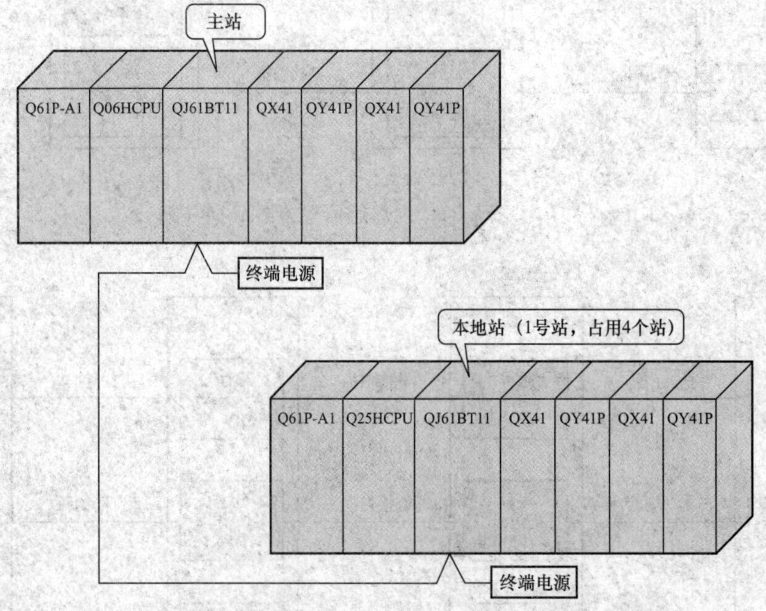

图 7-24　Q 系列 PLC 与 Q 系列 PLC 连接架构图

（1）主站设定的 SWITCH 调整如图 7-25 所示。

（2）主站参数的设定，单击 parameter/network parameter/CC-LINK，参数设定见表 7-10，GPPW 参数设定画面如图 7-26 所示。

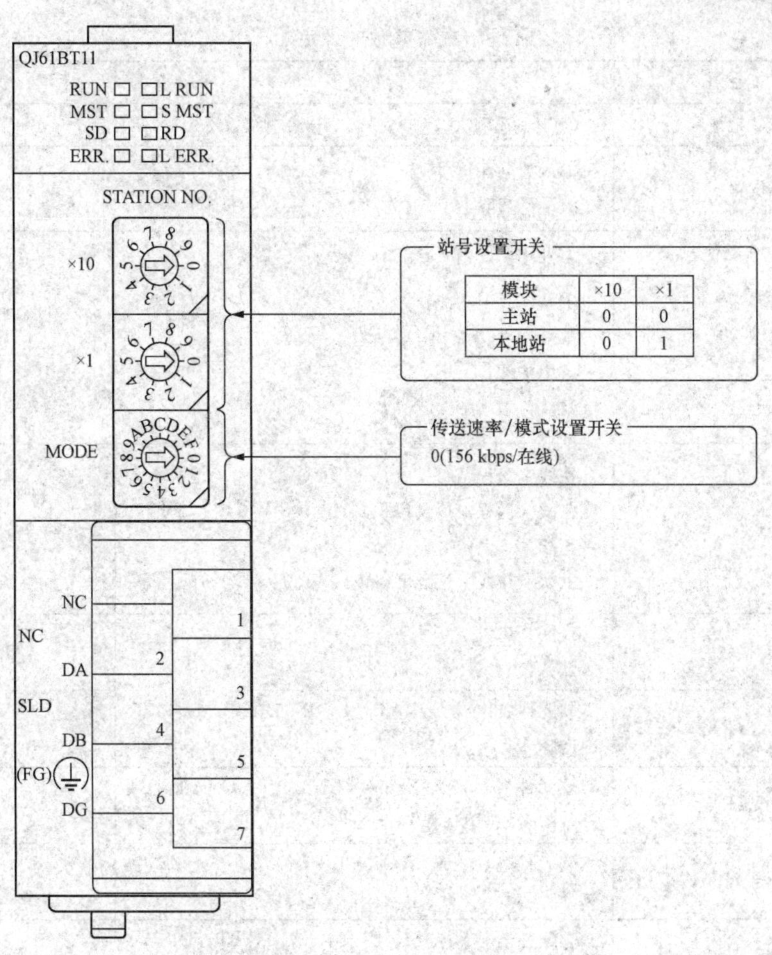

图 7-25 主站设定的 SWITCH 调整

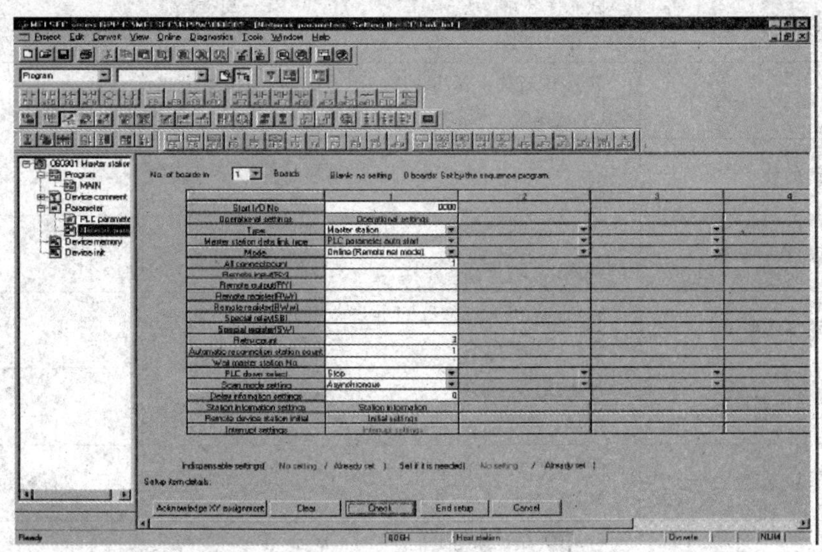

图 7-26 主站参数 GPPW 参数设定画面

表 7-10　　主站参数的设定

项　目	设置范围	设 置 值
启动 I/O 地址	0000～0FE0	0000
操作设置	输入数据保持/清除 默认：清除	保持/(清除)
类型	主站 主站（双工功能） 本地站 备用主站 默认：主站	(主站) 主站（双工功能） 本地站 本地站
模式	在线（远程网络模式） 在线（远程 I/O 网络模式） 离线 默认：在线（远程网络模式）	(在线(远程网络模式)) 在线（远程 I/O 网络模式） 离线
所有连接数	1～64 默认：64	1 个模块
远程输入（RX）	软元件名称：从 X，M，L，B，D，W，R 或 ZR 中选择	
远程输出（RY）	软元件名称：从 Y，M，L，B，T，C，ST，D，W，R 或 ZR 中选择	
远程寄存器（RWr）	软元件名称：从 M，L，B，D，W，R 或 ZR 中选择	
远程寄存器（RWw）	软元件名称：从 M，L，B，T，C，ST，D，W，R 或 ZR 中选择	
特殊继电器（SB）	软元件名称：从 M，L，B，D，W，R，SB 或 ZR 中选择	
特殊寄存器（SW）	软元件名称：从 M，L，B，D，W，R，SW 或 ZR 中选择	
重试数	1～7 默认：3	3 次
自动重新连接站数	1～10 默认：1	1 个模块
备用主站号	空白：1～64（空白：未指定备用主站） 默认：空白	
PLC 当机选择	停止/继续 默认：停止	(停止)/继续
扫描模式设置	异步/同步 默认：异步	(异步)/同步
延迟信息设置	0～100（0：未指定） 默认：0	0

（3）从站参数设定见表 7-11，GPPW 参数设定画面如图 7-27 所示。

表 7-11　从站参数设定

项　目	设置范围	设置值
起始 I/O 地址	0000～0FE0	0000
操作设置	输入数据保持/清除 默认：清除	保持/(清除)
类型	主站 主站（双工功能） 本地站 备用主站 默认：主站	主站 主站（双工功能） (本地站) 备用主站
模式	在线（远程网络模式） 在线（远程 I/O 网络模式） 离线 默认：在线（远程网络模式）	(在线(远程网络模式)) 在线（远程 I/O 网络模式） 离线
所有连接数	1～64 默认：64	模块
远程输入（RX）	软元件名称：从 X，M，L，B，D，W，R 或 ZR 中选择	
远程输出（RY）	软元件名称：从 Y，M，L，B，T，C，ST，D，W，R 或 ZR 中选择	
远程寄存器（RWr）	软元件名称：从 M，L，B，D，W，R 或 ZR 中选择	
远程寄存器（RWw）	软元件名称：从 M，L，B，T，C，ST，D，W，R 或 ZR 中选择	
特殊继电器（SB）	软元件名称：从 M，L，B，D，W，R，SB 或 ZR 中选择	
特殊寄存器（SW）	软元件名称：从 M，L，B，D，W，R，SW 或 ZR 中选择	
重试次数	1～7 默认：3	次数
自动重新连接站数	1～10 默认：1	模块
备用主站号	空白：1～64（空白：未指定备用主站） 默认：空白	
PLC 当机选择	停止/继续 默认：停止	停止/继续
扫描模式设置	异步/同步 默认：异步	异步/同步
延迟信息设置	0～100（0：未指定） 默认：0	

（4）I/O 号码分配表如图 7-28 所示。使用 CC-LINK，I/O 分配表时，最后 2 bit 不可使用。

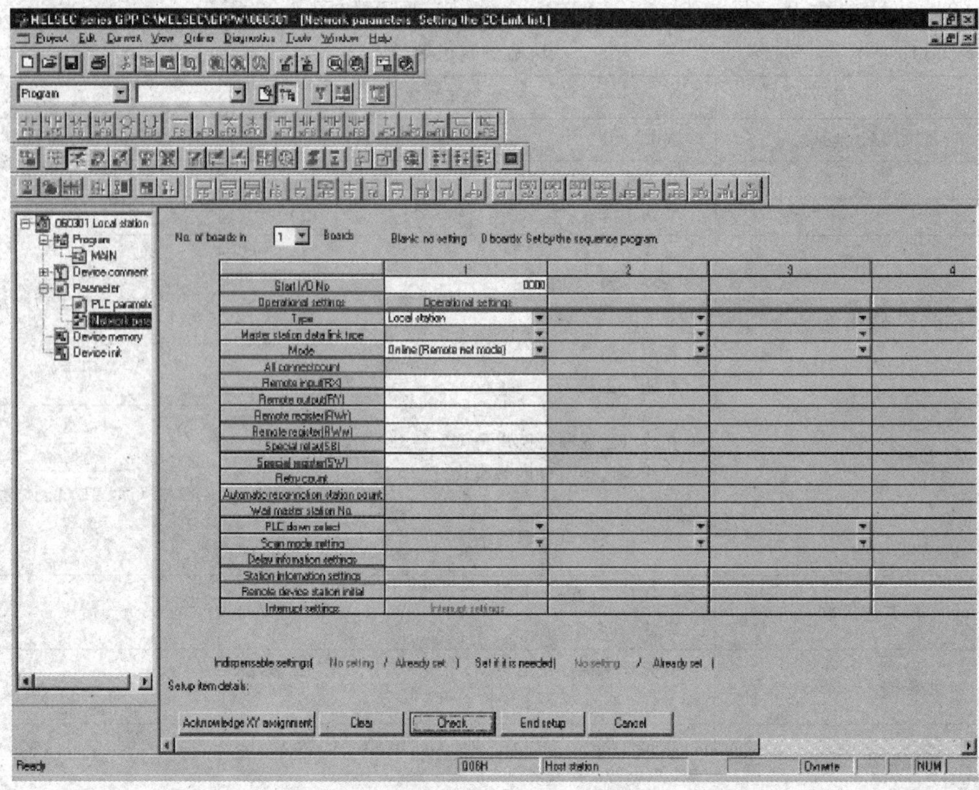

图 7-27　从站参数 GPPW 参数设定画面

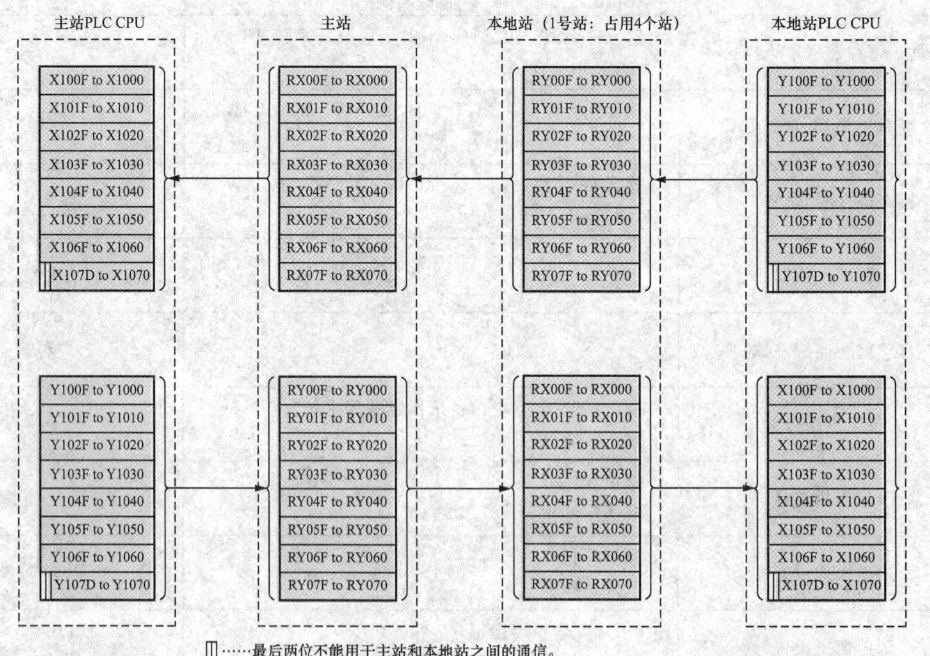

图 7-28　I/O 号码分配

（5）暂存器分配表如图 7-29 所示。

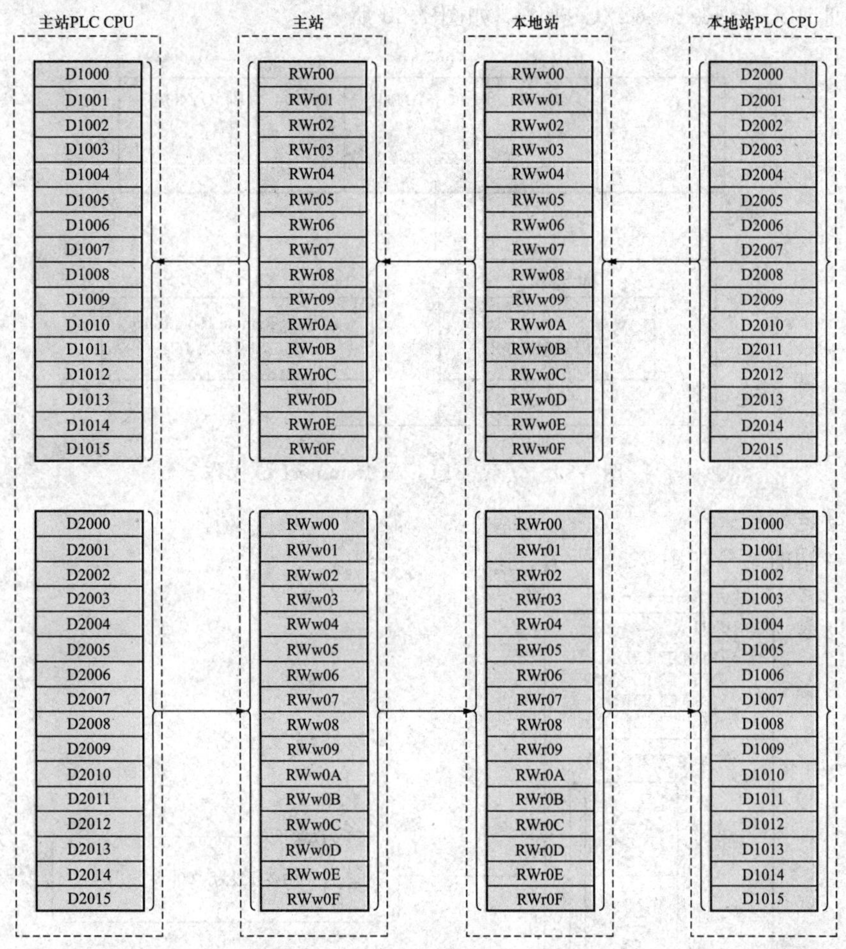

图 7-29　暂存器分配表

（6）主/从站程序。

主站程序：

X1000　(Y40)　控制程序使用从本地站接收的数据
X20　(Y1000)　一个生成传送数据到本地站的程序
[RET]
[END]

从站程序：

2. Q 系列 PLC 与 Remote I/O 操作

Q 系列 PLC 与 Remote I/O 操作，如图 7-30 所示。

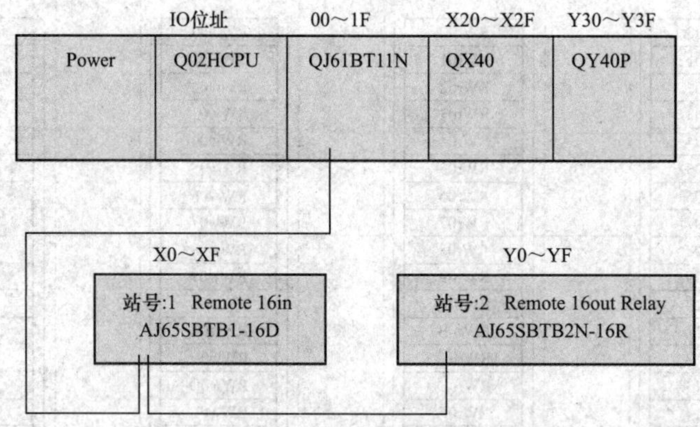

图 7-30　Q 系列 PLC 与 Remote I/O 操作

（1）设定站号。

设定主站的站号如图 7-31 所示。

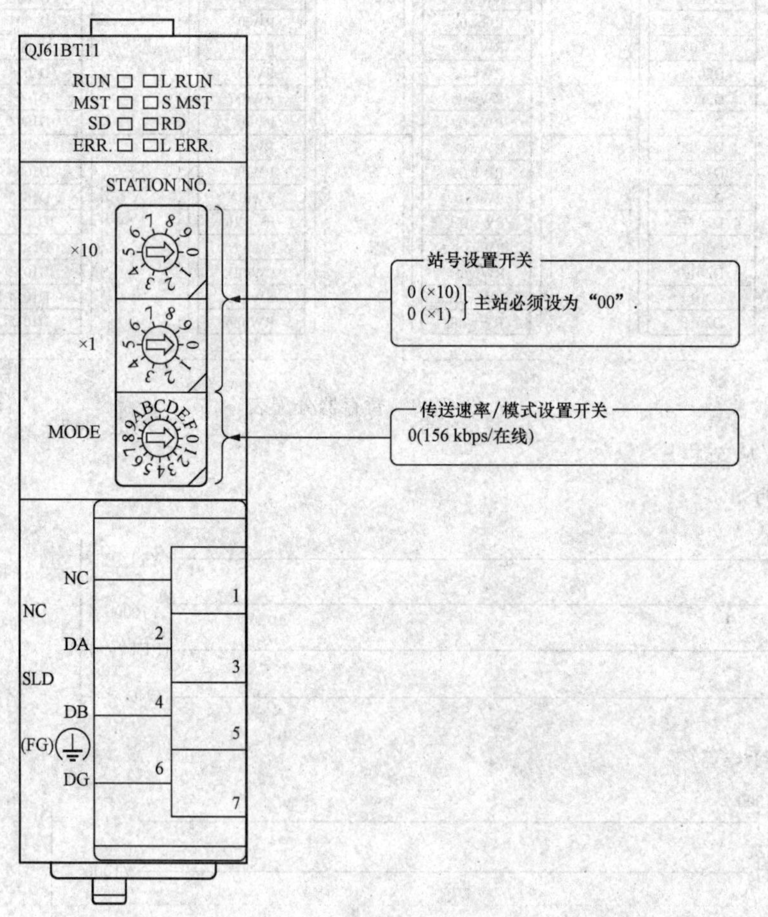

图 7-31　设定主站的站号

设定 REMOTE 站号如图 7-32 所示。

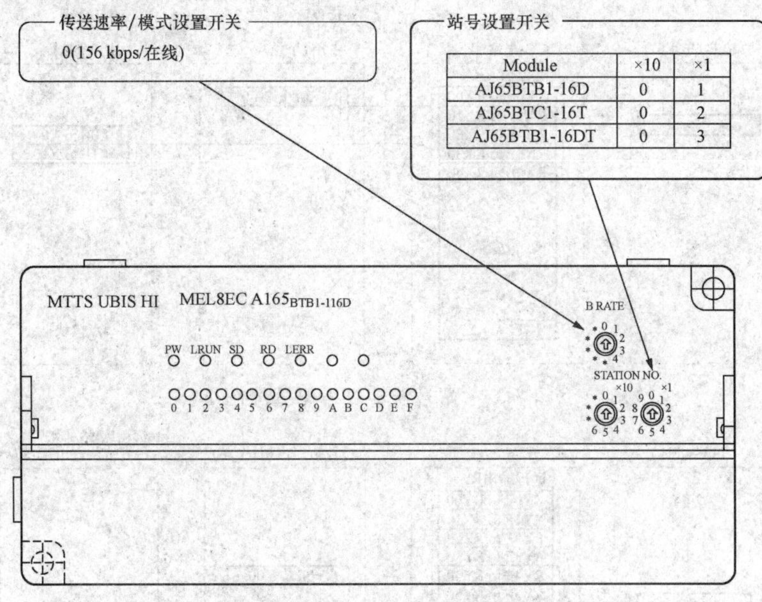

图 7-32 设定 REMOTE 站号

（2）CC-LINK 参数的设定如图 7-33 所示，CC-LINK 参数表格如图 7-34 所示。

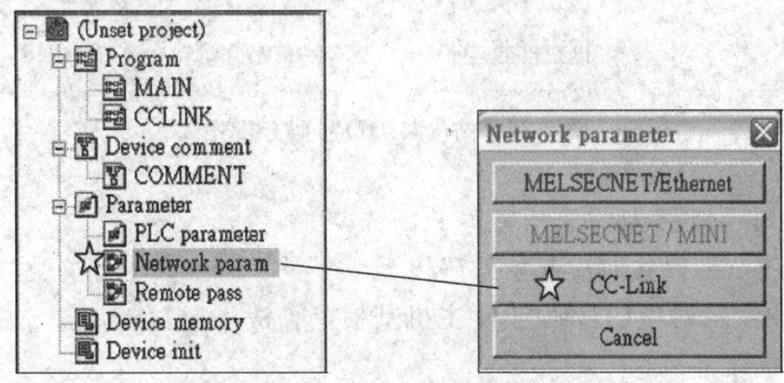

图 7-33 CC-LINK 参数的设定

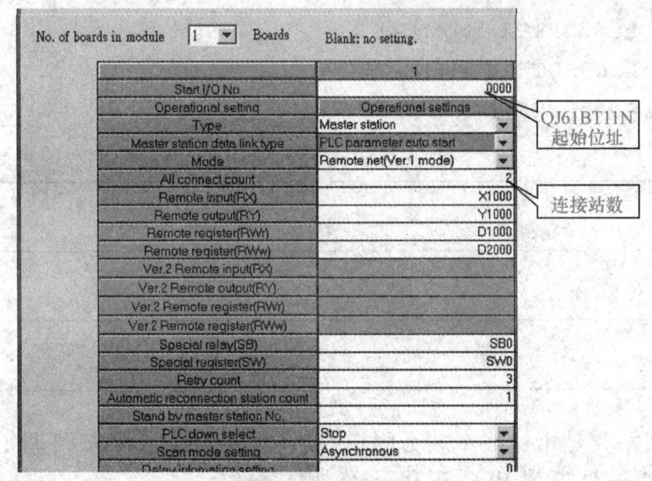

图 7-34 CC-LINK 参数表格

（3）站号与 I/O 号码分配如图 7-35 和图 7-36 所示。

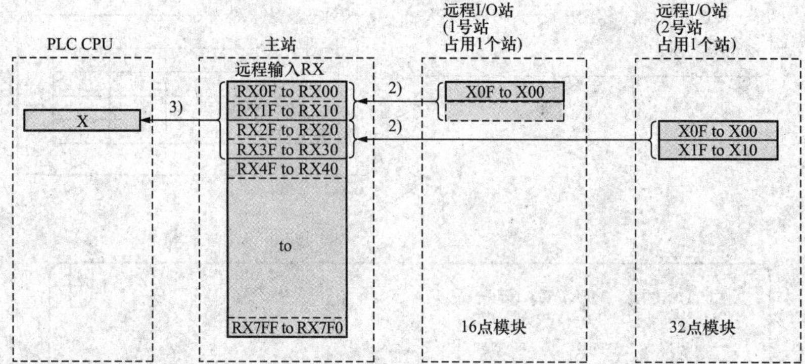

图 7-35　站号与 I/O 号码分配图 1

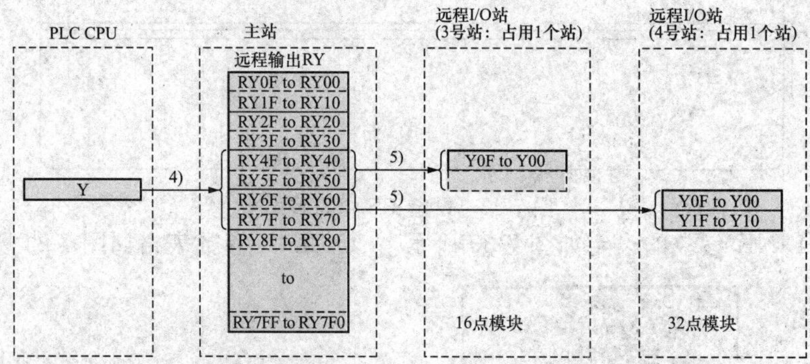

图 7-36　站号与 I/O 号码分配图 2

（4）程序。

RX：Remote in　程式对应起始号码

RY：Remote out　程式对应起始号码

X1000 及 Y1000 所对应的号码与 Q 主机基板上算法一样。

例：

X1000：代表 AJ65SBTB1-16D 的 X0

X100F：代表 AJ65SBTB1-16D 的 XF

X1020：代表 AJ65SBTB2N-16R 的 Y0

X102F：代表 AJ65SBTB2N-16R 的 YF

该模组所占用站数是 1 站或 2 站为固定的。（除 device station 可调 1～4 站外）

3. Q 系列 PLC 与 Q 系列 PLC 及 Remote I/O 操作

Q 系列 PLC 与 Q 系列 PLC 及 Remote I/O 操作如图 7-37 所示。

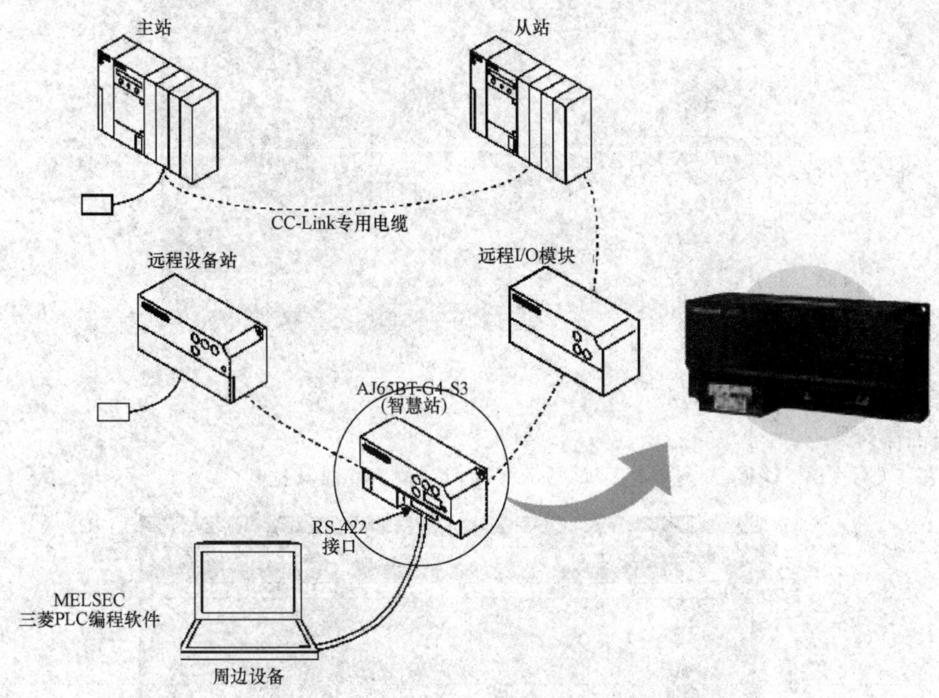

图 7-37　Q 系列 PLC 与 Q 系列 PLC 及 Remote I/O 操作

(1) 主、从站号的设定，主、从站参数的设定参考主站与从站和主站与远程 I/O 站。

(2) CC-LINK 参数表格如图 7-38 所示。

起始I/O号	0080	
操作设置	操作设置	
类型	主站	
数据链接类型	PLC 参数自动启动	QJ61BT11起始地址
模式设置	远程网络Ver.1模式	
总链接数	3	
远程输入(RX)刷新软元件	X1000	
远程输出(RY)刷新软元件	Y1000	连接站数
远程寄存器(RWr)刷新软元件	W1000	
远程寄存器(RWw)刷新软元件	W100	
Ver.2远程输入(RX)刷新软元件		
Ver.2远程输出(RY)刷新软元件		
Ver.2远程寄存器(RWr)刷新软元件		
Ver.2远程寄存器(RWw)刷新软元件		
特殊继电器(SB)刷新软元件	SB0	
特殊寄存器(SW)刷新软元件	SW0	
再送次数	3	
自动链接台数	1	
待机主站号		站信息设定
CPU DOWN指定	停止	
扫描模式指定	异步	
延迟时间设置	0	
站信息指定	站信息	
远程设备站初始化指定	初始设置	

图 7-38　CC-LINK 参数表格

(3) 使用 GPPW 进行 CC-Link 诊断。上位站监视如图 7-39 所示。

操作步骤：

单击：“诊断”，然后单击“CC-Link 诊断”。

在“模块设置”下单击“监视器启动”，用“单元号”或“I/O 地址”设上位站监视器适用的模块。

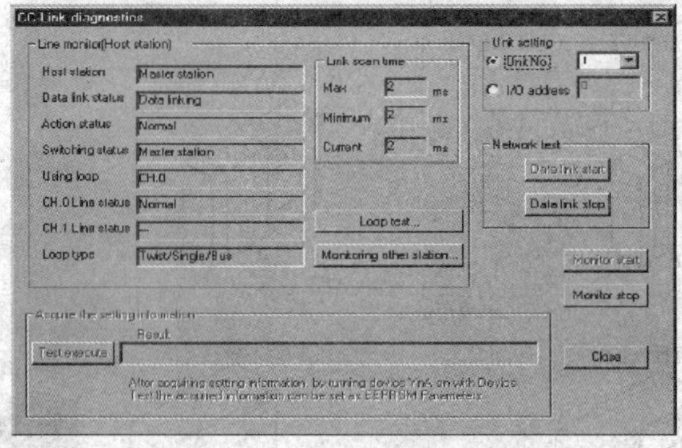

图 7-39 上位站监视

其他站监视如图 7-40 所示。

操作步骤：

在“CC-Link 诊断”下单击“诊断”然后选择“监视其他站”。

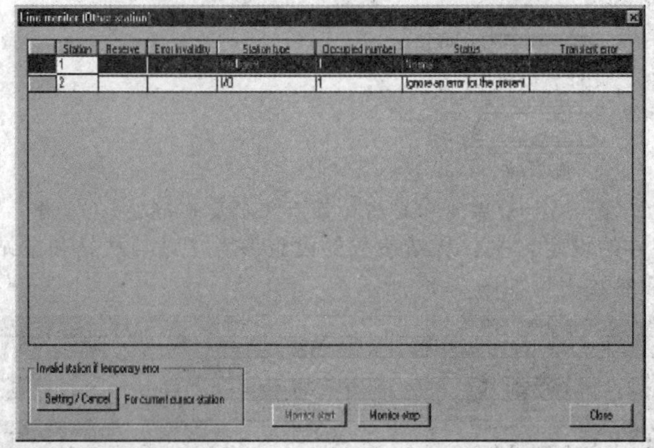

图 7-40 其他站监视

线路测试如图 7-41 所示，检查连接的远程站、本地站、智能设备站和备用主站的运行状态，正常运行的站显示为“蓝色”，异常站显示为“红色”。

操作步骤：在“CC-Link 诊断”下单击“诊断”，选择“回路测试”。

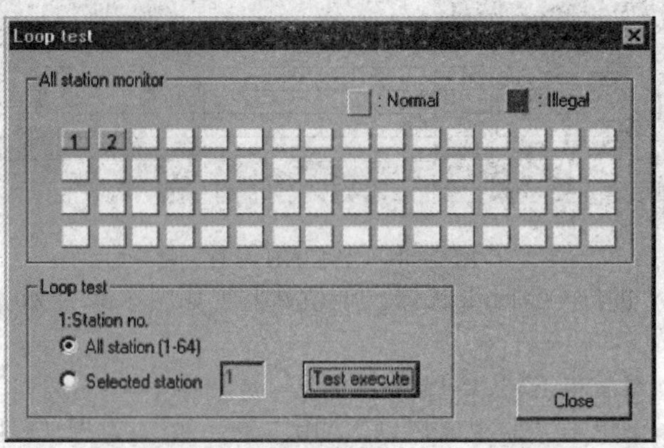

图 7-41 线路测试

【案例 7-4】三菱 PLC 与台达温控仪通信

功 能

三菱 FX 系列 PLC 与台达 DTA 系列温控仪通信，可读取温控器的数据和发送数据到温控器。

FX_{2N}系列 PLC 一个，FX_{0N}-485ADP 及 FX_{2N}-CNV-BD 各一个，台达 DTA4848 温控器一个，接线器材少许。

分 析

1．硬件接线

硬件接线示意图如图 7-42 所示。

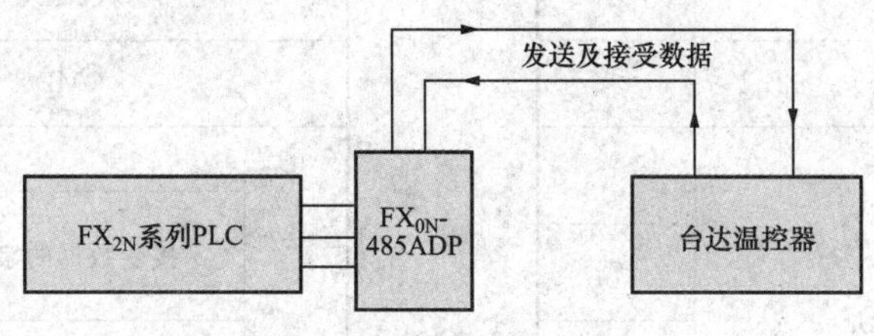

图 7-42　硬件接线示意图

2．温控器通信参数

台达 DTA4848 温控器通信参数：

(1) 通信规格仅提供 RS－485 通信接口；

(2) 支持传输速度 2400～38400 内所有的波特率，不支持 7，N，1 或 8，O，2 或 8，E，2 通信格式；

(3) 使用 modbus（ASCII）通信协议，通信地址可设定选择 1～255，通信地址 0 为广播地址；

(4) 功能码：03H 表示读取寄存器内容（最大三个字），06H 表示写入一个字到寄存器。

3．寄存器地址及内容

寄存器地址及内容见表 7-12。

表 7-12　　寄存器地址及内容

地　址	名　称
4700	PV 目前温度值
4701	SV 温度设定值
4702	报警输出 1 上限报警值
4703	报警输出 1 下限报警值
4704	报警输出 2 上限报警值
4705	报警输出 2 下限报警值

4. ASCII 模式数据读写

如果从地址 01H 的温度控制器的起始地址 4700H 连续读取 2 个字。ASCII 模式数据读取见表 7-13。

表 7-13　　ASCII 模式数据读取

命令信息

命令信息	
STX（起始符）	:
ADR1（仪表地址）	0
ADR0（仪表地址）	1
CMD1（读取命令）	0
CMD0（读取命令）	3
读取的起始资料地址	4
	7
	0
	0
读取的资料数（以字计算）	0
	0
	0
	2
LRC CHK1（检查码）	B
LRC CHK0（检查码）	3
END1（结束码）	CR
END0（结束码）	LF

回应信息

回应信息	
STX）	:
ADR1	0
ADR0	1
CMD1	0
CMD0	3
	0
接受数据的字节数	4
	0
起始资料地址 4700 的内容	1
	9
	0
第二个资料地址 4701 的内容	0
	0
	0
	0
LRC CHK1	6
LRC CHK0	7
END1	CR
END0	LF

ASCII 模式的检查码（LRC check）的计算是由 Address 到资料数结束加起来的值。那么检查码的计算为：01H＋03H＋47H＋00H＋00H＋02H＝4DH，然后取 2 的补数（即每位取反后加 1）＝B3H。

将 1000（038H）些到地址为 01H 的温控器的 4701H 的地址内。ASCII 模式数据写入见表 7-14。

表 7-14　　ASCII 模式数据写入

命令信息

STX	:
ADR1	0
ADR0	1
CMD1	0
CMD0	6
资料地址	4
	7
	0
	1
资料内容	0
	3
	E
	8
LRC CHK1	C
LRC CHK0	6
END1	CR
END0	LF

命令信息

STX	:
ADR1	0
ADR0	1
CMD1	0
CMD0	3
资料地址	4
	7
	0
	0
资料内容	0
	3
	E
	8
LRC CHK1	C
LRC CHK0	6
END1	CR
END0	LF

5．温控器的接线端子

温控器的接线端子，如图 7-43 所示。其中的 9 号及 10 号端子即为 RS-485 接口。

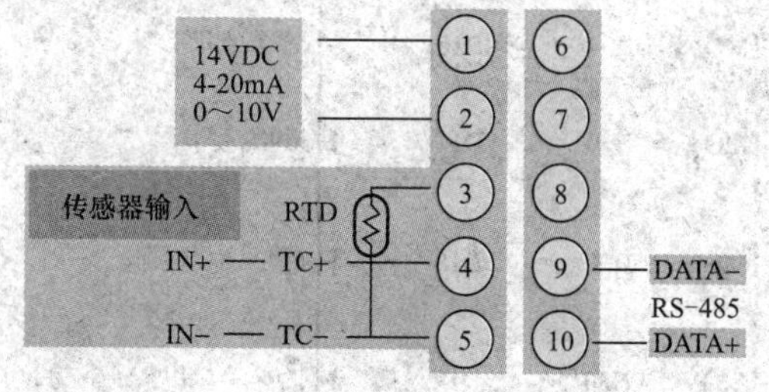

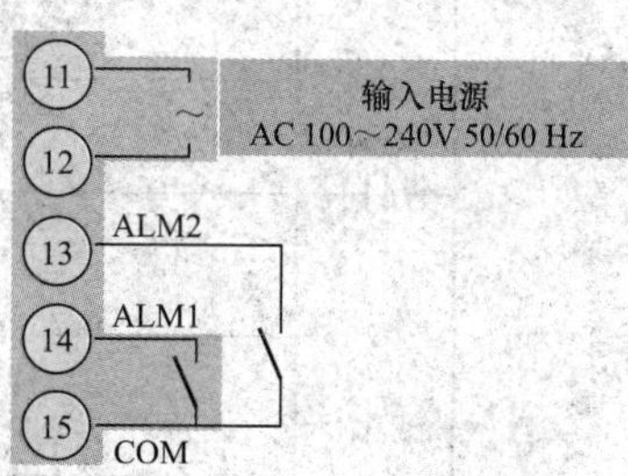

图 7-43　温控器的接线端子

程　序

首先要设置通信参数，即特殊寄存器 D8120 进行设置，然后通过 RS 指令把符合通信规格的数据写到温控器里面。温控器接受的 ASCII 数据，所以 PLC 发送时也要发送 ASCII 类型的数据。温控器接收到正确的数据后，自动会发送一些数据到 PLC 里。程序如下：

（1）设置通信参数及数据（PLC 及温控器的通信参数及数据格式）：

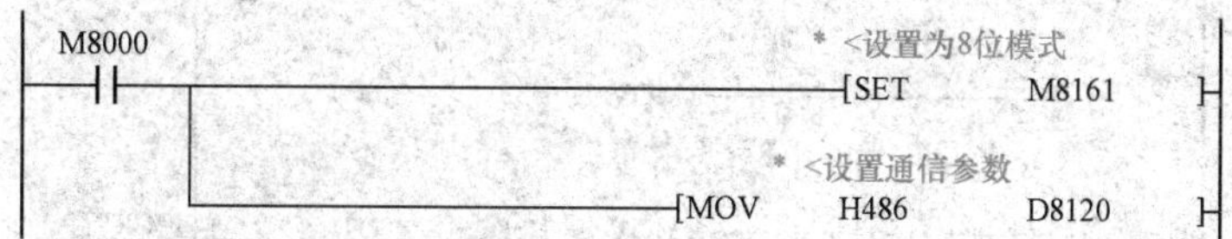

（2）编写 RS 指令

```
                                                    * <数据读写指令
| M8000
|--| |----------------[RS      D10      K17      D50      K21    ]|
```

（3）把要发的数据写入 D10～D26 这 17 个数据寄存器里，根据发送数据的格式一个一个发。

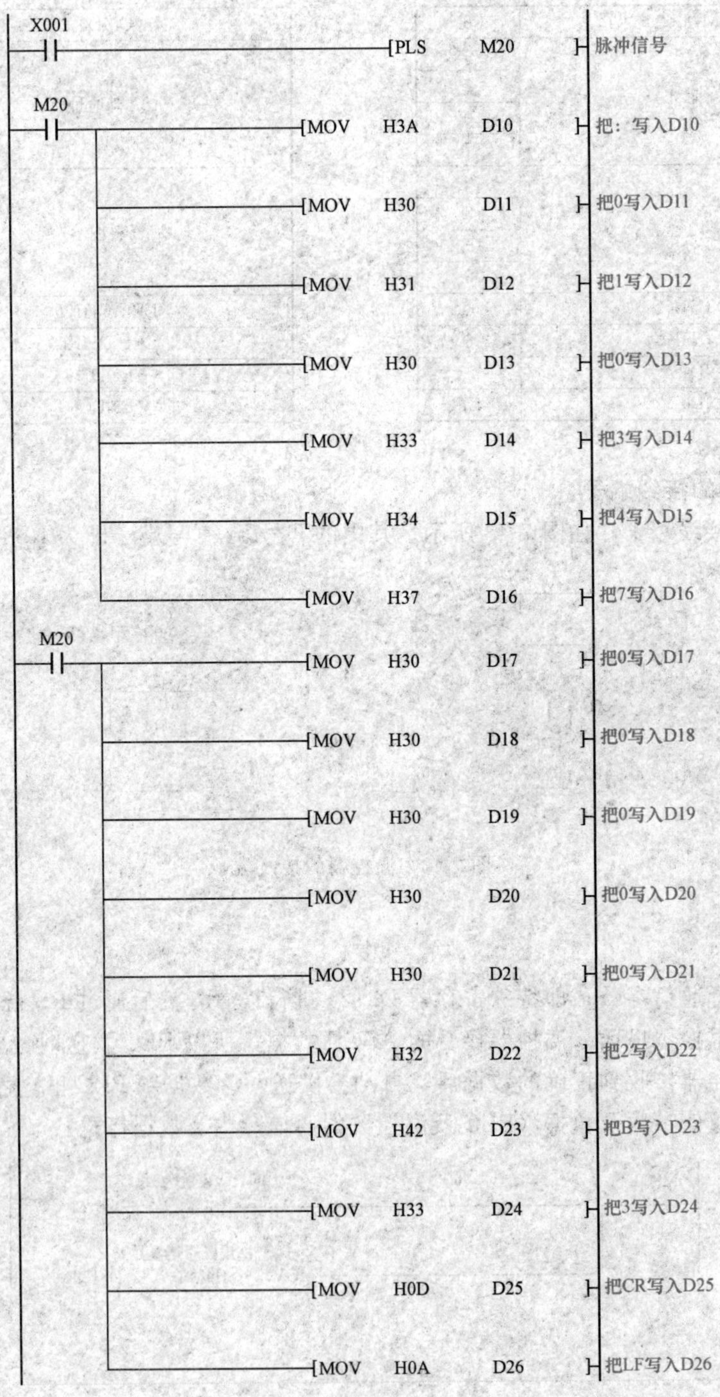

```
| X001
|--| |---------------------------------[PLS     M20       ]  脉冲信号
|
| M20
|--| |--+-------------------[MOV     H3A     D10       ]  把：写入D10
|       |
|       +-------------------[MOV     H30     D11       ]  把0写入D11
|       |
|       +-------------------[MOV     H31     D12       ]  把1写入D12
|       |
|       +-------------------[MOV     H30     D13       ]  把0写入D13
|       |
|       +-------------------[MOV     H33     D14       ]  把3写入D14
|       |
|       +-------------------[MOV     H34     D15       ]  把4写入D15
|       |
|       +-------------------[MOV     H37     D16       ]  把7写入D16
| M20
|--| |--+-------------------[MOV     H30     D17       ]  把0写入D17
|       |
|       +-------------------[MOV     H30     D18       ]  把0写入D18
|       |
|       +-------------------[MOV     H30     D19       ]  把0写入D19
|       |
|       +-------------------[MOV     H30     D20       ]  把0写入D20
|       |
|       +-------------------[MOV     H30     D21       ]  把0写入D21
|       |
|       +-------------------[MOV     H32     D22       ]  把2写入D22
|       |
|       +-------------------[MOV     H42     D23       ]  把B写入D23
|       |
|       +-------------------[MOV     H33     D24       ]  把3写入D24
|       |
|       +-------------------[MOV     H0D     D25       ]  把CR写入D25
|       |
|       +-------------------[MOV     H0A     D26       ]  把LF写入D26
```

(4) 数据写入数据寄存器中，然后开始执行发送请求。发送完毕后，温控器自然会把数据通过 RS 指令反送回数据寄存器里。接收完毕后，M8123 会接通，然后一定要把 M8123 复位，不复位的话，下次就接收不到数据。

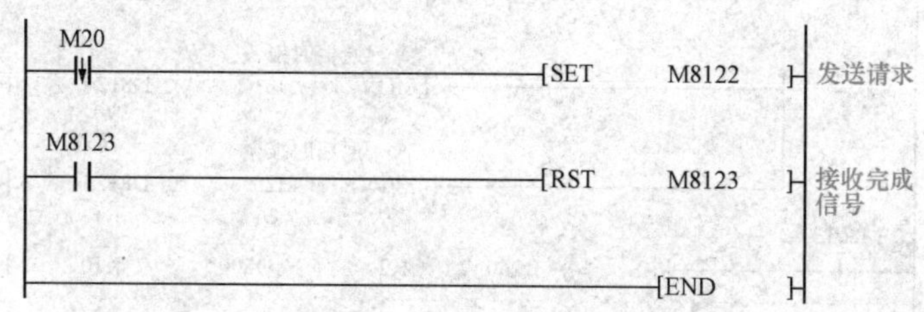

【案例 7-5】三菱 PLC 与计算机的通信

功能

三菱 FX 的 PLC 与计算机进行数据互换，进行数据通信。

电脑一台，FX_{2N}系列 PLC 一个，FX_{2N}-232BD 通信板一个。RS232 接口 2 个。

分析

硬件接线示意图如图 7-44 所示。

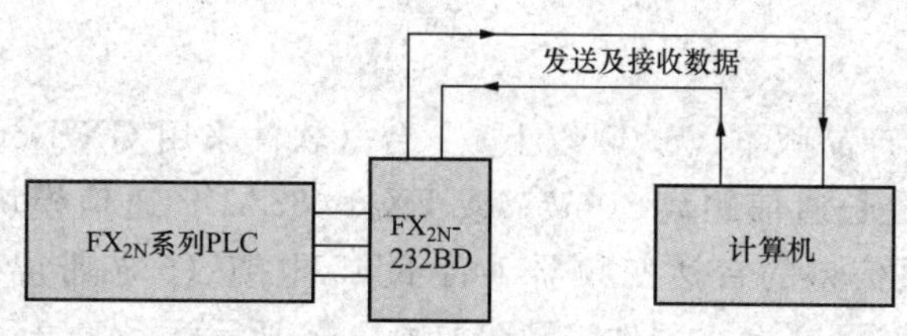

图 7-44　硬件接线示意图

232BD 与计算机通信接口的接线如图 7-45 所示。

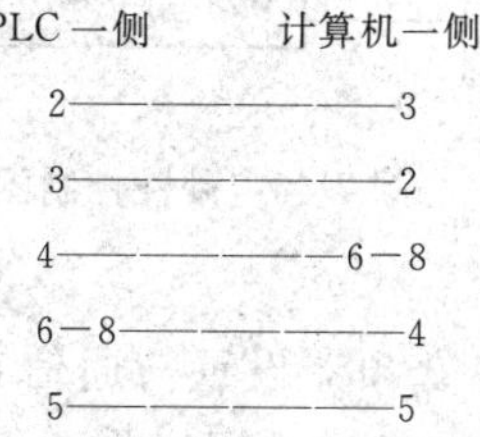

图 7-45　232BD 与计算机通信接口的接线

程序

注：其中通信参数 D8120 只能设置为 H086，H186，H286，H386

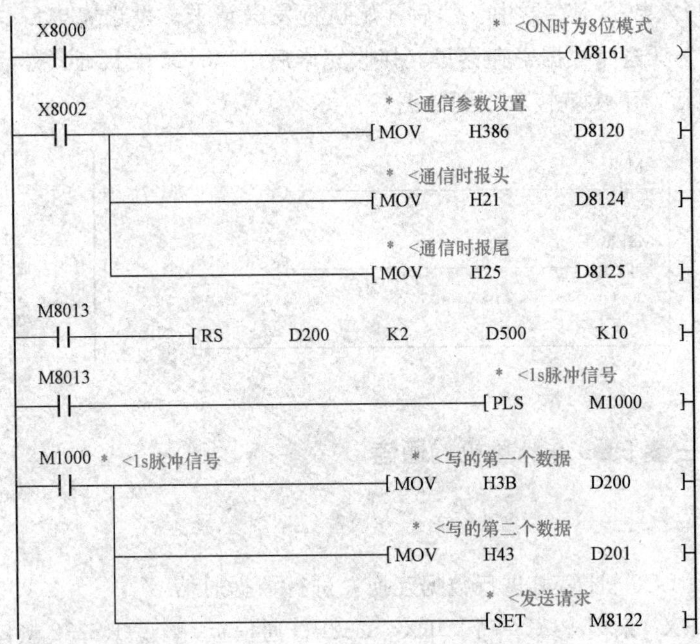

【案例 7-6】三菱 PLC 与台达变频器通信控制

分 析

1. 系统硬件组成

FX_{2N}系列 PLC（产品版本 V3.00 以上）1 台（软件采用 GX Developer 版）；FX_{2N}-485-BD 通信模板 1 块（最长通信距离 50m）；或 FX_{0N}-485ADP 通信模块 1 块（最长通信距离 500m）；带 RS-485 通信口的台达变频器 1 台 RJ45 电缆（5 芯带屏蔽）；选件：人机界面（如 eview 等小型触摸屏）1 台。硬件控制图如图 7-46 所示。

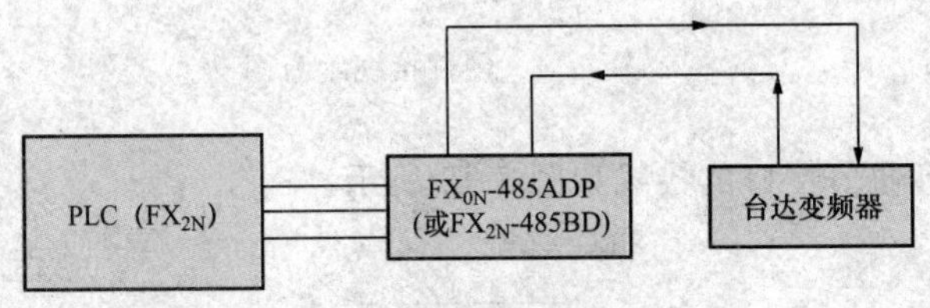

图 7-46 硬件控制图

2. 变频器通信参数设置

为了正确地建立通信，必须在变频器设置与通信有关的参数如“站号”、“通信速率”、“停止位长/字长”、“奇偶校验”等。参数采用操作面板设定。

3. 基于台达变频器的 MODBUS 通信协议

基于台达变频器的 MODBUS 通信协议使用 ASCII 模式，消息以冒号（:）字符（ASCII 码 3AH）开始，以 CR、LF 结束（ASCII 码 0DH，0AH）。其他域可以使用的传输字符是十六进制的 0... 9，A... F。网络上的设备不断侦测“:”字符，当有一个冒号接收到时，每个设备都解码下个域（地址域）来判断是否发给自己的。消息中字符间发送的时间间隔最长不能超过 1s，否则接收的设备将认为传输错误。台达变频器 MODBUS 通信协议询问信息字串格式见表 7-15。

表 7-15　　台达变频器 MODBUS 通信协议询问信息字串格式

询问信息字串格式：

STX	‘:’
Address	‘0’
	‘1’
Function	‘0’
	‘3’
Starting address	‘2’
	‘1’
	‘0’
	‘2’
Number of data (count by word)	‘0’
	‘0’
	‘0’
	‘2’
LRC Check	‘D’
	‘7’
END	CR
	LF

程序

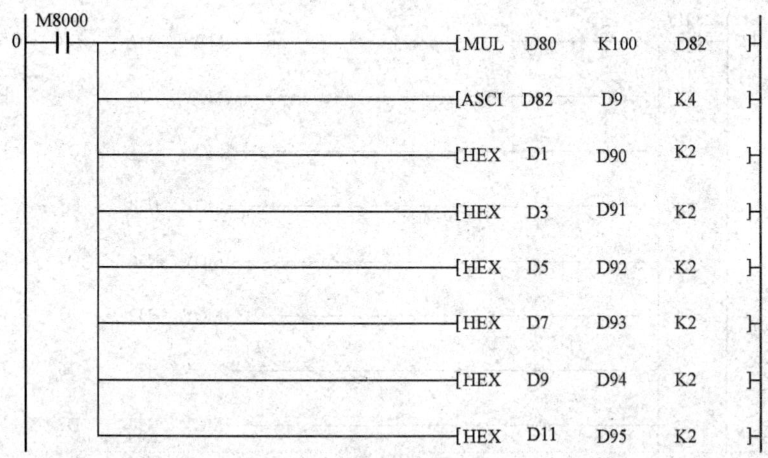

（1）上面语句分别是指在 D80 寄存器中设置频率到变频器，同时把放大的结果转换成 4 个 ASCII 格式，接下来把 D1、D2、D3、D4、D5、D6、D7、D8、D9、D10、D11、D12 的数据转化成十六进制数放入 D90、D91、D92 、D93 、D94 、D95 寄存器中。

```
    M8000
57 ─┤├─┬────────────────[RST   Z0        ]
       └────────────────[RST   D100      ]
64 ─────────────────────[FOR   K6        ]
    M8000
67 ─┤├─┬────────[ADD  D100  D90Z0  D100  ]
       └────────────────[INC   Z0        ]
78 ─────────────────────[NEXT            ]
```

（2）按照 MODBUS 通信协议的要求，首先需把所有寄存器的数据相加的结果算出来，所以上面语句，是用循环指令的方式把 D90＋D91＋D92 ＋D93 ＋D94 ＋D95 的结果放到 D100 当中。

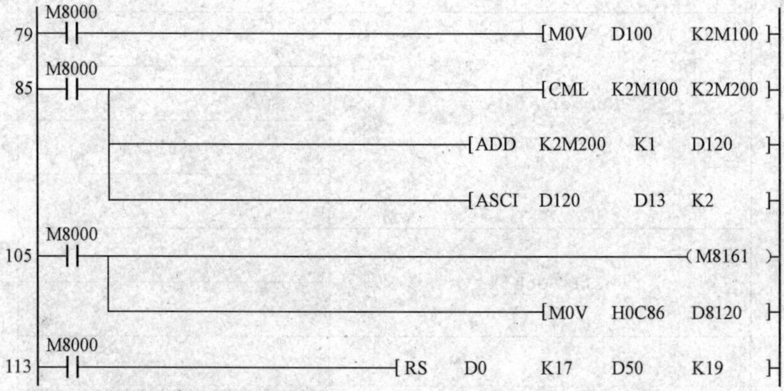

```
     M8000
79  ─┤├─────────────────[MOV   D100    K2M100 ]
     M8000
85  ─┤├─┬───────────────[CML   K2M100  K2M200 ]
        ├────────[ADD   K2M200  K1     D120   ]
        └────────[ASCI  D120    D13    K2     ]
     M8000
105 ─┤├─┬──────────────────────────(M8161     )
        └───────────────[MOV   H0C86   D8120  ]
     M8000
113 ─┤├──────────[RS    D0   K17   D50   K19  ]
```

（3）上述指令是把 D100 里面的数据取反，然后再加 1 放到寄存器 D120 当中，最后把 D120 中的数据转换成 ASCII 格式，这样 D120 当中的数据就是变频器的检查码。最后设置一下 PLC 和变频器的通信模式，本程序采用八位通信模式。

```
     M8013
123 ─┤↑├─┬──────────────[MOV   H3A   D0  ]
         ├──────────────[MOV   H30   D1  ]
         ├──────────────[MOV   H31   D2  ]
         ├──────────────[MOV   H30   D3  ]
         ├──────────────[MOV   H36   D4  ]
         ├──────────────[MOV   H32   D5  ]
         ├──────────────[MOV   H30   D6  ]
         ├──────────────[MOV   H30   D7  ]
```

（4）然后按照表一台达变频器询问信息字串格式把 ASCII 格式的数据分别发送到 D0、D1、D2、D3、D4、D5、D6、D7、D8、D15、D16 当中。

```
     M8123
182 ─┤├──────────────────────────[RST   M8123      ]
     M8000
185 ─┤├──────────────────[HEX   D59   D150   K4    ]
```

（5）最后我们可以把变频器发还给 PLC 寄存器 D59、D60、D61、D62 中的 ASCII 格式数据转化成十六进制数存到 D150、D151、D152、D153 寄存器当中，检验开始输入变频器的频率数据是否正确。

第八章

PLC 高级编程案例解析

【案例 8-1】大型电梯

功 能

操作面板上设有加一按钮、确定按钮、开门按钮、关门按钮、紧急停止按钮、LED 显示块两块、显示灯四只、具体操作和显示如下：

1. 面板上 LED 显示块

第一块显示电梯的位置，第二块显示操作者设定的楼层数。显示灯依次显示各层的开门信号，当电梯到达指定楼层时相应的显示灯会显示开门信号，当电梯各门没有关好时显示灯会显示相应的层数，当显示灯有闪烁的时候说明有别的操作者在使用电梯，当四个显示灯同时亮的时候说明电梯系统处于异常状态。

2. 另设一个按钮用于楼层的设定

当设定好后按确定按钮来操作电梯的上下。操作者注意非本层显示灯有闪烁时，说明有别的操作者在使用电梯，请等待电梯动作完成后再操作电梯。开门、关门按钮用于电梯门的开关。操作者必须注意电梯到达指定位置后，相应层数的门才可以打开，当取出物品后请及时把门关好。在电梯出现紧急情况时，操作者应立即拍下紧急停止按钮。

分 析

电工配线

X0—系统启动按钮	X10—三层加一
X1—系统停止	X11—三层确定
X2—系统紧急停止	X12—四层加一
X3—手动/自动选择开关	X13—四层确定
X4—一层加一按钮	X14—一层限位
X5—一层确定	X15—二层限位
X6—二层加一	X16—三层限位
X7—二层确定	X17—四层限位
X20—上极限保护	X30—高低速转换下
X21—下极限保护	X31—高低速转换上
X22—手动上升	X32—空
X23—手动下降	X33—空

X24—空　　X34——层关门下定位

X25—空　　X35—二层关门下定位

X26—紧急停止　　X36—三层关门下定位

X27—空　　X37—四层关门下定位

Y0——层开门指示灯　　Y1—二层开门指示灯

Y2—三层开门指示灯　　Y3—四层开门指示灯

Y4—系统启动指示灯　　Y5—空

Y6—系统异常指示灯　　Y7—空

Y10—电动机上升　　Y11—电动机下降

Y12—电动机低速上升　　Y13—电动机低速下降

Y14—开门辅助信号　　Y15—空

Y16—空　　Y17—空

Y20—Y27——楼层 LED 显示

Y30—Y37——设定 LED 显示

各层限位通过继电器（DC24V）转换后送入 PLC

各层门下限通过继电器（AC220V）转换送入 PLC

硬件配线图如图 8-1 所示。

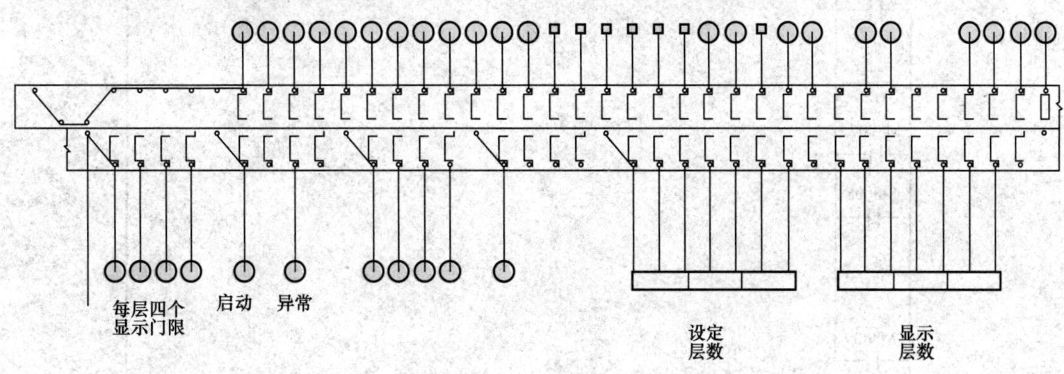

图 8-1　硬件配线图

程序

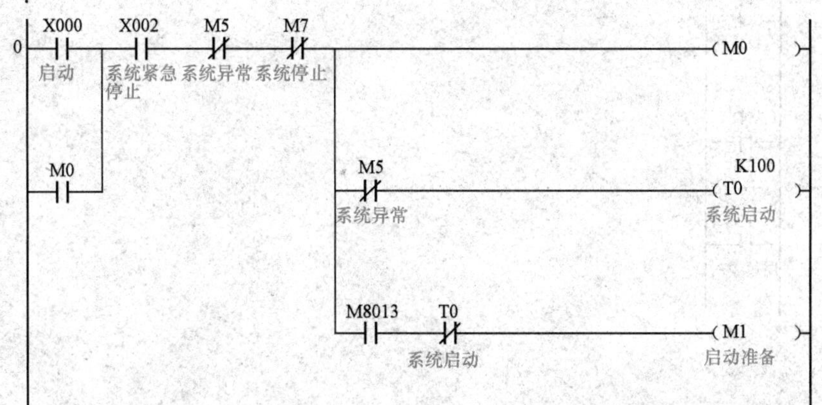

16 X001 系统停止 X000 启动 M7 系统停止 —— (M6 停止保持)
M6 停止保持

21 M6 停止保持 X010 升降机高速下降 Y011 升降机高速上升 —— (M7 系统停止)

25 M8004 —— (M0 系统报警)
M8005
M8006
M8007
M8008
M8009
M40 升降机过限位保护
M41
T2 层数逾时

M42 系统逾时
M43 防护门异常开启

37 X024 升降机过载 —— M5 系统异常
M4 系统报警

40 X014 一层限位 X015 二层限位 X016 三层限位 X017 四层限位 T0 系统启动 X026 紧急停止 —— K550 T2 层数逾时

49 M1 启动准备 M5 系统异常 —— Y004 系统启动显示
T0 系统启动

53 M5 系统异常 —— Y005
M020 上极限保护
X021 下极限保护

57 M5 系统异常 Y004 系统启动显示 —— Y006 系统异常显示
X020 上级限保护
X021 下级限保护

62 M10 一层优先 Y010 升降机高速下降 —— K600 T13 优先解除
M11 二层优先 Y011 升降机高速上升
M12 三层优先 Y012 升降机低速下降
M13 四层优先 Y013 升降机低速上升

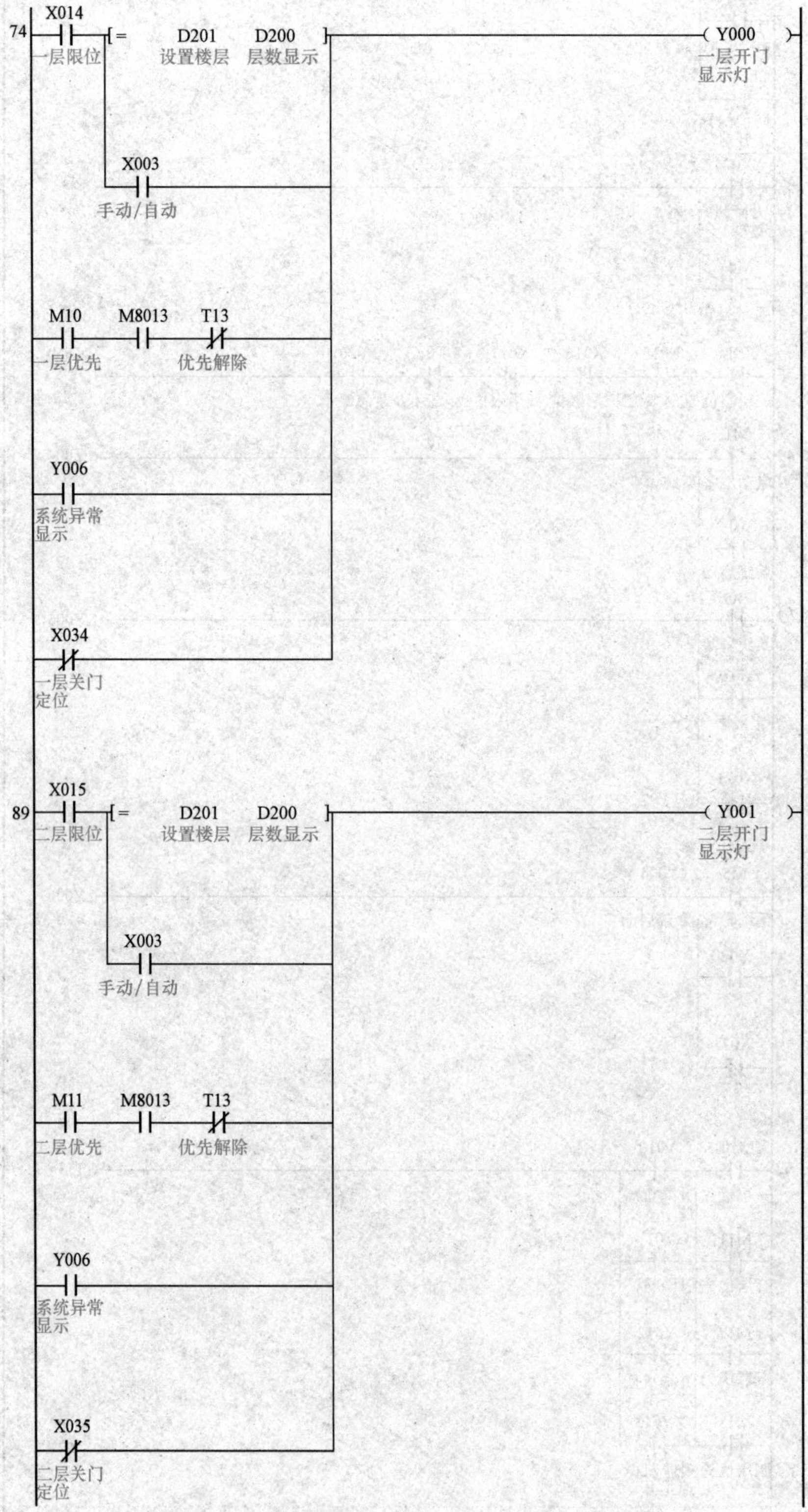

74 X014 一层限位 [= D201 设置楼层 D200 层数显示] (Y000 一层开门显示灯)

X003 手动/自动

M10 一层优先 M8013 T13 优先解除

Y006 系统异常显示

X034 一层关门定位

89 X015 二层限位 [= D201 设置楼层 D200 层数显示] (Y001 二层开门显示灯)

X003 手动/自动

M11 二层优先 M8013 T13 优先解除

Y006 系统异常显示

X035 二层关门定位

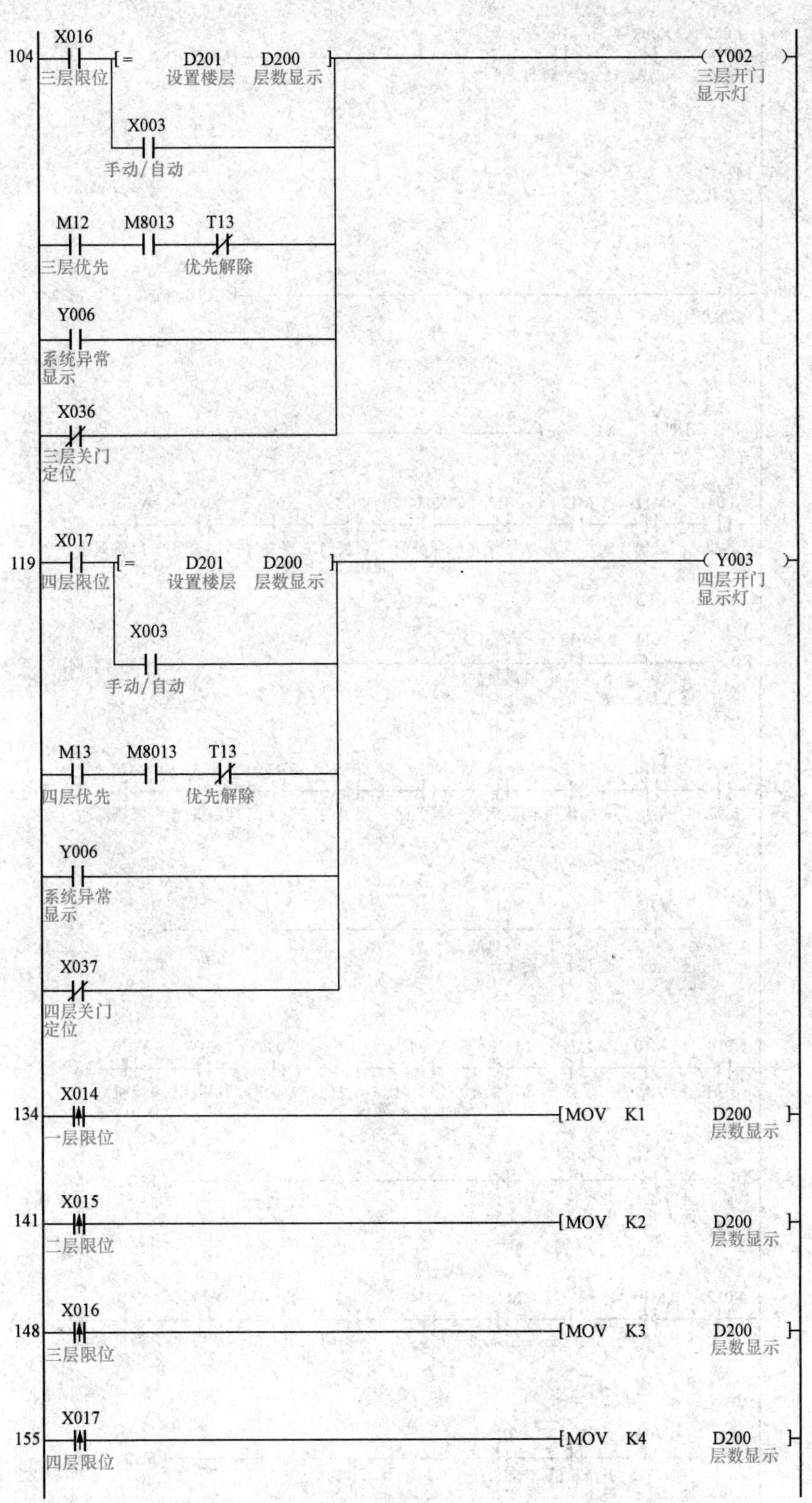
104
X016
三层限位
[=
D201
设置楼层
D200
层数显示
]
Y002
三层开门
显示灯
X003
手动/自动
M12
三层优先
M8013
T13
优先解除
Y006
系统异常
显示
X036
三层关门
定位
119
X017
四层限位
[=
D201
设置楼层
D200
层数显示
]
Y003
四层开门
显示灯
X003
手动/自动
M13
四层优先
M8013
T13
优先解除
Y006
系统异常
显示
X037
四层关门
定位
134
X014
一层限位
[MOV K1 D200
层数显示
141
X015
二层限位
[MOV K2 D200
层数显示
148
X016
三层限位
[MOV K3 D200
层数显示
155
X017
四层限位
[MOV K4 D200
层数显示

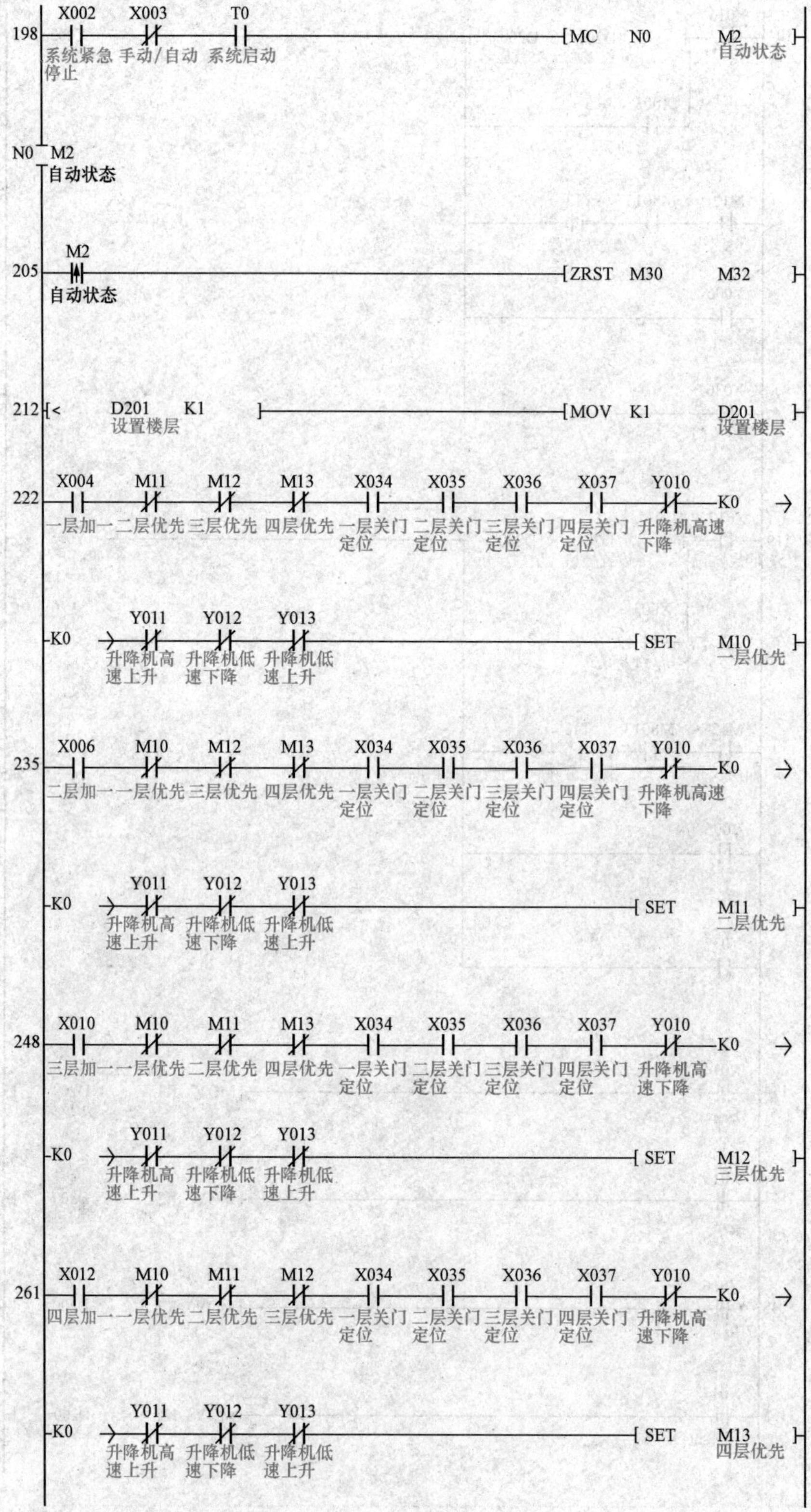

```
198 ─┤├ X002 系统紧急停止 ─┤/├ X003 手动/自动 ─┤├ T0 系统启动 ──[MC N0 M2 自动状态]

N0 ┬ M2
   自动状态

205 ─┤↓├ M2 自动状态 ──[ZRST M30 M32]

212 ─[< D201 设置楼层 K1]──[MOV K1 D201 设置楼层]

222 ─┤├ X004 一层加一 ─┤/├ M11 二层优先 ─┤/├ M12 三层优先 ─┤/├ M13 四层优先 ─┤├ X034 一层关门定位 ─┤├ X035 二层关门定位 ─┤├ X036 三层关门定位 ─┤├ X037 四层关门定位 ─┤/├ Y010 升降机高速下降 ─K0 →
-K0 →┤/├ Y011 升降机高速上升 ─┤/├ Y012 升降机低速下降 ─┤/├ Y013 升降机低速上升 ──[SET M10 一层优先]

235 ─┤├ X006 二层加一 ─┤/├ M10 一层优先 ─┤/├ M12 三层优先 ─┤/├ M13 四层优先 ─┤├ X034 一层关门定位 ─┤├ X035 二层关门定位 ─┤├ X036 三层关门定位 ─┤├ X037 四层关门定位 ─┤/├ Y010 升降机高速下降 ─K0 →
-K0 →┤/├ Y011 升降机高速上升 ─┤/├ Y012 升降机低速下降 ─┤/├ Y013 升降机低速上升 ──[SET M11 二层优先]

248 ─┤├ X010 三层加一 ─┤/├ M10 一层优先 ─┤/├ M11 二层优先 ─┤/├ M13 四层优先 ─┤├ X034 一层关门定位 ─┤├ X035 二层关门定位 ─┤├ X036 三层关门定位 ─┤├ X037 四层关门定位 ─┤/├ Y010 升降机高速下降 ─K0 →
-K0 →┤/├ Y011 升降机高速上升 ─┤/├ Y012 升降机低速下降 ─┤/├ Y013 升降机低速上升 ──[SET M12 三层优先]

261 ─┤├ X012 四层加一 ─┤/├ M10 一层优先 ─┤/├ M11 二层优先 ─┤/├ M12 三层优先 ─┤├ X034 一层关门定位 ─┤├ X035 二层关门定位 ─┤├ X036 三层关门定位 ─┤├ X037 四层关门定位 ─┤/├ Y010 升降机高速下降 ─K0 →
-K0 →┤/├ Y011 升降机高速上升 ─┤/├ Y012 升降机低速下降 ─┤/├ Y013 升降机低速上升 ──[SET M13 四层优先]
```

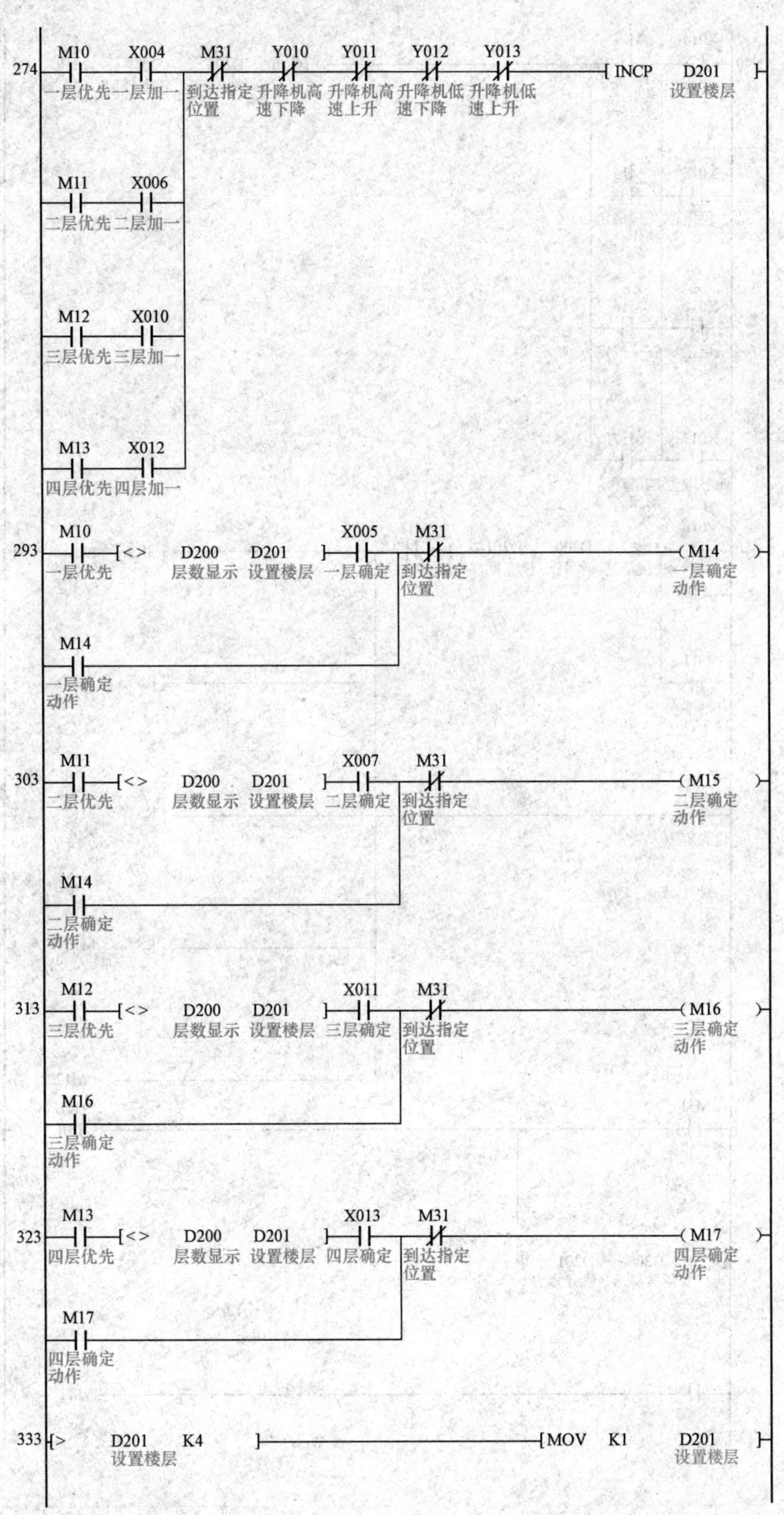
274
M10 X004 M31 Y010 Y011 Y012 Y013
INCP D201
一层优先 一层加一 到达指定位置 升降机高速下降 升降机高速上升 升降机低速下降 升降机低速上升
设置楼层
M11 X006
二层优先 二层加一
M12 X010
三层优先 三层加一
M13 X012
四层优先 四层加一
293
M10 <> D200 D201 X005 M31 M14
一层优先 层数显示 设置楼层 一层确定 到达指定位置 一层确定动作
M14
一层确定动作
303
M11 <> D200 D201 X007 M31 M15
二层优先 层数显示 设置楼层 二层确定 到达指定位置 二层确定动作
M14
二层确定动作
313
M12 <> D200 D201 X011 M31 M16
三层优先 层数显示 设置楼层 三层确定 到达指定位置 三层确定动作
M16
三层确定动作
323
M13 <> D200 D201 X013 M31 M17
四层优先 层数显示 设置楼层 四层确定 到达指定位置 四层确定动作
M17
四层确定动作
333
> D201 K4 MOV K1 D201
设置楼层 设置楼层

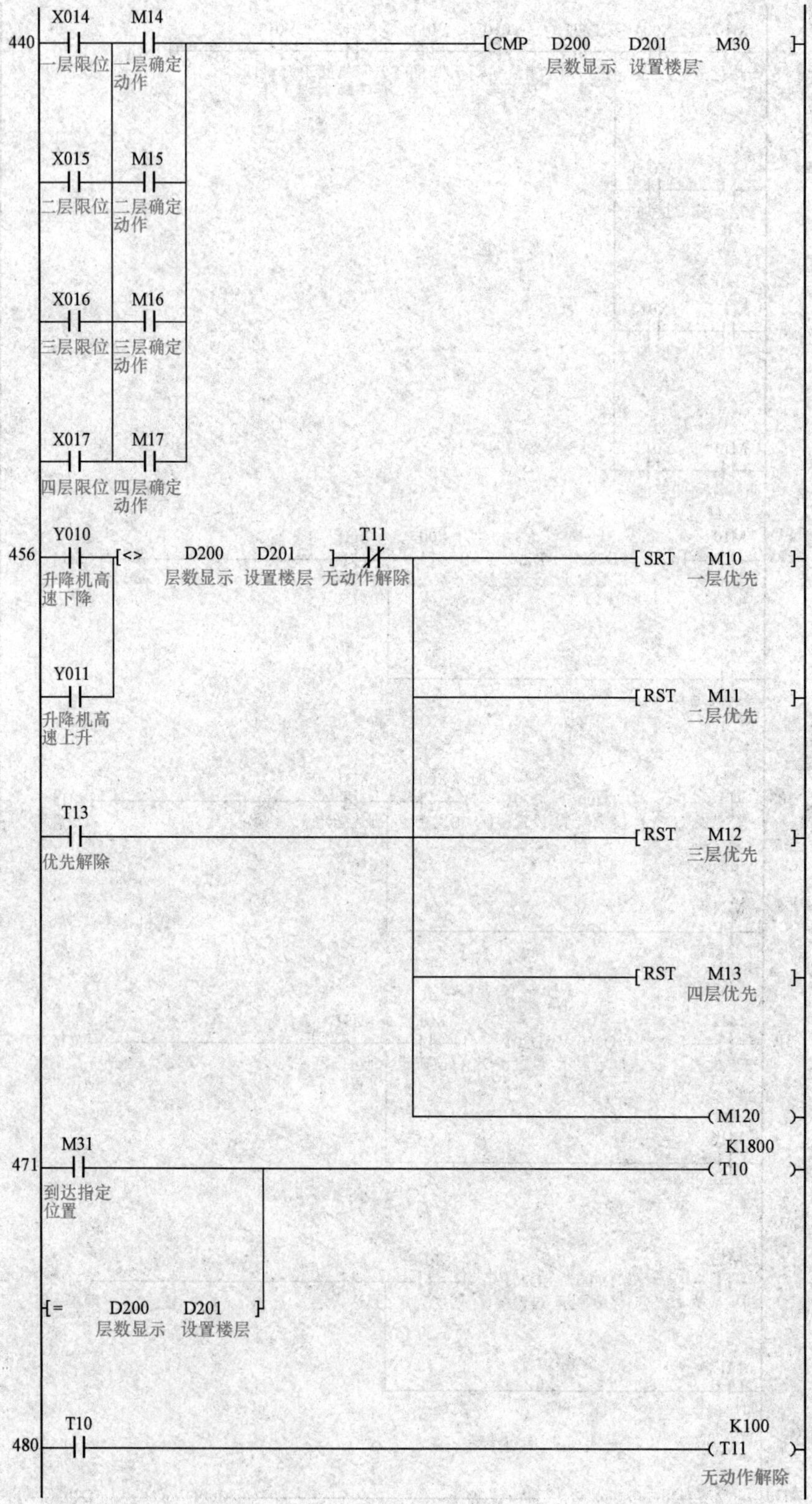

```
440  X014 一层限位  M14 一层确定动作                    [CMP D200 层数显示  D201 设置楼层  M30]
     X015 二层限位  M15 二层确定动作
     X016 三层限位  M16 三层确定动作
     X017 四层限位  M17 四层确定动作

456  Y010 升降机高速下降  [<> D200 层数显示  D201 设置楼层]  T11 无动作解除   [SRT M10 一层优先]
     Y011 升降机高速上升                                                  [RST M11 二层优先]
     T13 优先解除                                                         [RST M12 三层优先]
                                                                          [RST M13 四层优先]
                                                                          (M120)
471  M31 到达指定位置                                                     K1800 (T10)
     [= D200 层数显示  D201 设置楼层]

480  T10                                                                  K100 (T11) 无动作解除
```

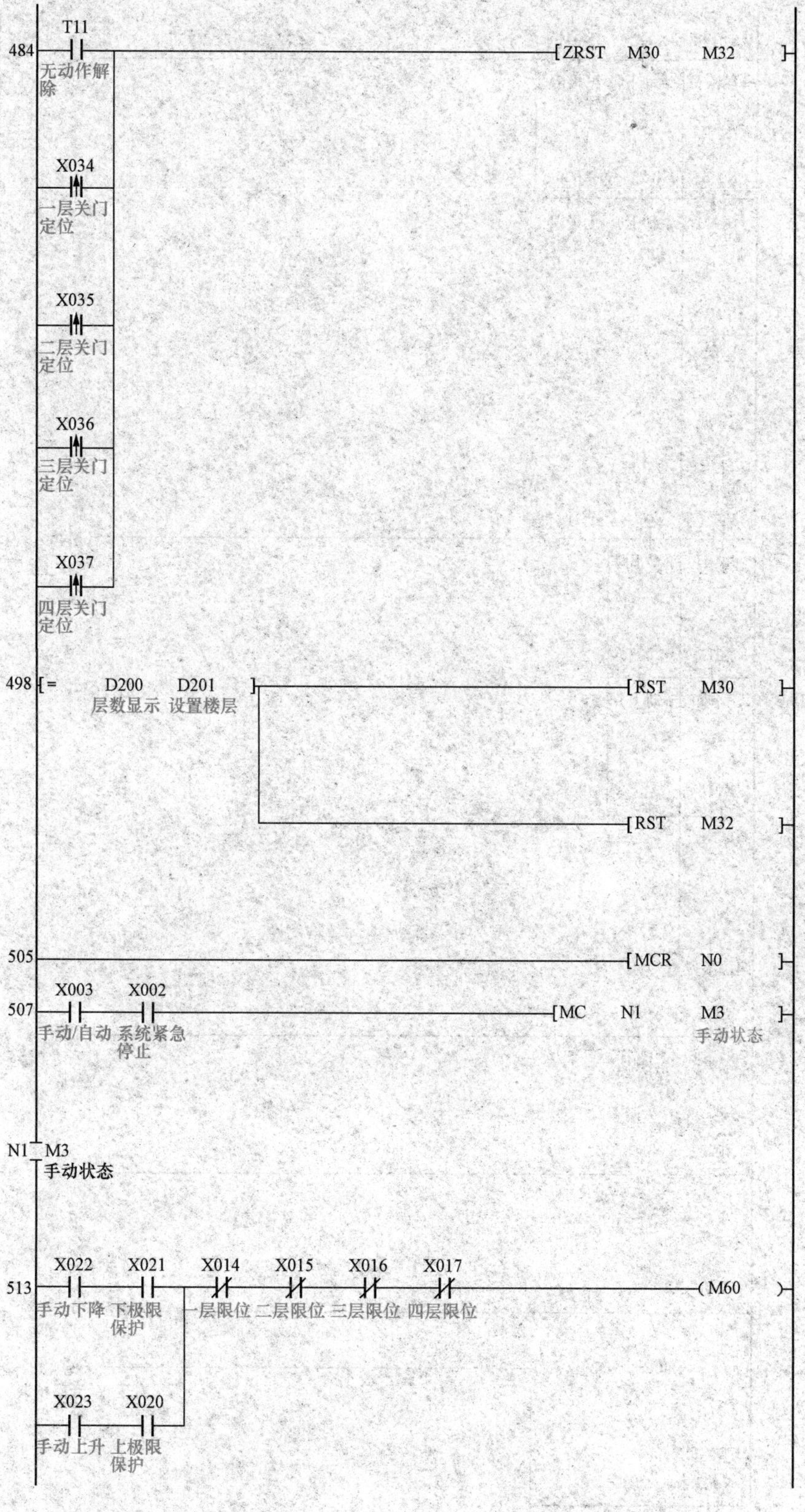

```
484  T11 (无动作解除) ── [ZRST M30 M32]
     X034 ↑ (一层关门定位)
     X035 ↑ (二层关门定位)
     X036 ↑ (三层关门定位)
     X037 ↑ (四层关门定位)

498  [= D200 (层数显示) D201 (设置楼层)] ── [RST M30]
                                      └─ [RST M32]

505  ──────────────────────────────── [MCR N0]

507  X003 (手动/自动)  X002 (系统紧急停止) ── [MC N1 M3 (手动状态)]

N1 ═ M3 手动状态

513  X022 (手动下降)  X021 (下极限保护) ─┬─ X014/ (一层限位)  X015/ (二层限位)  X016/ (三层限位)  X017/ (四层限位) ── (M60)
     X023 (手动上升)  X020 (上极限保护) ─┘
```

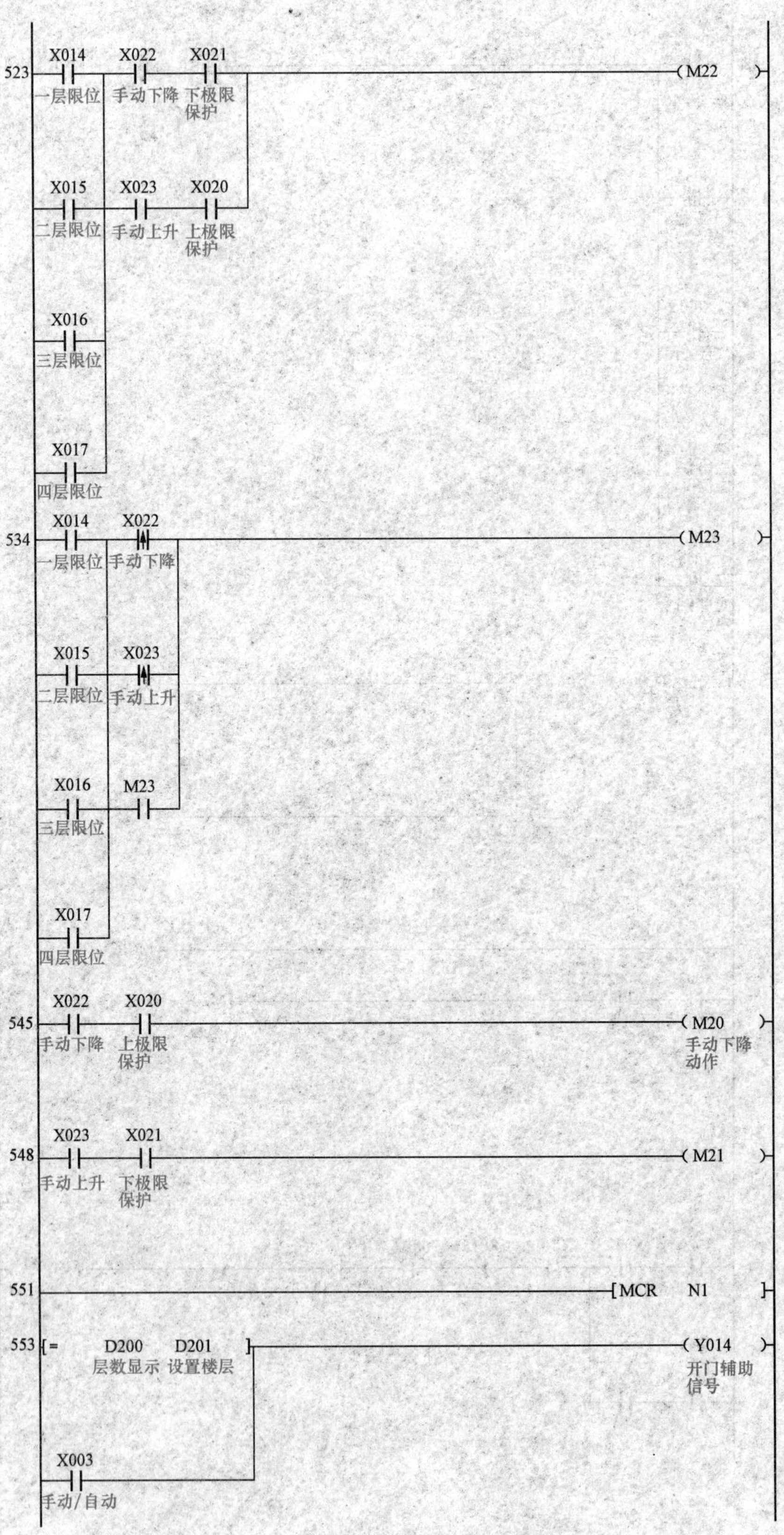

523
X014 一层限位
X022 手动下降
X021 下极限保护
M22
X015 二层限位
X023 手动上升
X020 上极限保护
X016 三层限位
X017 四层限位
534
X014 一层限位
X022 手动下降
M23
X015 二层限位
X023 手动上升
X016 三层限位
M23
X017 四层限位
545
X022 手动下降
X020 上极限保护
M20 手动下降动作
548
X023 手动上升
X021 下极限保护
M21
551
MCR N1
553
= D200 层数显示 D201 设置楼层
Y014 开门辅助信号
X003 手动/自动

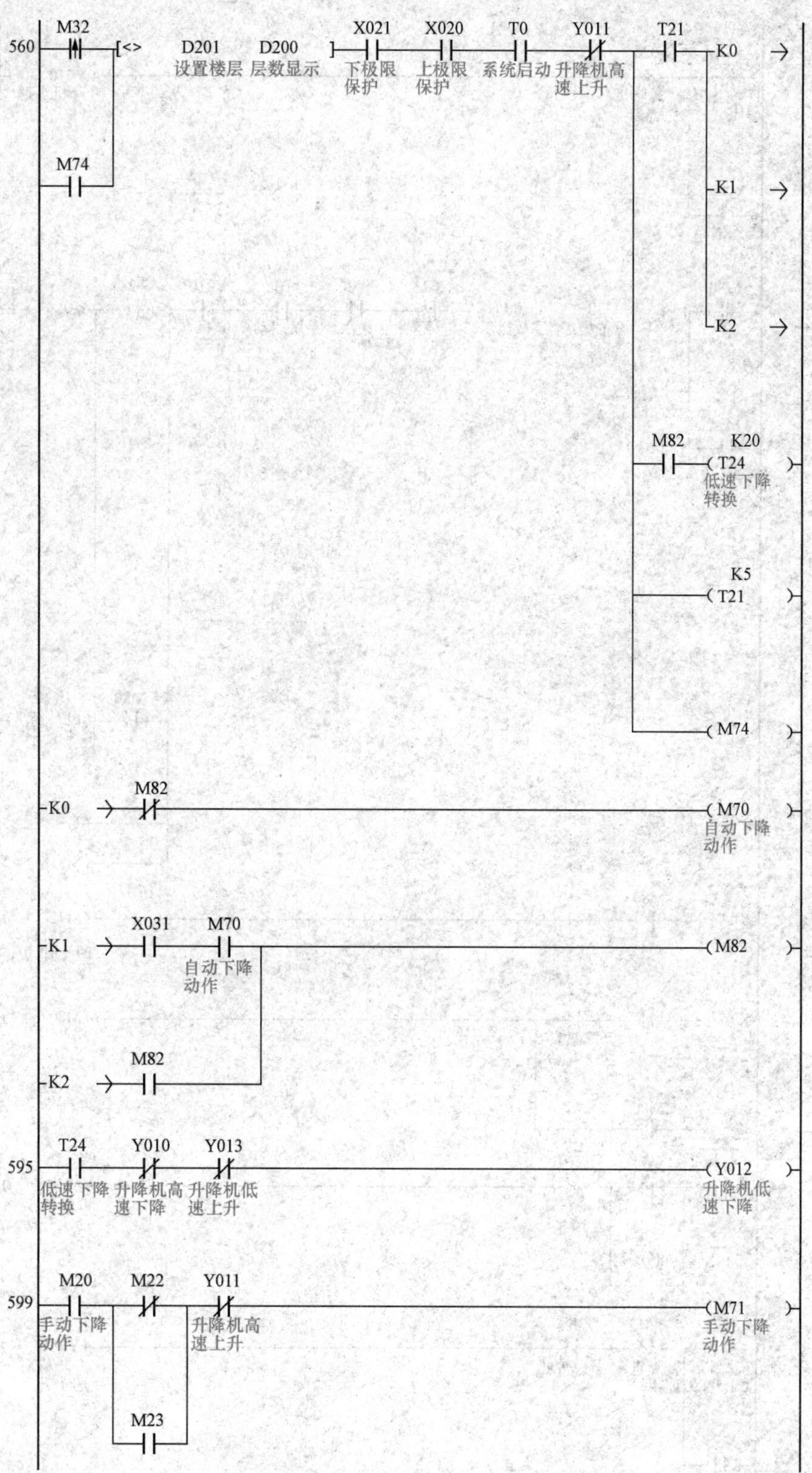
560
M32
[<>
D201
设置楼层
D200
层数显示
X021
下极限保护
X020
上极限保护
T0
系统启动
Y011
升降机高速上升
T21
K0
M74
K1
K2
M82
K20
T24
低速下降转换
K5
T21
M74
K0
M82
M70
自动下降动作
K1
X031
M70
自动下降动作
M82
K2
M82
595
T24
低速下降转换
Y010
升降机高速下降
Y013
升降机低速上升
Y012
升降机低速下降
599
M20
手动下降动作
M22
Y011
升降机高速上升
M71
手动下降动作
M23

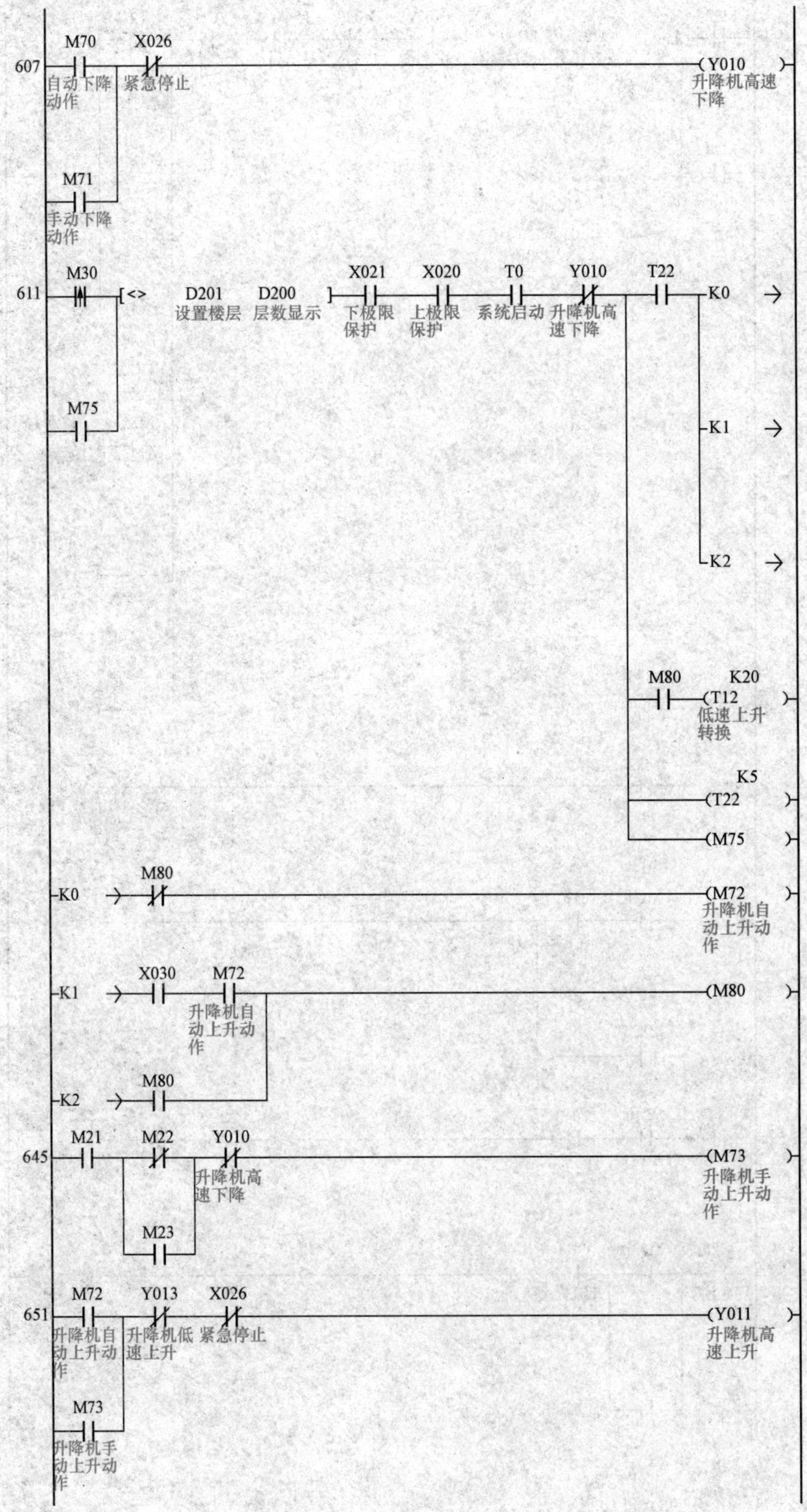

607 M70 自动下降动作 X026 紧急停止 (Y010 升降机高速下降)
M71 手动下降动作

611 M30 [<> D201 设置楼层 D200 层数显示] X021 下极限保护 X020 上极限保护 T0 系统启动 Y010 升降机高速下降 T22 K0 →
K1 →
K2 →
M80 K20 (T12 低速上升转换)
K5 (T22)
(M75)
M75

K0 → M80 (M72 升降机自动上升动作)
K1 → X030 M72 升降机自动上升动作 (M80)
K2 → M80

645 M21 M22 Y010 升降机高速下降 (M73 升降机手动上升动作)
M23

651 M72 升降机自动上升动作 Y013 升降机低速上升 X026 紧急停止 (Y011 升降机高速上升)
M73 升降机手动上升动作

658 T12 低速上升转换 | Y011 升降机高速上升 (常闭) | X012 升降机低速下降 (常闭) | X026 紧急停止 —(Y013) 升降机低速上升

663 X020 上极限保护 (常闭) / X021 下极限保护 (常闭) —(M40) 升降机过限位保护

666 X024 升降机过载 —(M41)

668 M74 / M75 —(T20 K1300)

673 T20 —(M42) 系统逾时

675 Y010 升降机高速下降 | X034 一层关门定位 (常闭) / Y011 升降机高速上升 | X035 二层关门定位 (常闭) / X036 三层关门定位 (常闭) / X037 四层关门定位 (常闭) —(M43) 防护门异常开启

683 T0 系统启动 | M8000 —[SEGD D201 K2Y030] 设置楼层
—[SEGD D200 K2Y020] 层数显示

695 —[END]

【案例 8-2】冷库控制系统

功能

(1) 手动/自动切换；
(2) 8 路模拟量报警/切断功能；
(3) 8 路模拟量 1000 点采集记录功能；
(4) 化霜五段时序设置更改功能；
(5) 化霜程序定时起动/手动起动切换功能；
(6) 压缩机状态，系统运行状态主屏幕显示功能；
(7) 模拟量标定功能。

分析

控制架构如图 8-2 所示。

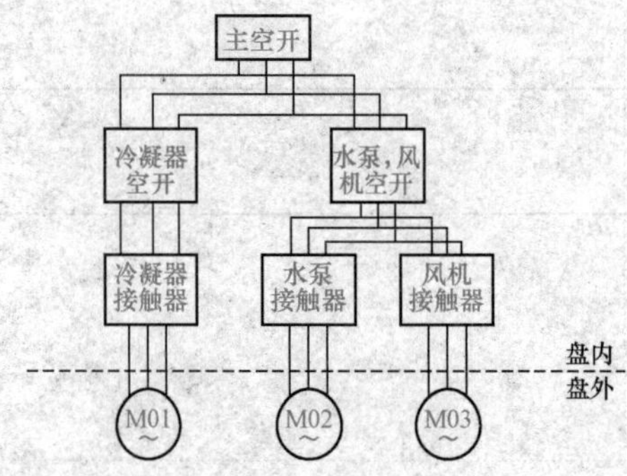

图 8-2 控制架构

电气原理图如图 8-3～图 8-6 所示。

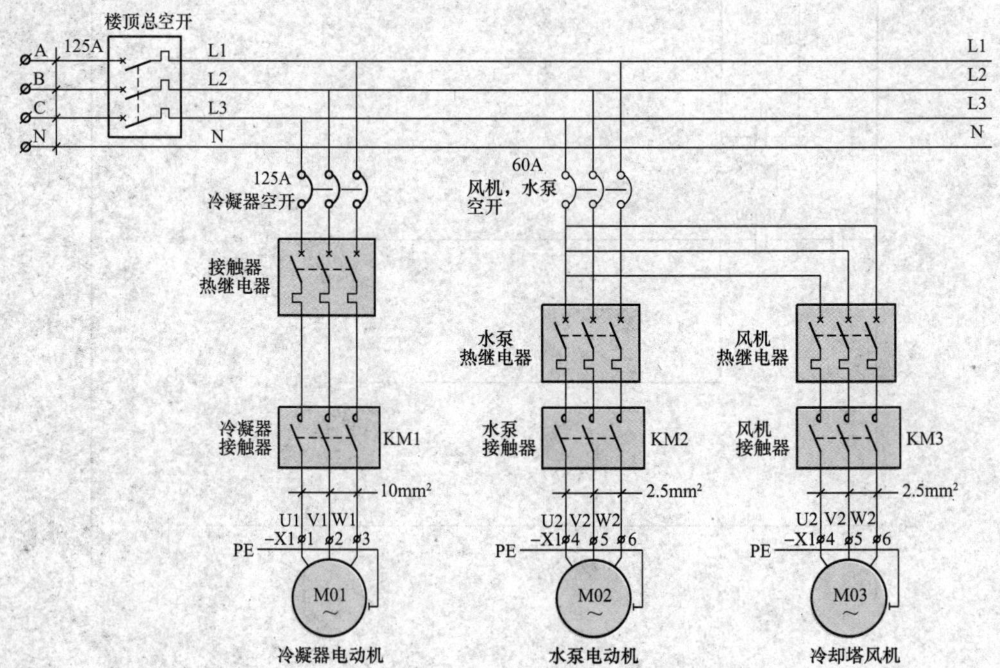

图 8-3 电气原理图 1

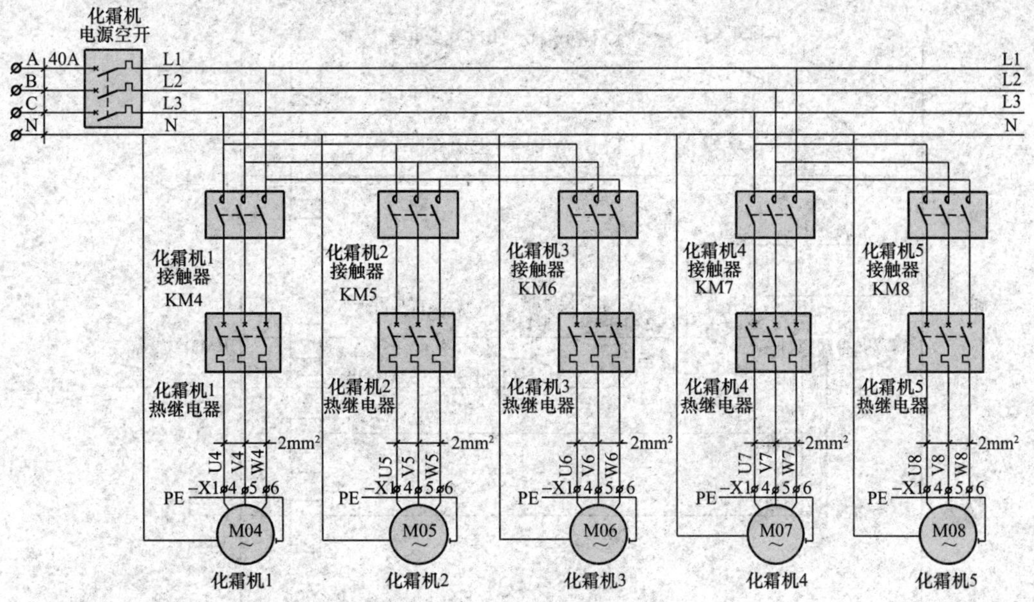

图 8-4　电气原理图 2

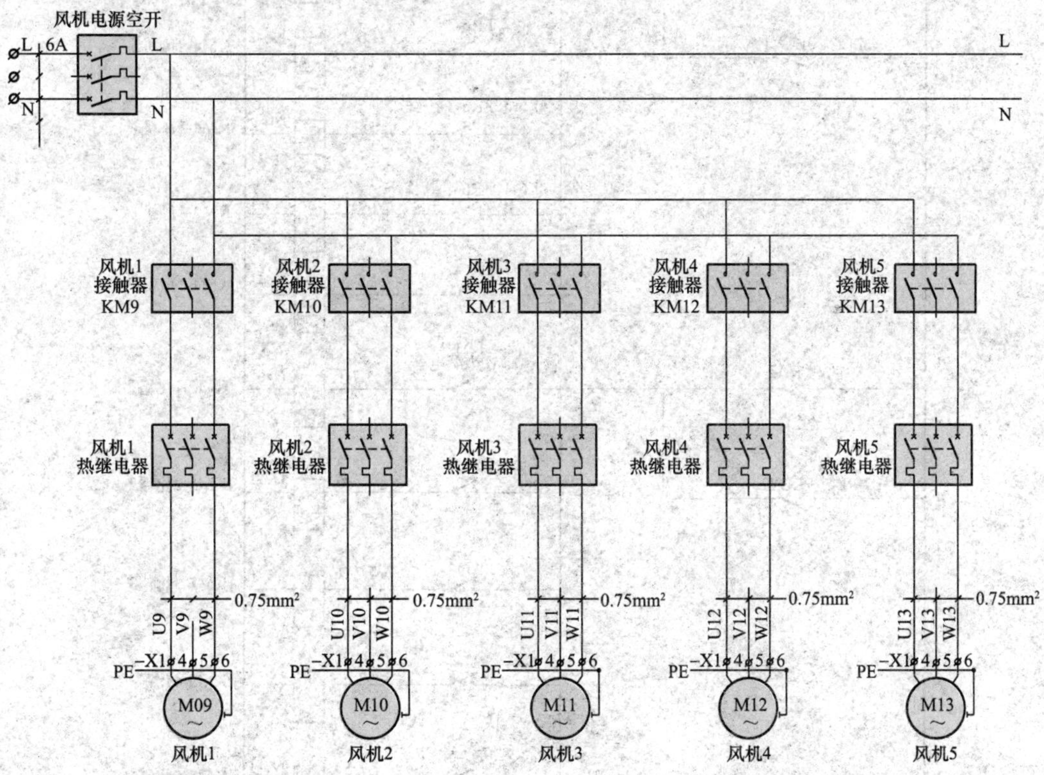

图 8-5　电气原理图 3

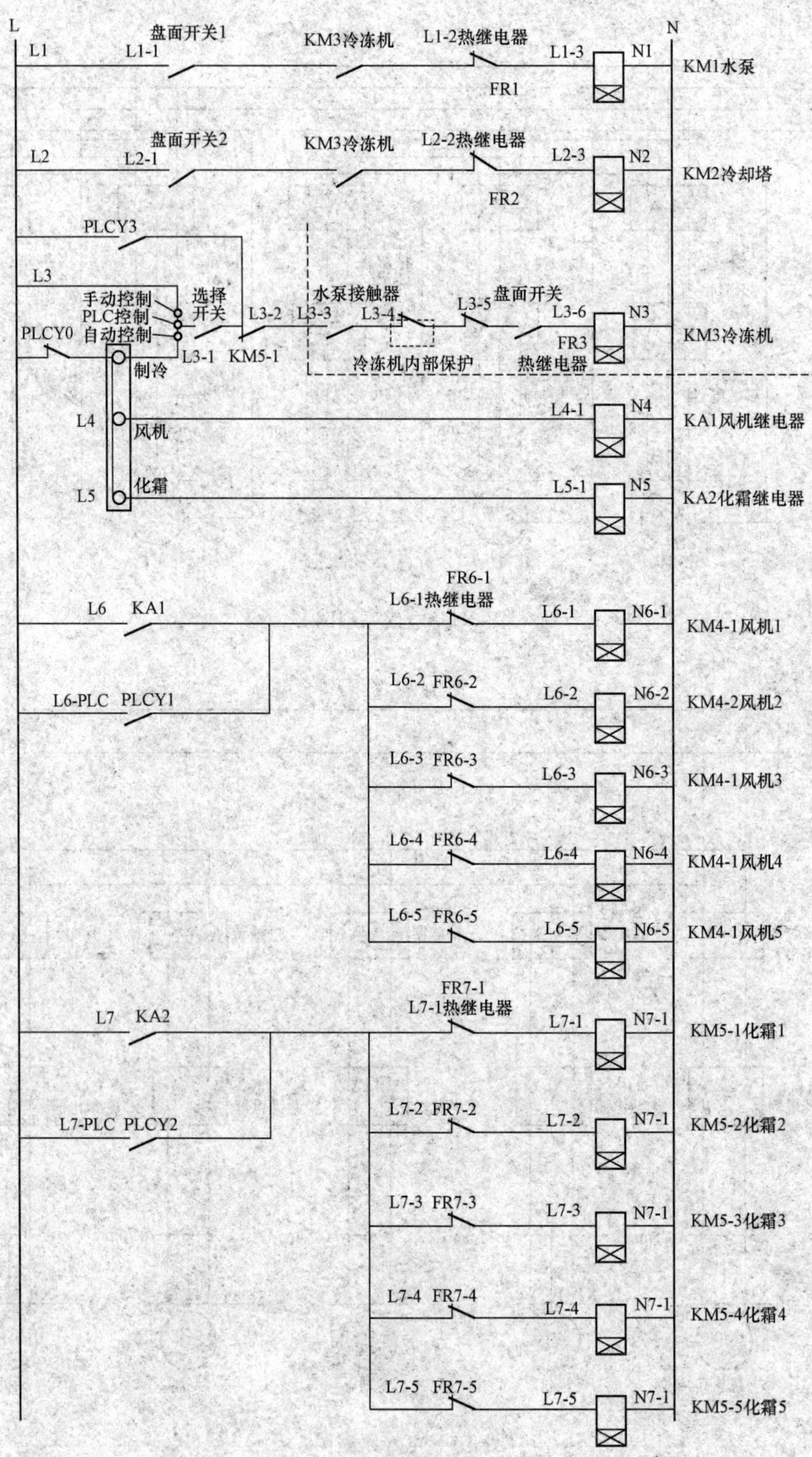

L
N
L1
L1-1
盘面开关1
KM3冷冻机
L1-2热继电器
FR1
L1-3
N1
KM1水泵
L2
L2-1
盘面开关2
KM3冷冻机
L2-2热继电器
FR2
L2-3
N2
KM2冷却塔
PLCY3
L3
手动控制
PLC控制
自动控制
选择开关
PLCY0
L3-1
L3-2
KM5-1
L3-3
水泵接触器
L3-4
冷冻机内部保护
L3-5
盘面开关
L3-6
FR3
热继电器
N3
KM3冷冻机
制冷
L4
风机
L4-1
N4
KA1风机继电器
L5
化霜
L5-1
N5
KA2化霜继电器
L6
KA1
FR6-1
L6-1热继电器
L6-1
N6-1
KM4-1风机1
L6-PLC
PLCY1
L6-2
FR6-2
N6-2
KM4-2风机2
L6-3
FR6-3
N6-3
KM4-1风机3
L6-4
FR6-4
N6-4
KM4-1风机4
L6-5
FR6-5
N6-5
KM4-1风机5
L7
KA2
FR7-1
L7-1热继电器
L7-1
N7-1
KM5-1化霜1
L7-PLC
PLCY2
L7-2
FR7-2
KM5-2化霜2
L7-3
FR7-3
KM5-3化霜3
L7-4
FR7-4
KM5-4化霜4
L7-5
FR7-5
KM5-5化霜5

图 8-6　电气原理图 4

程 序

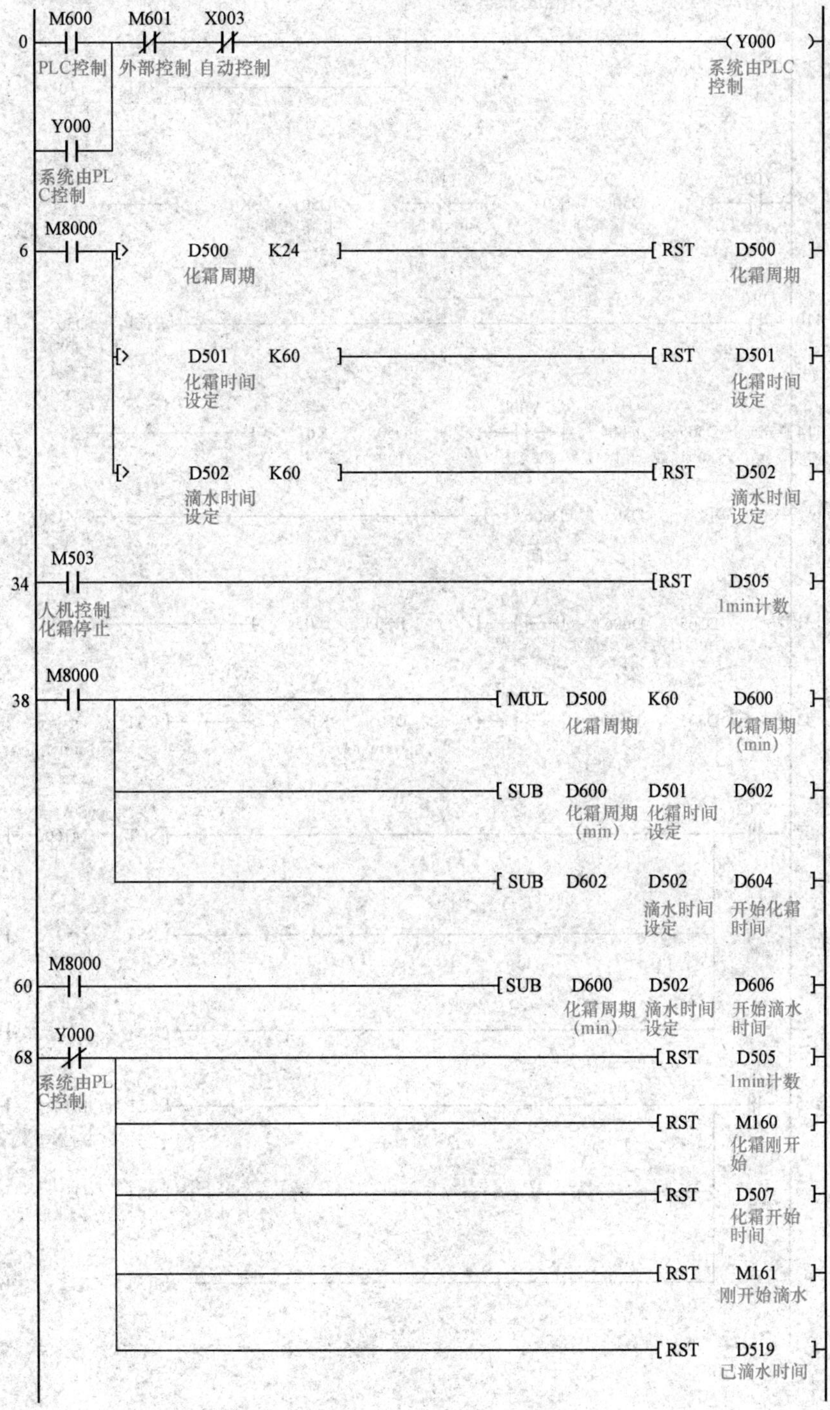

```
0   M600 (PLC控制) ─┬─ M601/ (外部控制) ── X003/ (自动控制) ──( Y000 系统由PLC控制 )
    Y000 (系统由PLC控制) ─┘

6   M8000 ─┬─[> D500 化霜周期 K24]──[RST D500 化霜周期]
           ├─[> D501 化霜时间设定 K60]──[RST D501 化霜时间设定]
           └─[> D502 滴水时间设定 K60]──[RST D502 滴水时间设定]

34  M503 (人机控制化霜停止) ──[RST D505 1min计数]

38  M8000 ─┬─[MUL D500 化霜周期 K60 D600 化霜周期(min)]
           ├─[SUB D600 化霜周期(min) D501 化霜时间设定 D602]
           └─[SUB D602 D502 滴水时间设定 D604 开始化霜时间]

60  M8000 ──[SUB D600 化霜周期(min) D502 滴水时间设定 D606 开始滴水时间]

68  Y000/ (系统由PLC控制) ─┬─[RST D505 1min计数]
                          ├─[RST M160 化霜刚开始]
                          ├─[RST D507 化霜开始时间]
                          ├─[RST M161 刚开始滴水]
                          └─[RST D519 已滴水时间]
```

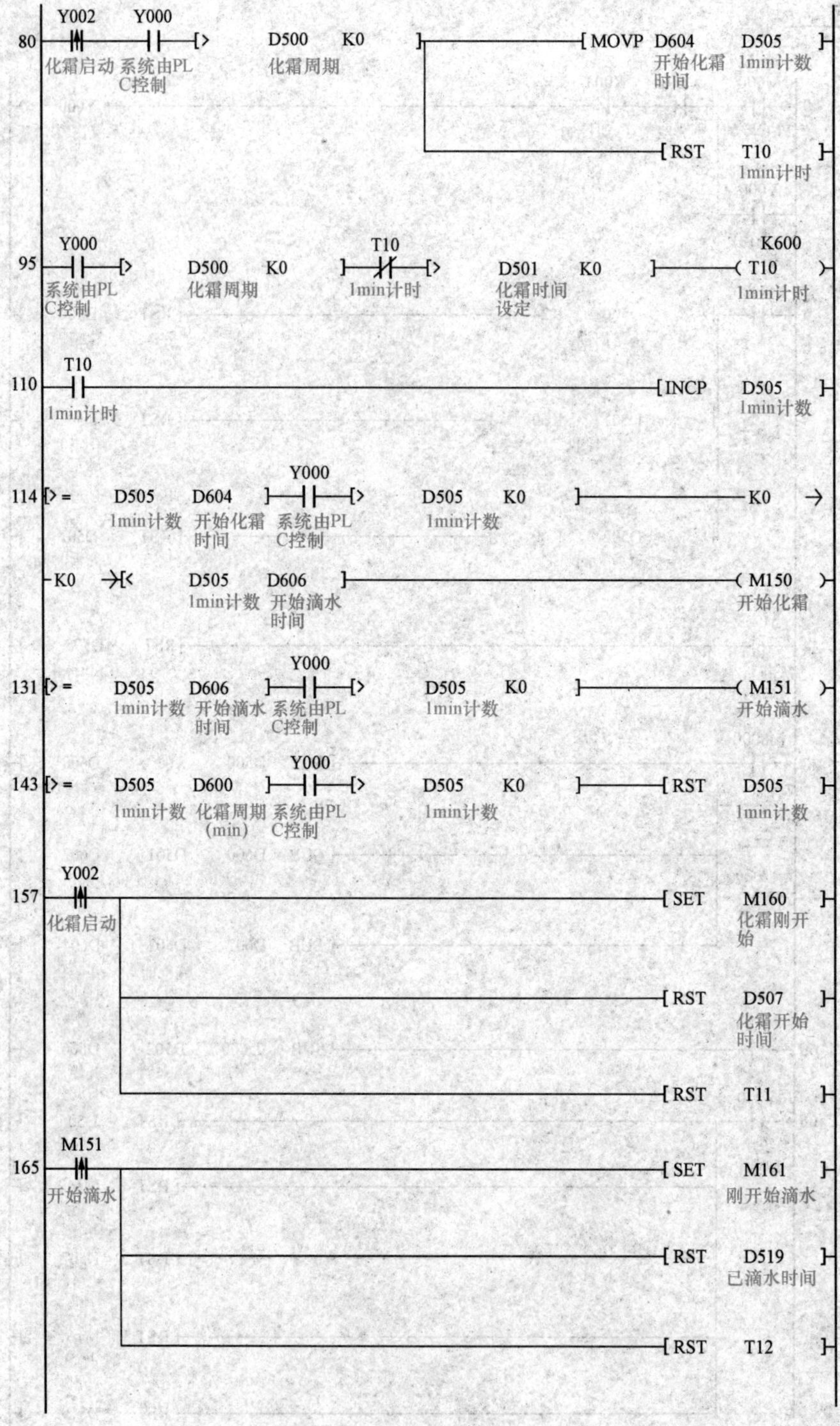

80
Y002
Y000
D500
K0
MOVP
D604
D505
化霜启动
系统由PLC控制
化霜周期
开始化霜时间
1min计数
RST
T10
1min计时
95
Y000
D500
K0
T10
D501
K0
K600
T10
系统由PLC控制
化霜周期
1min计时
化霜时间设定
1min计时
110
T10
INCP
D505
1min计时
1min计数
114
>=
D505
D604
Y000
>
D505
K0
K0
1min计数
开始化霜时间
系统由PLC控制
1min计数
K0
<
D505
D606
M150
1min计数
开始滴水时间
开始化霜
131
>=
D505
D606
Y000
>
D505
K0
M151
1min计数
开始滴水时间
系统由PLC控制
1min计数
开始滴水
143
>=
D505
D600
Y000
>
D505
K0
RST
D505
1min计数
化霜周期(min)
系统由PLC控制
1min计数
1min计数
157
Y002
SET
M160
化霜启动
化霜刚开始
RST
D507
化霜开始时间
RST
T11
165
M151
SET
M161
开始滴水
刚开始滴水
RST
D519
已滴水时间
RST
T12

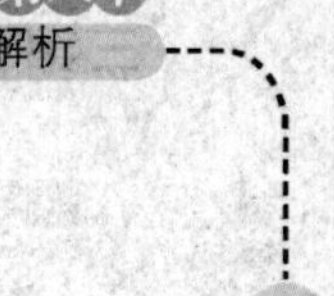

```
     M151
173 ─┤/├──────────────────────────────────[RST  M161 ]
     开始滴水                                    刚开始滴水

     M161      T12      Y000                              K600
175 ─┤ ├──────┤/├──────┤ ├──[>   D500    K0 ]──────────(T12    )
     刚开始滴               系统由PL      化霜周期
     水                     C控制

     T12
186 ─┤ ├──────────────────────────────────[INCP  D519 ]
                                                 已滴水时间

190 [>=   D507      D600   ]──────────────[RST   D507 ]
          化霜开始  化霜周期                     化霜开始
          时间      (min)                        时间

     M160      T11      Y000                              K600
198 ─┤ ├──────┤/├──────┤ ├──[>   D500    K0 ]──────────(T11    )
     化霜刚开               系统由PL      化霜周期
     始                     C控制

     T11
209 ─┤ ├──────────────────────────────────[INCP  D507 ]
                                                 化霜开始
                                                 时间

     Y000
213 ─┤/├──────────────────────────────────[RST   D522 ]
     系统由PLC控制

     Y000
217 ─┤ ├─────────────────────────[SUB  D604      D505      D522 ]
     系统由PLC控制                      开始化霜  1min计数
                                        时间

                               Y000
225 [>    D522     K0   ]─────┤ ├────────[MOV  D522      D509 ]
                              系统由PLC控制             下次化霜
                                                        剩余时间

                               Y000
236 [<=   D522     K0   ]─────┤ ├────────[ADD  D522  D600      D509 ]
                              系统由PLC控制        化霜周期  下次化霜
                                                   (min)     剩余时间

     M8000     Y000
249 ─┤/├──────┤ ├────────────────[SUB  D600      D507      D509 ]
               系统由PLC控制            化霜周期  化霜开始  下次化霜
                                        (min)     时间      剩余时间

     Y002
258 ─┤/├──────────────────────────────────[RST   D511 ]
     化霜启动                                    化霜剩余
                                                 时间
```

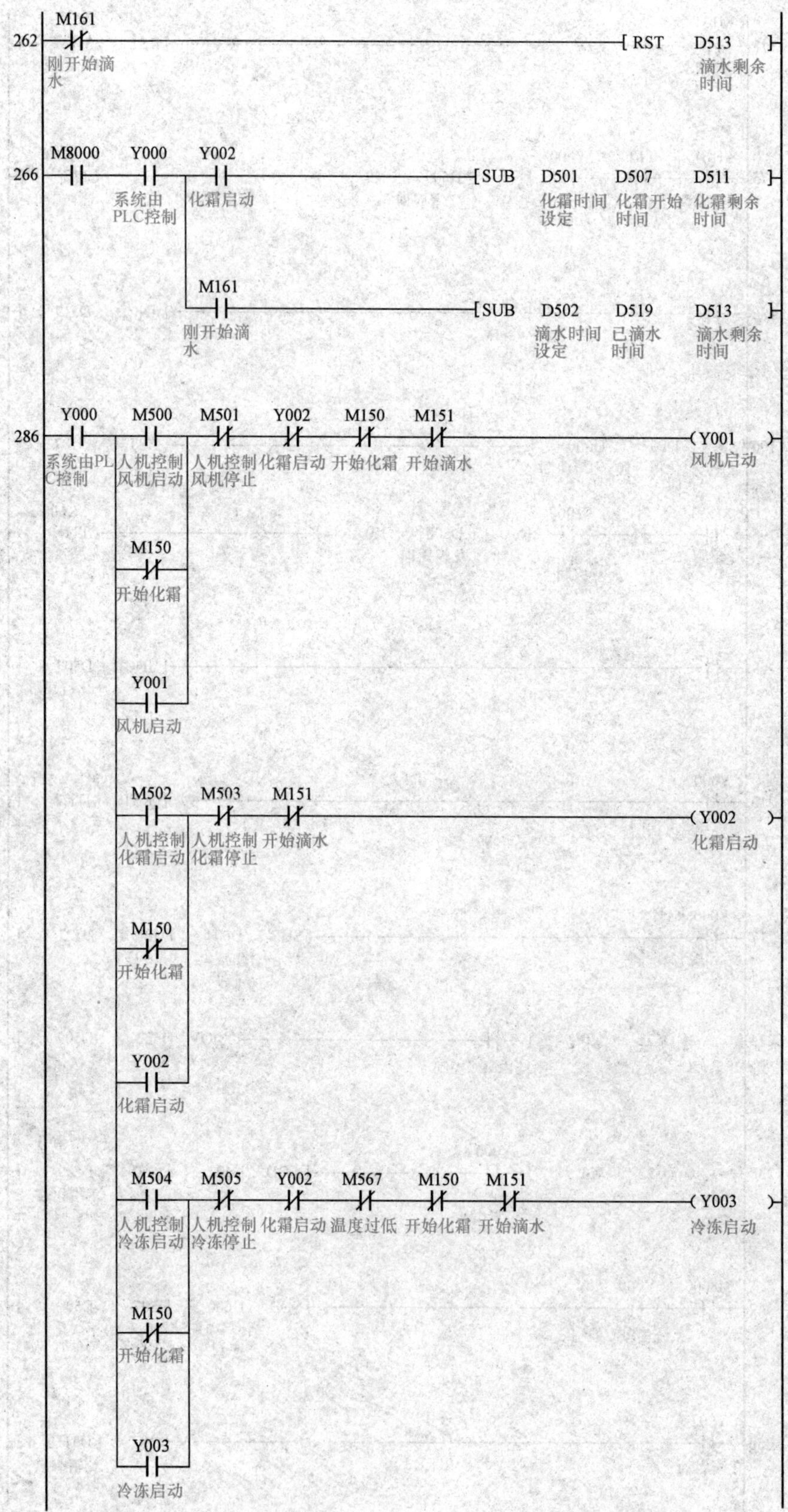
262
M161
刚开始滴水
RST
D513
滴水剩余时间
266
M8000
Y000
系统由PLC控制
Y002
化霜启动
SUB
D501
化霜时间设定
D507
化霜开始时间
D511
化霜剩余时间
M161
刚开始滴水
SUB
D502
滴水时间设定
D519
已滴水时间
D513
滴水剩余时间
286
Y000
系统由PLC控制
M500
人机控制风机启动
M501
人机控制风机停止
Y002
化霜启动
M150
开始化霜
M151
开始滴水
Y001
风机启动
M150
开始化霜
Y001
风机启动
M502
人机控制化霜启动
M503
人机控制化霜停止
M151
开始滴水
Y002
化霜启动
M150
开始化霜
Y002
化霜启动
M504
人机控制冷冻启动
M505
人机控制冷冻停止
Y002
化霜启动
M567
温度过低
M150
开始化霜
M151
开始滴水
Y003
冷冻启动
M150
开始化霜
Y003
冷冻启动

```
                                          *<通道1开始A/D                      >
     M8000
316 ─┤├──┬──────────────────────[TO     K0     K17     H0      K1    ]
         │
         │                                *<读取通道1的数字量                  >
         ├──────────────────────[TO     K0     K17     H2      K1    ]
         │
         │                                *<数据组合存入D100                   >
         ├──────────────────────[FROM   K0     K0      K2M100  K2    ]
         │
         └──────────────────────────────────[MOV   K4M100   D100    ]
                                                           通道1压力
                                          *<通道2开始A/D转换                   >
     M8000
349 ─┤├──┬──────────────────────[TO     K0     K17     H1      K1    ]
         │
         │                                *<读取通道2的数字值                  >
         ├──────────────────────[TO     K0     K17     H3      K1    ]
         │
         │                                *<数据组合存入D101                   >
         ├──────────────────────[FROM   K0     K0      K2M116  K2    ]
         │
         └──────────────────────────────────[MOV   K4M116   D101    ]
                                                           通道2压力
                                          *<设定每个通道的采样次数             >
     M8002
382 ─┤├──┬──────────────────────[FROM   K1     K30     D50     K1    ]
         │
         └──────────────────────────────[CMP    K2040   D50     M70   ]
                                          *<读取每个通道的平均数据             >
     M71
399 ─┤├──┬──────────────────────[TO     K1     K1      K4      K4    ]
         │
         └──────────────────────[FROM   K1     K5      D402    K4    ]
```

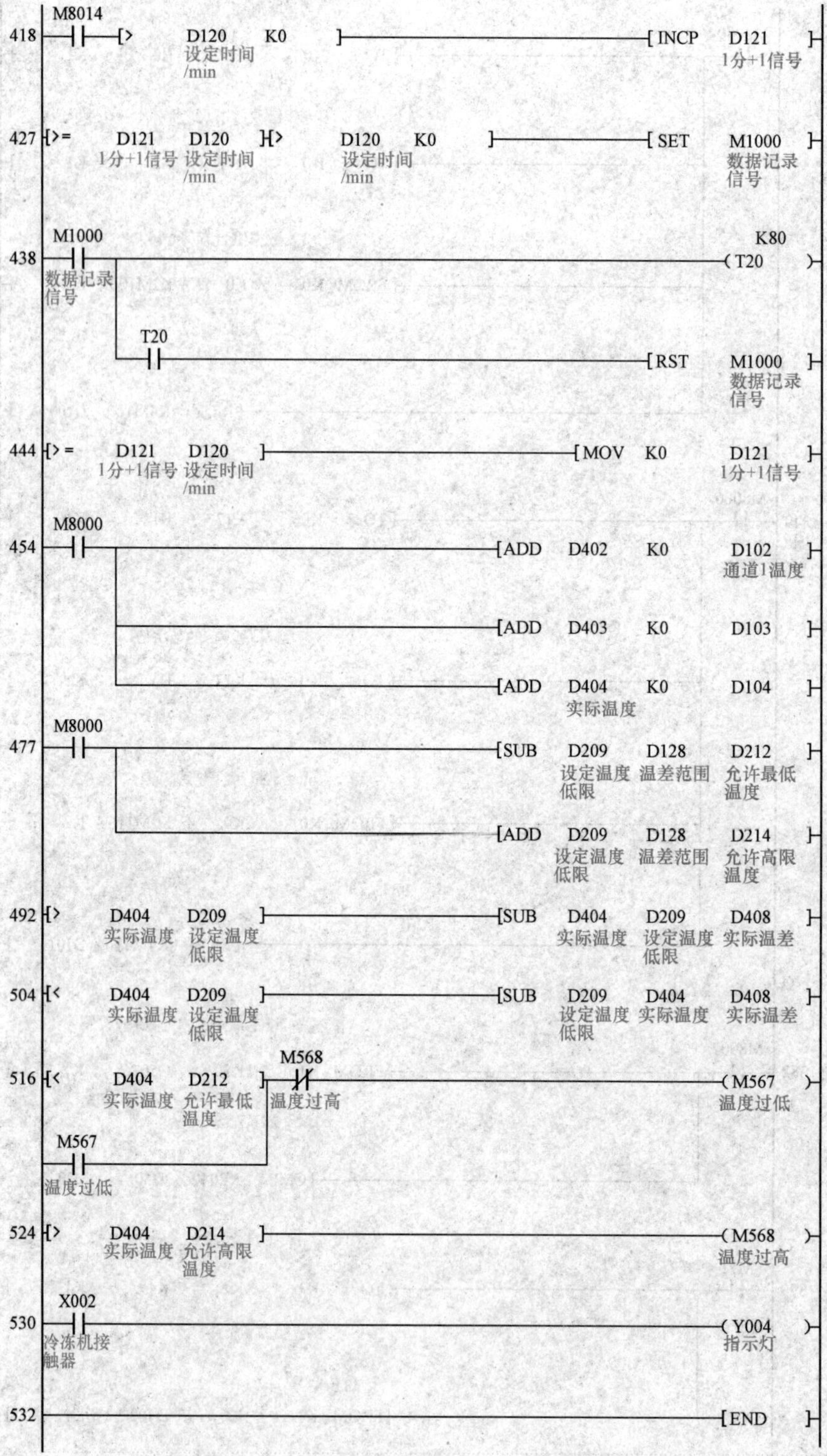

418 M8014 [> D120 设定时间/min K0] [INCP D121 1分+1信号]
427 [>= D121 1分+1信号 D120 设定时间/min][> D120 设定时间/min K0] [SET M1000 数据记录信号]
438 M1000 数据记录信号 K80 (T20)
T20 [RST M1000 数据记录信号]
444 [>= D121 1分+1信号 D120 设定时间/min] [MOV K0 D121 1分+1信号]
454 M8000 [ADD D402 K0 D102 通道1温度]
[ADD D403 K0 D103]
[ADD D404 实际温度 K0 D104]
477 M8000 [SUB D209 设定温度低限 D128 温差范围 D212 允许最低温度]
[ADD D209 设定温度低限 D128 温差范围 D214 允许高限温度]
492 [> D404 实际温度 D209 设定温度低限] [SUB D404 实际温度 D209 设定温度低限 D408 实际温差]
504 [< D404 实际温度 D209 设定温度低限] [SUB D209 设定温度低限 D404 实际温度 D408 实际温差]
516 [< D404 实际温度 D212 允许最低温度] M568 温度过高 (M567 温度过低)
M567 温度过低
524 [> D404 实际温度 D214 允许高限温度] (M568 温度过高)
530 X002 冷冻机接触器 (Y004 指示灯)
532 [END]

参 考 文 献

[1] 张豪. 机电一体化设备维修实训. 北京：中国电力出版社，2010.

[2] 张豪. 机电一体化设备维修. 北京：化学工业出版社，2011.

[3] 张铮，张豪. 机电控制与 PLC. 北京：机械工业出版社，2008.